现代印刷技术概论

邓普君 ◉ 主编

苏州大学出版社

图书在版编目(CIP)数据
现代印刷技术概论/邓普君主编.—苏州:苏州大学出版社,2003.12(2010.2重印)
(现代出版学丛书)
ISBN 978-7-81090-256-4
Ⅰ.现… Ⅱ.邓… Ⅲ.印刷-技术-概论
Ⅳ.TS805
中国版本图书馆CIP数据核字(2004)第014837号

现代出版学丛书
Contemporary Publication Studies Series

总策划

吴培华

现代印刷技术概论

主　编

邓普君

责任编辑

何桂林

出版发行

苏州大学出版社
(苏州市干将东路200号　邮编　215021)

印　刷

丹阳教育印刷厂
(丹阳市陵川绿岛北首　邮编　212300)

开本　720mm×940mm　1/16
印张　20　**字数**　306千
版次　2003年12月第1版　2010年2月第2次印刷
书号　ISBN 978-7-81090-256-4
定价　26.00元

现代出版学丛书

CONTEMPORARY PUBLICATION STUDIES SERIES

出版者的话

Editor's words

为了适应出版产业培养复合型人才的需要,为了促进出版这一与时俱进、以创新为灵魂的内容产业的发展,也出于编辑出版学科建设的需要,我们于2002年下半年开始了现代出版学丛书(第一辑)的策划。我们对于本套丛书的设想是立足于创新,尽可能地吸收中国出版业发展的最新内容,改革的动态、技术的革新、政策的变化、发展的趋势都将纳入我们的视野。我们对于作者的选定侧重在那些长期关注中国出版业发展的教育工作者和理论研究工作者,他们中有担任过领导工作又长期从事出版理论研究的专家,有在编辑出版教育第一线耕耘不止的园丁,有在编辑出版管理部门从事实际工作的理论工作者,虽然他们分布在全国各地,从事的工作不同,但是都有一个共同点,就是都在为繁荣中国的出版事业而努力。他们的工作异常繁忙。

然而,正是因为创新的立足点和选定作者的侧重点,决定了本套丛书必然会出现很多缺憾。由于其新,也就会出现可能的不成熟;由于其忙,也就会出现可能的疏漏讹误。是推迟出版,继续修改推敲,还是尽早面世,在使用中及时修订重版?我们决定采取的是后者,因为一则,编辑出版的创新特性决定了在内容的更新上总是会有一个时间差的;再则,作者的视野毕竟是有限的,收集广大教育工作者和编辑出版工作者在使用中反馈的信息,修订的效果肯定会更好。因此,我们真诚地希望广大读者、教育工作者和理论研究工作者出于对本套丛书的爱护,对其中的不足之处和疏漏讹误,不吝赐教。我们虚心期待着大家的意见、建议,甚或是严厉的批评,因为我们对中国出版业的拳拳之心是共同的。

总序

Preface

书籍，是人类传承文明的主要载体；近代兴起了报纸和杂志，于是文明传承又多了一种工具和媒介，从而新闻与出版并称。但是二者在传承文明过程中所起的作用和各自的特点有所不同。报纸杂志的时效性强、内容多样；书籍则传世久远、影响深远。二者相济，既及时反映了即时发生的情况，又引导人们思考过去、现在和未来，于是人类的文明得以播散和流传。

任何国家的新闻出版事业都是为自己国家的利益服务的，绝无功利的新闻出版事业从来不存在。过去，我国的新闻出版事业只注重了它的宣传作用，而忽略了它还有商品性的一面。这是计划经济导致的必然结果。改革开放以后，人们很快意识到了出版事业的二重性：意识形态属性和商品属性。我国的新闻出版业，一方面要发挥党和人民喉舌的作用，另一方面也要按照社会主义市场经济的规律去建设、发展、生产和流通，这两种属性是并行不悖、相辅相成的。只有按照市场经济的规律去建设、发展、生产和流通，才能更好地宣传科学的理论、正确的思想，弘扬正气，凝聚人心；也只有坚持正确的导向，乘市场经济的浪潮发展，才不致于迷乱了本性，才能为最广大人民的根本利益服务，才能在世界范围内形成自己的特色，参与国际出版业的激烈竞争。

无论是哪个国家的出版业，也无论从我国出版事业的哪一方面的属性来说，要使这一事业发展壮大，人才都是关键。特别是我国的出版事业正处在由传统的生产方式向现代生产方式转变的过程当中，人才的问题更加显得重要而急迫。

现代的出版业需求怎样的人才呢？我想，这样的人才除了应该熟悉现代新闻出版的经营方式方法之外，还需要有较高的理论素养、创新的意识和能力。后者也许比前者更为重要，因为经营的方式方法可以在实践中摸索、总结，而理论修养和创新能力却需要较长时间的积累和一定的悟性，需要良好的环境和条件的熏陶与培育。

如果以上述的标准衡量，应该承认，我国新闻出版界的人才结构和知识结构的确急需改善。同时我们应该看到，我国出版教育事业要承担起培养新型出版人才的历史重任，还有很多工作要做，还有很长的路要走。在诸多应该做的工作当中，编写出版具有理论深度的著作和具有时代特色的教材是其中最重要的基础性建设。

目前比较系统的一套出版学丛书还是十年前编写的。出版事业和社会生活几乎是同步前进的，在“知识爆炸”的今天，出版事业的发展可谓一日千里，也只有一日千里才能跟上时代。永远向前看，这是出版业的重要特征。因此，原有的读物显然已经不能完全满足当前的需要。现在出版的这套由我国新闻出版界一批著名专家策划并编写的《现代出版学丛书》，就是为了跟上出版业改革发展的形势，根据他们在这一领域中多年积累的经验、最新的发展动态、研究的最新成果和对未来的深刻思考编写而成的，供正在出版事业前沿努力奋斗的专业人员和有志于投身这一事业的年轻人学习之用。

参加策划和编写的专家，都在出版业的各个方面工作过多年，有的担任过出版业领导工作并长期从事出版理论研究，有的在出版教育领域耕耘时久，有的一直在出版部门从事实际工作。他们虽然分布在全国各地，专业也不尽相同，但是有着一个共同的特点，这就是始终紧跟时代的脚步，密切关注着国际上出版界的动态，苦苦思考着我国的出版业如何适应21世纪中国和世界的情况。

任何著作都不可能十全十美，因为就在作者研究、写作的时候，客观情况已经在变化了；再加上每个人占有的资料很难滴水不漏，观察的角度彼此或异，如果读者发现这套丛书还有什么不足和可议之处，我看应属正常。我们总不能等到一切都研究得完美了再来编写——实际上永远不会有这样一天，重要的是做起来，教起来，学起来。

我衷心希望这套丛书尽快出齐，在听取读者的意见后不断修改提高，使之成为具有权威性的读物和教材;我同时希望我国的出版教育界以这套丛书的出版为新的起点,加强科学研究,逐步形成和完善具有中国特色的出版理论体系,使我国的出版事业不仅在数量和质量方面达到与我国的国际地位相应的水平,出色地承担起传承人类文明的重任,而且在理论建树和人才储备方面也能令世界刮目相看。

許嘉璐

于日读一卷书屋

现代出版学丛书

Contemporary Publication

目录

Contents

第一章

印刷技术概述

第一节

印刷工业的应用领域

人们通常认为一个国家印刷工业的整体水平是该国经济、文化综合水平的反映，并把它看做是经济、文化水平的一个标志。大家知道，文化属于精神范畴，它的传播在很大程度上还有赖于物质载体——印刷品，而这些印刷品大多是经济流通领域的商品或商品外包装物。而作为经济流通领域里的商品包装装潢，则愈来愈显示出其文化内涵，包装装潢印刷正在成为印刷工业和包装工业的重要组成部分。

随着经济社会的快速发展，印刷工业的应用领域也更加广泛。当代信息技术、网络技术、数字技术和自动化技术等高新技术的迅猛发展，不仅从根本上改造、拓宽和发展了印刷技术，而且也深刻地改变着传统的印刷工业，强有力地推动着整个印刷工业的前进步伐。印刷早已不再局限于教科用书、日常生活读物、商品的包装装潢，而是越来越显现出广泛的应用前景。

如果说以某种载体向社会传播有益于人们身心健康和社会发展的信息就是出版，那么印刷就是不断地重复这种传播。以这种定义，印制光盘出版物、将信息记录在可以擦写的电子纸上也都是印刷。人们可以通过电视、网络、电台、卫星无线网络不断向小区家庭、商业企业、政府机关等传播各种信息；而将同样的内容传送到指定的接收单位就是将来的印刷。慢慢地，信息传播中心就将变成印刷的主体，从而使传统意义上印刷的作用得到更大的发挥，更有利于人类的发展。所以，从这种意义上来讲，印刷工业的应用领域将会越来越广，变化也会越来越大。

一、传统印刷工业的应用领域

就传统的印刷工业来说,其应用的领域远没有今天的印刷工业范围广泛。一般讲,传统的印刷工业应用领域主要包括书刊印刷领域、票证印刷领域、防伪印刷领域和商品包装装潢印刷领域等。

从印刷技术的角度来说,今天的印刷工业主要是指传统的模拟印刷技术和数字化印刷技术。传统的模拟印刷技术主要是指平、凹、凸、孔四大印刷技术,它们的应用领域分述如下。

(1)平版印刷　主要应用于书刊、杂志、报刊、票据、包装、印铁等印刷领域,其印刷的媒介主要是纸张、铁皮。

(2)凹版印刷　主要应用于包装产品的装潢印刷领域,其印刷的媒介主要是纸张、塑料。

(3)凸版印刷　凸版印刷技术在淘汰了铅版铅印后,目前主要是指感光树脂版凸版印刷和柔性版印刷两种方式。一般说来,感光树脂版凸版印刷主要应用于纸箱产品、标签产品的印刷上;而柔性版印刷则属环保型印刷方式,其应用领域主要表现在印刷商品标签(如不干胶标签)、多层纸袋、墙纸、礼品包装纸、食品包装纸、瓦楞纸板和其他消费品包装材料等方面,其印刷的媒介主要以纸张、薄膜为主。

(4)孔版印刷　在传统的模拟印刷中,孔版印刷多指丝网印刷。丝网印刷应用领域较为广泛,如室外的各种标志牌、广告牌、路标,与商业美术有关的各种装潢用品,以及与各种工业有关的电路板、各种铭牌、仪表面板、厚膜集成电路等制品。同时丝网印刷在商业美术上可用来印刷各种贴花纸、道路标志、垂帘、幕布、旗帜、各种装饰品、广告宣传品、陶瓷器、玻璃、塑料、金属容器、壁纸及隔扇纸等。丝网印刷由于其独特的优点,因此,其印刷的媒介范围非常之广。

数字印刷之所以不同于传统的模拟印刷,主要是因为数字印刷具有以下几个典型特征:第一,印刷过程是从计算机到纸张或印刷品的过程,即直接把数字文件或页面转换成印刷品的过程;第二,最终影像的形成过程一定是数字式的,不需要任何模拟过程或载体的介入;第三,印刷品信息是100%的可变信息,即相邻输出的两张印刷品可以完全不一样,甚至可以选择不同材质的承印物(如果是出版物的话,装订方式也可以不一样)。其应用领域也是比较广泛的,而且大有向传统模拟印刷技术领域进军的趋势，具体表现在以下几方面。

（1）书刊印刷市场的变化　书刊的品种越来越多，图书的印数越来越少，书刊销售的热点转移越来越快，要求书刊印制的周期也越来越短。据不完全统计，未来几年，我国书刊印刷中的短版印刷将占整个书刊印刷的60%。这个变化，使采用数字印刷设备和技术实现按需印刷成为可能。按需印刷的推广，还会使出版社的库存明显下降，出书周期进一步缩短。

（2）票据印刷市场的变化　随着社会的进步，我国的各种票据呈现出越来越强的个性化倾向。比如说，电信、邮政、银行、证券、保险、各类车票、公用事业等个性化印刷市场的潜力非常大，能够实现个性化和可变数据印刷的数字印刷技术将大受欢迎。

（3）防伪印刷市场的变化　伴随着改革开放的深入进行，特别是我国加入WTO后，知识产权的保护日益受到重视，在防伪印刷中，有许多需要用二维条形码之类的可变数据方式来实现，而可变数据必须采用数字印刷技术和设备来完成，可见数字印刷在防伪印刷市场也有很大的潜力。

（4）商业印刷市场的变化　近几年来，商业印刷在整个印刷业中的比重正在逐年上升，而短版印刷、个性化印刷、超短版商业印刷及可变数据印刷等，在商业印刷中所占的比重也在不断提高。像展览会的样本、彩色名片、各种菜谱、各类证书等产品，都非常适合用数字印刷设备生产；数字印刷尤其适合于从事商业印刷的中小企业。

（5）包装印刷市场的变化　数字化印刷已经用于包装与标签设计生产系统，专门为各种品牌的酒类产品、食品、饮料及其他产品制作商品标签。在软包装印刷方面，数字技术也发挥着越来越大的作用。由于数字技术的迅猛发展，数字技术使包装标签印刷商能够采用电脑直接制版技术，从而淘汰印前处理中的软片。随着数字印刷技术的不断发展，印版也将同软片一样从联机标签生产过程中消失。

（6）快速印刷市场的变化　数字技术的迅速发展，将为快速印刷提供一个巨大的市场。数码印刷、数码打样的设备和技术将可能首先在快速印刷业中取代传统的小胶印。利用网络传输技术，使用数码印刷技术承印机关文件将会大大提高办公效率。数码印刷还将很快把触角伸向商业、出版等领域的按需印刷、短版印刷以及快速印刷。

（7）新型印刷市场的兴起　数字化和网络化技术的迅猛发展，带来了新的市场空间，引导着社会的进步，也显示出未来印刷技术的发展方向。一种通过网络传输、网上下载，采用数字印刷技术和设备的新型远程印刷形式，正在悄然形成并快速发展。

二、印刷工业正走向信息产业领域

在印刷工业比较发达的国家和地区，传统印刷工业在数字技术与计算机网络技术的冲击下，已经发生重大的变革和质的飞跃，印刷产业正朝着兼具“制造业”和“信息产业”软硬双重性的独特产业转变，并且正不断强化“信息交流产业”的形象。伴随着这一变革，印刷产业不仅仅局限于信息加工业，而且还要扩大到信息中介业、信息发布业等领域。日本印刷界在面向21世纪的最新报告中，已经把印刷业重新定义为“信息价值创造产业”。

根据美国图像技术基金会（GATF）的最新解释，由于印刷及通讯技术的发展及其与光、机、电一体化技术的结合，它们在传统的印刷出版行业中已经获得广泛的应用。印刷及图像传播业是包括了与图像再生产过程相关的所有工业的总称。图像可以是图片、照片或光盘等，通过不同的输入输出设备记录到不同的介质上，以便使图像所带的信息被人们所感觉到，这个信息再生产的过程最常见的就是以印刷方式来完成的。印刷及图像传播业不仅包括印刷业，还涵盖了出版、包装、造纸、油墨、设备制造、中小型图像设备中心以及政府、企业、银行、商业、学校等部门的内部印刷企业。印刷及图像传播业已成为国民经济、信息产业和人们日常生活中的重要组成部分，在美国它已成为最大的支柱产业之一。

印刷工业实际上将成为更大的计算和信息管理行业的一个组成部分，西方人称其为计算和信息管理行业的子行业。印刷业每日处理的图文影像就像是在档案、计算机、网络中的其他信息一样。

不难看出，当今印刷工业的发展趋势是既有高新技术知识的服务业性质，又有高生产力的制造业性质，印刷工业将成为信息产业的一个组成部分。所以说，印刷工业已经进入了把数字化、网络化作为技术发展的方向，积极采用数字化工作流程和跨媒体出版技术的信息化进程。

21世纪是一个以信息数字化、网络化为主要技术特征的知识经济时代，印刷的应用越来越广泛。印刷出版业作为信息媒体的主要提供者，作为信息产业的一个重要组成部分将大有作为。

第二节

印刷媒体的种类

环顾我们的周围，就会发现种类繁多的印刷媒体。报纸、图书、期刊、地图、邮票、钞券、广告样本、票据、商标、壁纸、包装材料印刷媒体，都是利用印刷技术生产的产品。各种期刊、报纸印刷媒体如图 1-1 所示。

图 1-1　期刊、报纸印刷媒体

按照不同的用途，印刷媒体一般分为书刊印刷媒体、报纸印刷媒体、广告印刷媒体、有价证券印刷媒体、地图印刷媒体、包装装潢印刷媒体以及特种印刷媒体等。其他印刷媒体如图 1-2 所示。

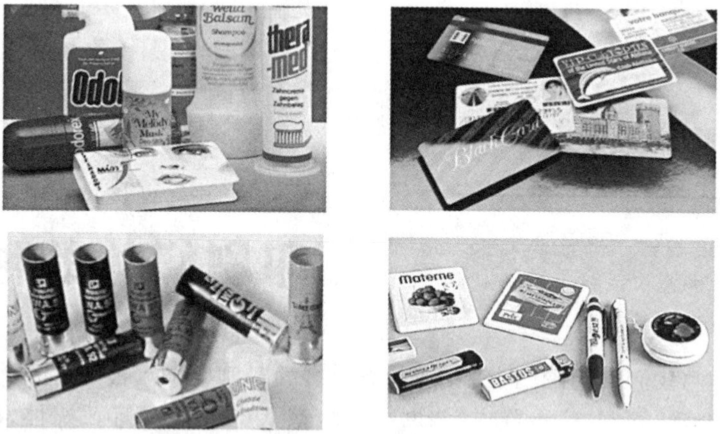

图 1-2　其他印刷媒体

一、书刊印刷媒体

书刊印刷媒体是印刷量及产值最大的一种印刷媒体。20 世纪 70 年代以前，主要采用铅字排版的凸版印刷。70 年代以后，逐渐使用感光树脂版的凸版印刷。90 年代以来，随着计算机排版技术的不断完善，尤其是我国的汉字信息处理技术的长足进步，利用计算机排版和采用平版印刷方式的书刊愈来愈多。

二、报纸印刷媒体

报纸印刷媒体是发行量仅次于书刊印刷的一种印刷媒体。报纸是传播新闻的重要媒介，具有很强的时效性。20 世纪 70 年代以前，主要使用铅排的凸版印刷，劳动强度大、环境污染严重、出报时间长。自 80 年代以后，大多使用平版印刷。由于环境保护问题以及报纸扩版和发行数量的上升，柔性版印刷的报纸逐渐增多。在美国，80% 的报纸是采用柔印的方式印刷出来的。

三、广告印刷媒体

广告是市场经济中宣传商品、获取利润的一种手段,广告印刷即为宣传品进行印刷的行为。广告印刷的范围较广,有商品样本、海报、画报、彩色图片、招贴画、广告牌等。广告印刷要求时间短、印刷质量好,一般采用平版印刷。近几年,大幅面的广告牌多采用丝网版印刷和彩色喷绘。

四、有价证券媒体

有价证券印刷媒体的主要产品是钞票、邮票、股票、债券以及其他的有价证券。这类印刷品的印刷,要求有严密的防伪技术,以凹版印刷为主,平版、凸版或其他印刷方法为辅。

五、地图印刷媒体

地图印刷媒体的成品有地形图、地矿图、航测图、交通图以及军事用图等。图面复杂,幅面大小不一,精度要求较高,大多采用照相分色、多块印版套印的平版印刷,而利用电子加网分色、彩色桌面出版系统处理图像的方法,在地图印刷中正逐步进入生产实用阶段。

六、包装装潢印刷媒体

包装装潢印刷媒体的成品主要用于商品的包装与装潢,不仅具有装载商品、保护商品、美化商品的作用,而且还起到了宣传商品和推销商品的作用。印刷的产品种类很多,有纸盒、塑料袋、金属盒、商标、软管以及各种包装纸、玻璃、陶瓷、皮革等。印刷方法有凸版印刷、平版印刷、凹版印刷、孔版印刷以及特种印刷等。关于包装装潢印刷媒体,有专家指出,“包装是印刷和出版行业的重要组成部分,包装产品占到所有印刷品的20%,并且在全球范围内达到每年5%的增长率。值得注意的是,在亚洲,包装产品的比重为29%,并有7%的年增长率,为世界平均年增长率的两倍”。

七、特种印刷媒体

特种印刷是采用不同于一般制版、印刷、印后加工方法和材料,供特殊用途的印刷。比如静电植绒、全息照相印刷、喷墨印刷、表格印刷、磁性印刷、金银墨印刷、立体印刷和发泡印刷等。许多包装印刷品需要用特种印刷来生产。随着新材料、高科技的发展,特种印刷的产品会更加丰富多彩。

除此之外,印刷媒体的不断发展,也催生着电子媒体的出现。关于电子媒体,有专家指出,“几年前出现的网络出版的概念,当时是由两个概念组成的,即‘基于 Web 的印刷出版’和‘以 Web 为媒体的出版’。这两个概念,今天已经被统一在‘基于 Web 的跨媒体出版’的旗下。”目前,中国已经有许多家期刊、报社采用了这种跨媒体的新闻发布解决方案,从而使网络出版成为电子出版的主流。

网络已不再是什么陌生的字眼,它是信息化社会的产物,是一种新型技术。对于印刷这个最能充分利用前沿技术的行业,网络技术也就自然而然地渗透到了印刷行业之中,并将改变印刷的发展方向。

从国际上的情况来看,未来印刷的发展主要有两个方面,一是印刷电子商务,二是泛网络化数字化出版。

目前,电子商务可谓是经济生活中的强势概念,自此延伸出来的另一个概念就是印刷电子商务。从国外的情况来看,印刷电子商务已经开始应用,而国内则刚刚兴起。人们可以在浏览网站的同时,点击一下印刷电子商务的图标,向某个在线快速印刷店确定自己的印刷需求,而在几小时过后再浏览网站时,已经可以看到那家在线印刷店按照人们预定的要求将印刷好的样本送至指定的地点。当然,印刷电子商务的形式是多种多样的,但无论是哪种形式,都将成为印刷业的一个发展方向。

就泛网络化数字化出版而言,它的出现将会大大改变印刷出版的现有定义。按照这种定义,21 世纪是一个电子和印刷相融合的时代,“Web 将成为印刷的救世主,而不是掘墓人”。成功的印刷企业将扮演“综合传播服务供应商”的角色。未来的印刷就是“可以在任何地点、任何时间,在任何设备上为任何用户提供任何类型的印刷服务”。

第三节

印刷工艺技术

一、印刷的定义

什么是印刷呢？在不同的时期，印刷有不同的含义。

1. 传统的印刷定义

就早期的印刷而言，印刷就是利用一定的压力使印版上的油墨或其他粘附性的色料向承印物上转移的工艺技术。从这个定义中，我们可以看到，印刷的本质就是油墨的转移，而印刷的发展也就是印版和印刷压力的变化。

2. 广义的印刷定义

随着近十几年来电子、激光、计算机等技术不断向印刷领域的扩展以及高科技成果在印刷中的应用，出现了许多无需印版和印刷压力的数字化印刷方式，如激光打印、数字印刷、喷墨印刷等，从而使印刷的定义有了新的涵义。印刷是使用印版或其他方式将原稿上的图文信息转移到承印物上的工艺技术，也就是说，印刷是对原稿上的图文信息进行大量复制的技术或工艺过程。

所以，说到印刷，不能只从某一个特定的角度来看待，它应该有两种最基本的模式：一种是传统的模拟印刷模式，另一种是数字化印刷模式。

印刷品的生产，一般要经过原稿的选择与分析（或设计）、图文信息处理与出片、印版的制作与打样、印刷、印后加工等五个工艺过程。也就是说，首先选择或设计适合印刷的原稿，然后对原稿的图文信息进行处理，制作出供晒版或雕刻印版用的原版（一般叫阳图或阴图底片），再用原版制出供印刷用的印版，最后把印版安装在印刷机上，利用输墨系统将油墨涂敷在印版表面，由压力机械加压，油墨便从印版转移到承印物上。

如此复制的大量印张，经印后加工，便成了适应各种使用需要的成品。现在，人们常常把原稿的设计、图文信息处理、制版统称为印前处理，而把印版上的油墨向承印物上转移的过程叫做印刷。一件印刷品的完成需要经过印前处理、印刷、印后加工等过程。

二、印刷的要素

印刷的要素是指在完成一件印刷品的复制中，需要有哪些最基本的元件。就传统印刷而言，印刷有五大要素，它们分别为原稿、印版、油墨、承印材料、印刷机械。而对于数字化印刷模式而言，印刷只有四大要素，即原稿、油墨、承印材料、印刷设备。

原稿是印刷过程中被复制的对象，它是制版、印刷的基础。这就是说，在印刷过程中，如果没有好的原稿就不可能获得高质量的印刷品。随着计算机技术在印刷专业中的应用，印刷用的原稿形式与传统常用的原稿相比，呈现出多样化的倾向。印刷中不同类型的原稿，不仅会影响到印刷品的质量，而且还会影响制版工艺的选择。

1. 原稿

现在印刷过程中用的原稿还是传统原稿居多，即以载体上的图文信息作为复制对象。为了能更好地了解印刷原稿，掌握印刷原稿的分类也是非常必要的。

① 按原稿的内容分，可将原稿分为文字原稿和图像原稿。文字原稿要求字迹清楚、黑白分明，即要求这类原稿没有断笔现象，反差要大，笔画的边缘不能有锯齿等。图像原稿又可分为线条原稿和连续调图像原稿。线条原稿其色彩、色调深浅变化有明显的界线，如图表、漫画、地图等，制版时要求这类原稿图线清楚、黑白分明，而彩色线条原稿则要求图线的色彩有足够的浓度。连续调图像原稿其画面由亮到暗，其明暗变化是连续变化的，如照片、水彩画、国画等，制版时要求这一类原稿层次丰富、图像的清晰度高、反差适中，彩色原稿色彩鲜艳、不偏色。图 1-3 所示的是按内容分类的原稿。

② 按载体的特性分，可将原稿分为反射稿和透射稿两种。反射原稿是以不透明的材料作为图文信息载体的原稿，如印刷品原稿、照片原稿等。透射原稿是以透明的材料作为图文信息载体的原稿，如反转片等。

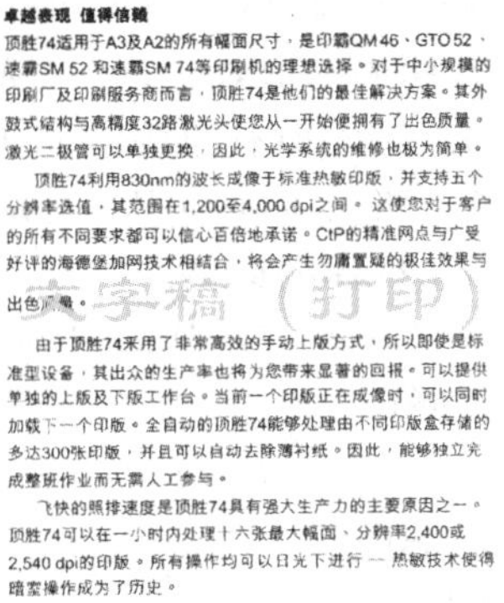

卓越表现 值得信赖

顶胜74适用于A3及A2的所有幅面尺寸，是印霸QM 46、GTO 52、速霸SM 52 和速霸SM 74等印刷机的理想选择。对于中小规模的印刷厂及印刷服务商而言，顶胜74是他们的最佳解决方案。其外鼓式结构与高精度32路激光头使您从一开始便拥有了出色质量。激光二极管可以单独更换，因此，光学系统的维修也极为简单。

顶胜74利用830nm的波长成像于标准热敏印版，并支持五个分辨率选值，其范围在1,200至4,000 dpi之间。这使您对于客户的所有不同要求都可以信心百倍地承诺。CtP的精准网点与广受好评的海德堡加网技术相结合，将会产生勿庸置疑的极佳效果与出色质量。

由于顶胜74采用了非常高效的手动上版方式，所以即使是标准型设备，其出众的生产率也将为您带来显著的回报。可以提供单独的上版及下版工作台。当前一个印版正在成像时，可以同时加载下一个印版。全自动的顶胜74能够处理由不同印版盒存储的多达300张印版，并且可以自动去除薄衬纸。因此，能够独立完成整班作业而无需人工参与。

飞快的照排速度是顶胜74具有强大生产力的主要原因之一。顶胜74可以在一小时内处理十六张最大幅面、分辨率2,400或2,540 dpi的印版。所有操作均可以日光下进行——热敏技术使得暗室操作成为了历史。

图 1-3　按内容分类的原稿

薄 稿

正常稿

闷厚稿

图 1-4　按图像反差分类的原稿

③ 按色彩分，则可将原稿分为黑白原稿和彩色原稿。

④ 按原稿的形式分，可将原稿分为硬件形式的原稿和电子形式的原稿。上面提到的所有原稿都属于硬件形式原稿。电子形式的原稿，是一种随着计算机技术在印刷中的应用而出现的一类原稿，它是以电子媒体为图文信息载体的原稿。

⑤ 按图像的反差分，可将原稿分成薄稿（反差小）、正常稿（反差正常）、闷厚稿（反差大）三种类型。图 1-4 所示的是按图像反差分类的原稿。

2. 印版

印刷用的版材统称为印版，它是将油墨传递到承印物上的图文信息的载体。在印版上，能接收油墨的部分被称为印刷部分或图文部分，反之，则称为印版的空白部分或非图文部分。在传统的印刷模式中，根据图文部分与空白部分的相对位置、高度的差别或传递油墨的方式，则可将印版分为凸版、平版、凹版、孔版；而用于印版的版基，就目前来看，主要有金属和非金属两种。

（1）凸版　凸版是印版的图文部分凸起并处在同一平面或同一半径的圆弧上，而印版的空白部分凹下，两者之间的高度差别明显，如图 1-5 所示。目前常用的凸版有感光树脂版和柔性版，同时也还使用部分铜锌版，这种印版主要用于各种印刷品的烫金及压凹凸。

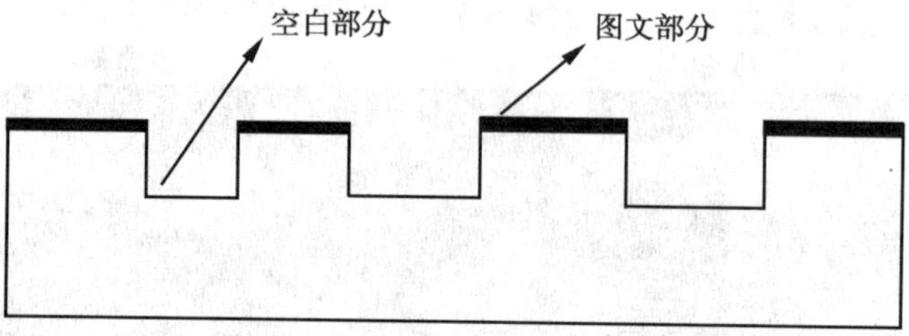

图 1-5　凸版印版的结构

（2）平版　平版是印版的图文部分与印版的空白部分几乎处在同一平面上，两者之间的高度差别不太明显，如图 1-6 所示。目前常用的平版有 PS 版。这也是印刷中应用最广泛的一种印版。

（3）凹版　凹版是印版的图文部分凹下，而印版的空白部分处在同一平面或同一半径的圆弧上，两者之间的高度差别明显，如图1-7所示。

目前常用的凹版是电子雕刻凹版。

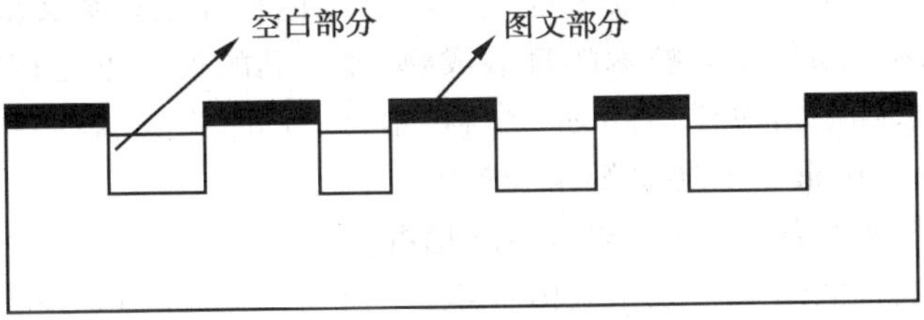

图 1-6　平版印版的结构

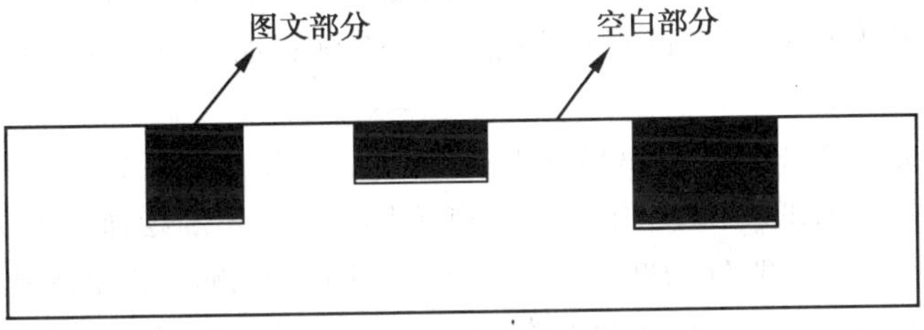

图 1-7　凹版印版的结构

（4）孔版　孔版的图文部分由许多通透的小孔组成，印刷油墨就是经由这些小孔漏印到承印物上的，而非图文部分则是被胶膜层密封的，油墨不能下漏，如图 1-8 所示。常用的孔版有镂空版、丝网版等。

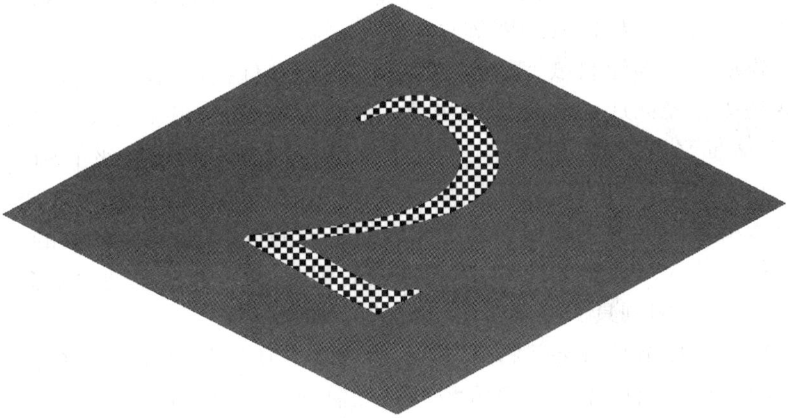

图 1-8　孔版印版的结构

3. 承印材料

承印材料是能够接受油墨或其他吸附性色料并呈现图文信息的各种物质的总称。随着印刷技术的日益成熟，印刷品的种类也逐渐增多，承印材料也越来越丰富多样，有纸张、塑料、木材、金属、陶瓷、玻璃和纤维织物等，但目前使用最多的还是纸张和塑料。

现以纸张为例，说明承印材料的情况。

（1）纸张的组成　纸张是由纤维、填料、胶料和色料等组成的。纤维是纸张的基本成分，以植物纤维为主。填料可以填充纤维间的空隙，使纸张平滑，同时提高纸张的不透明度和白度。胶料的作用，是使纸张获得抗拒流体渗透及流体在纸面扩散的能力。色料的加入，能够校正或改变纸张的颜色。

（2）纸张的分类*　纸张的用途很广泛，有工业用纸、包装用纸、生活用纸、文化用纸。文化用纸中又有书写用纸、艺术绘画用纸和印刷用纸。印刷用纸，一般分为新闻纸、凸版纸、胶版纸、铜版纸和特种纸五种。

新闻纸又称白报纸，质地松软，吸墨性强，有一定的抗张强度，但抗水性差，易发黄、变脆。主要用于印刷报纸、期刊等。

凸版纸是凸版印刷的专用纸张。质地均匀，颜色较白，稍有抗水性，不易发黄变脆。主要用于印刷书籍、杂志。

胶版纸是一种较高级的印刷纸张。质地紧密，纸面平滑，不透明度和白度较高，抗水性较强，适用于平版印刷。主要用于印刷书刊及封面、杂志插页、画报、商标以及地图等。

铜版纸又名涂料纸，是在原纸表面涂布一层白色涂料，然后再进行压光或超级压光而成的高级印刷纸张（原纸为胶版纸、凸版纸等非涂料纸张）。表面平滑度高，色泽洁白，抗水性强。适合印刷较高级的画册、书刊插页、年历、贺卡等。近几年，无光铜版纸在印刷中应用较为广泛。无光铜版纸指压低了光泽度而加工成表面平滑的铜版纸，用它印刷的画册、杂志往往给人以典雅的感觉，因无高光的刺激，长久阅读眼睛也不会感到疲劳，最适合印刷具有较高观赏价值的印刷品。

特种纸是指具有某些特殊功能，适合特殊用途的纸张。它们有的是通过向浆料中施加化学试剂后经过处理制成的，有的则是对原纸进行二

---

* 参考：冯瑞乾. 印刷概论. 印刷工业出版社，2001

次加工制成的。

特种纸张的外观与常用的铜版纸、胶版纸的外观有显著的差异，多数纸张表面有条纹或花纹，有的纸张光滑度很高，有的纸张透明性极好，还有的纸张表面呈絮状颜色的变化。特种纸张通常用来印刷名片、请柬、精美贺卡以及饭店或宾馆的菜单等，其印刷品具有厚重、华贵、精良的特点。

近年来，随着化学工业的飞速发展，合成纸在印刷中的用量也不断增加。所谓合成纸，是指以合成的高分子物质为主要原料，通过加工，赋予印刷性能，并且用以印刷的纸张。它具有质轻、耐折、耐磨、耐潮湿的特点。合成纸的制造，不需要天然纤维，有利于环境保护，是一种有着很大发展前途的印刷用纸。

(3) 纸张的规格　纸张的规格包括纸张的形式、纸张的尺寸和纸张的重量。

A. 纸张的形式　印刷纸张的形式分为平板纸和卷筒纸两种。

B. 纸张的尺寸　平板纸张的幅面尺寸有：880mm×1 230mm、850mm×1 168mm、787mm×1 092mm。纸张幅面允许的偏差为±3mm。符合上述尺寸规格的纸张均为全张纸或全开纸。其中880mm×1 230mm是A系列的国际标准尺寸。

卷筒纸的长度一般以6 000m为一卷，宽度尺寸有1 575mm、1 562mm、880mm、850mm、787mm等。卷筒纸宽度允许的偏差为±3mm。

C. 纸张的重量　纸张的重量用定量和令重来表示。

定量是单位面积纸张的重量，单位为 g/m^2，即每平方米的克重。常用的纸张定量有 $50g/m^2$、$60g/m^2$、$70g/m^2$、$80g/m^2$、$100g/m^2$、$120g/m^2$、$150g/m^2$ 等。定量愈大，纸张愈厚。定量在 $250g/m^2$ 以下的为纸张，超过 $250g/m^2$ 的则为纸板。

令重是每令纸张的总重量，单位是kg(千克)。1令纸为500张，每张的大小为标准规定的尺寸，即全张纸或全开纸。

根据纸张的定量和幅面尺寸，可以用下面的公式计算令重。

令重(kg)＝纸张的幅面(m^2)×500×定量(g/m^2)÷1 000

(4) 印刷对纸张的要求　纸张的印刷适性是指纸张与印刷条件相匹配，适合于印刷作业的性能，主要包括纸张的丝缕、抗张强度、表面强度、伸缩性、吸墨性、平滑度和酸碱性等。

A. 纸张的丝缕　指纸张大多数纤维排列的方向。一般把纤维排列方向与平版纸(以全张纸为标准)长边平行的叫纵丝缕纸张;把纤维排列方向与平版纸长边垂直的叫横丝缕纸张。纸张是一种对水分很敏感的物质,由于温度、湿度的变化,纸张朝着与丝缕成直角方向的伸缩率要比平行方向的伸缩率大得多,因此,印刷或印后加工中,应考虑纸张丝缕对印刷品质量的影响。输纸时,尽量采用直丝缕(或纵丝缕)的纸张。在书刊装订时,书芯最好选择直丝缕纸,即纸张丝缕与书背平行,软封面纸张的丝缕与书背垂直,以保证书本的平整度。

B. 纸张的抗张强度　指纸张或纸板所能承受的最大张力,用绝对抗张力(kg)或裂断长(m)来表示。卷筒纸在高速轮转印刷中,如果纸张的抗张强度低于纸张受到的纵向拉力,就会出现纸张断裂的故障。印刷速度愈快,用于印刷的纸张的抗张强度应该愈大。

C. 纸张的表面强度　指纸张在印刷过程中,受到油墨剥离张力作用时,具有的抗掉粉、掉毛、起泡以及撕裂的性能。

D. 纸张的含水量　指纸样在规定的烘干温度下,烘至恒重时,所减少的质量与原纸样质量之比,用百分率表示。一般纸张的含水量在6%~8%之间,含水量过低,印刷过程中会发生静电吸附现象,导致输纸困难、印品背面蹭脏等故障。

纸张是亲水性很强的物质,其含水量随环境温度、湿度的变化而改变,从而引起尺寸和形状的变化,造成多色印刷的套印不准。

为了减少纸张对水分的敏感程度,保持稳定的含水量,单张纸在印刷前,应在比印刷车间温度高10℃左右、相对湿度高10%~20%的晾纸间或晾纸机中,吊晾1~2小时,再码放在和印刷车间温度、湿度相同的纸台上,放置十几个小时。纸张的理想含水量约为5.5%~6.0%。印刷车间的温度应控制在20℃±3℃,相对湿度(RH)应在45%~65%之间。

E. 纸张的平滑度　指纸张表面凹凸不平的程度。采用表面较平滑的纸张进行印刷,印版或橡皮布上的油墨能以较大的面积与其接触,从而在纸张上得到图文清晰、墨色饱满的印迹。对于带网点的印刷品,只有使用高平滑度的纸张,才能使画面的网点清晰,阶调丰富,色彩艳丽。

F. 纸张的吸墨性　指纸张对油墨的吸收能力,或者说油墨对纸张的渗透能力。纸张吸墨性的强弱,主要取决于纸张纤维的种类、配比和纤维间的间隙,还与印刷过程中印刷压力的大小、压印时间的长短、油墨的粘着性和渗透性有着密切的关系。

纸张吸墨过快，会使印迹无光泽，墨层粉化，印刷网点增大，还会导致油墨渗透到纸张的背面，造成透印的故障。纸张吸墨过慢，使油墨的干燥速度减慢，易引起印刷品的背面粘脏，严重时发生印张粘连。

G. 纸张的酸碱性　指纸张的 pH。造纸过程中会使用酸法制浆或碱法制浆，导致抄纸之后的成纸中残余了一定量的酸或碱，使纸张通常不为中性，而显弱酸或弱碱性。纸张的酸碱性与平版印刷的关系很大，平版印刷常用的胶版纸为酸性。而纸张的酸碱性对印迹的干燥性能影响极大，油墨在酸性纸上干燥慢，在碱性纸上干燥快。

另外，纸张的白度、不透明度和光泽度等也是纸张印刷适性中的重要指标。

4. 油墨*

油墨是印刷过程中用于形成图文信息的物质，因此油墨在印刷中的作用非同小可，它直接决定着印刷品上图像的阶调、色彩、清晰度等。在印刷中，按照印刷方式的不同，可将油墨分为凸印油墨、胶印油墨、凹印油墨、孔印油墨。

（1）油墨的组成　油墨的主要成分如1-9框架图所示。

- 油墨
  - 主剂
    - 颜料
      - 有机颜料
      - 色淀性颜料
      - 无机颜料
    - 连结料
      - 油型连结料
      - 树脂型连结料
      - 有机溶剂
  - 助剂
    - 流动性调整剂
      - 粘度调整剂
      - 粘着性调整剂
      - 防脏剂
    - 干燥性调整剂
      - 干燥剂
      - 干燥抑制剂
    - 色调调整剂
      - 冲淡剂
      - 提色剂

图1-9　油墨组成的框架图

---

* 参考：冯瑞乾. 印刷概论. 印刷工业出版，2001

颜料是油墨中的固体成分，为油墨的显色物质，一般是不溶于水的色素。油墨颜色的饱和度、着色力、透明度等性能和颜料的性能有着密切的关系。

连结料是油墨的液体成分，颜料的载体。在印刷过程中，连结料携带着颜料的粒子，从印刷机的墨斗经墨辊、印版，辗转至承印物上形成墨膜，固着、干燥并粘附在承印物上。墨膜的光泽、干燥性、机械强度等性能和连结料的性能有关。

油墨中添加的助剂，是为了改善油墨的印刷适性，如粘度、粘着性、干燥性等。

（2）油墨的分类　随着印刷技术的发展，油墨的品种不断增加，分类的方法也很多。如果按照印刷方式来分类，则有以下五种：

① 凸版印刷油墨，包括书刊黑墨、轮转黑墨、彩色凸版油墨等；

② 平版印刷油墨，包括胶印亮光树脂油墨、胶印轮转油墨等；

③ 凹版印刷油墨，包括照相凹版油墨、雕刻凹版油墨等；

④ 孔版印刷油墨，包括誊写版油墨、丝网版油墨等；

⑤ 特种印刷油墨，包括发泡油墨、磁性油墨、荧光油墨、导电性油墨等。

（3）印刷对油墨的要求　油墨的印刷适性，指油墨与印刷条件相匹配、适合于印刷作业的性能，主要有粘度、粘着性、触变性、干燥性、流动性、拉丝性、粘弹性和屈服值等。

A. 油墨的粘度　油墨在流动中表现出来的内摩擦特性，叫做油墨的粘滞性。量度油墨粘滞性的物理量，叫做油墨的粘度。

油墨的粘度可以用粘度计来测量，常用的粘度计有平行板粘度计、旋转粘度计、拉雷粘度计等。

印刷机的速度愈快，要求油墨的流动性愈大，粘度愈小。油墨的粘度，可以用调墨油或油墨稀释剂进行调整。

B. 油墨的粘着性　油墨从墨斗向墨辊、印版、承印物表面转移时，油墨薄膜先是分裂，而后转移，墨膜在这一动态过程中表现出来的阻止墨膜破裂的能力，叫做油墨的粘着性。量度油墨粘着性的物理量，叫做油墨的Tack值。

油墨的Tack值可以用油墨粘着性仪来测量。

印刷过程中，如果油墨的粘着性和承印物的性能、印刷条件不匹配，则会发生纸张的掉粉、掉毛、油墨叠印不良、印刷版脏污等印刷故障。

油墨的粘着性，可以用撤粘剂或 ZY 油墨添加剂进行调整。

C. 油墨的触变性　在一定的温度下，油墨经搅拌或施加机械外力后，流动性得到改善，粘度下降；静置后，流动性减弱，粘度上升，这种性质叫做油墨的触变性。

印刷过程中，如果油墨的触变性不良，则会发生下墨不畅、传墨不均匀、网点严重扩大等印刷故障。为了防止上述故障的发生，需用墨铲经常搅拌墨斗中的油墨，或在墨斗中安装油墨搅拌器不时地搅拌。

D. 油墨的干燥　油墨的干燥比较复杂，主要有渗透干燥、氧化聚合干燥以及挥发干燥三种形式。

渗透干燥　是指油墨中的连结料，有一部分渗透到承印物里，另一部分与颜料一起固着在承印物表面而干燥。高速卷筒纸印刷机使用的非热固性轮转油墨，一般以渗透干燥为主，主要用于印刷报纸、期刊。

氧化聚合干燥　是指油墨中的连结料和空气中的氧气发生聚合反应，在承印物表面形成膜而干燥。胶印亮光树脂油墨，颜色鲜艳，光泽性好，主要以氧化聚合干燥为主，用于印刷高档精细的胶印产品。

挥发干燥　是指油墨中的部分连结料挥发到空气中，剩余的连结料连同颜料固着在承印物表面而干燥。凹版印刷油墨是用挥发型溶剂为连结料的，所用的连结料是对人体有危害的苯、二甲苯。目前已经研制了以水为溶剂的水性油墨，用于凹印和柔性版印刷，减少了对环境的污染，很有发展前途。挥发干燥的油墨特别适合印刷非吸收性的薄膜材料，如塑料薄膜、金属箔等。

除此之外，油墨的干燥还有紫外线、红外线、热固化等多种形式。

许多油墨的干燥，常常是两种干燥形式相结合来完成墨膜干燥的。例如，单张纸的快固着胶印油墨，适用于印刷一般的胶印产品，它是利用渗透和氧化聚合相结合的方式进行干燥的。

在印刷过程中，如果油墨的干燥不良，将会引起印张背面蹭脏、粘页、墨膜无光泽、油墨“晶化”等印刷故障。

为了加快油墨的干燥速度，可以在油墨中加入催干剂。常用的催干剂有钴燥油、锰燥油、铅燥油等。为了降低油墨的干燥速度，可以在油墨中加入干燥抑制剂。

5. 印刷机械

印刷机械是印刷过程中复制印刷品的机器、设备的总称。它是印刷过程中的核心，其作用是使印版上的油墨转移到承印物表面。

印刷机械一般由给纸部件、收纸部件、输墨部件、印刷部件组成，胶印机一般还有一个输水部件。但印刷机械多种多样，分类的方法也很多。

按印刷方式分，可将印刷机械分为凸版印刷机、平版印刷机、凹版印刷机、孔版印刷机。

按印刷幅面分，则可将印刷机分为超全开印刷机、全开印刷机、对开印刷机、四开印刷机、八开印刷机等。

按印刷色数分，可将印刷机分为单色印刷机、双色印刷机、多色印刷机。

按给纸方式分，可将印刷机分为卷筒纸印刷机、单张纸印刷机两种。

按压印方式来分，则可将印刷机分为平压平印刷机、圆压平印刷机、圆压圆印刷机三种。

平压平印刷机的装版机构和压印机构都是一个平面，在印刷中，由于两个平面要充分接触，所以需要较大的印刷压力，这样印刷出来的印刷品墨色凝重，线条、笔画饱满。一般作为凸版印刷机使用。

圆压平印刷机的装版机构是一个平面，而压印机构是一个圆形的滚筒，由于印版和压印机构是线接触，因此印刷速度较快，印刷压力比平压平印刷机要小些。主要用于凸版印刷机，而胶印中的机械打样机也属这类印刷机。

圆压圆印刷机的装版机构是一个圆形的滚筒，而压印机构也是一个圆形的滚筒，由于印版和压印机构是线接触，因此印刷速度最快，印刷压力最小。这类印刷机是现代印刷机的主流机型。

三、印刷的分类方式

1. 按印版结构分类

按印版结构，印刷可分凸版印刷、平版印刷、凹版印刷和孔版印刷四类。

如果用倍率较大的放大镜仔细观察比较，在印刷品的外观上，可以大概判定其属于哪种印刷。

凡是在线条上所印的油墨有叠堆现象，并带锯齿的产品，就是凹版印刷品，因为凹版的油墨大多堆存在较深的网穴里，所以墨层比较浓厚。

凡是线条或网点的中心部分墨色较浓，边缘不够整齐，而且又没有堆起的现象的产品，那就是平版印刷品。在印版上，图文部分和非图文部分都是平坦的，在边缘部分则因受到水的侵蚀而显得不平坦。

凡是印刷品的纸背有轻微印痕凸起，线条或网点边缘部分整齐，并且印墨在中心部分显得浅淡的，则是凸版印刷品。凸起的图文部分边缘受压较重，因而有轻微的印痕凸起。

凡是印刷品上墨层有立体浮雕感的，如瓶罐、曲面及一般电路板的印刷，肯定是孔版印刷品（多为丝网印刷品）。

2. 按印刷过程分类

按印刷生产过程分，有直接印刷与间接印刷两类。

直接印刷是指印版表面油墨与承印物直接接触的一种印刷方式，油墨在压力作用下转移到承印物上。所有的凸版印刷机、凹版印刷机以及孔版印刷机，均为直接印刷。

间接印刷是指印版表面油墨需先转印到橡皮滚筒上，再由橡皮滚筒将油墨转移到承印物上。现在的胶版印刷就属于间接印刷。

直接印刷版，图文部分为反像；间接印刷版，图文部分为正像。

3. 按印刷原理分类

按印版上图文部分与非图文部分在印刷过程中产生印刷品的原理，可分为物理性印刷及化学性印刷两类。

物理性印刷指油墨在图文部分完全是一种堆积承载，非图文部分则凹下或凸起，根据图文部分高度不同而不能沾着油墨，任其空白，所以图文部分油墨被转移到承印物上，属于物理机械作用。一般凹版印刷、凸版印刷、孔版印刷均属物理性印刷（印刷面高于或低于非印刷面）。

化学性印刷是指印版非图文部分（非印刷面）不沾油墨，并非由于该部分低凹凸起，或被遮挡，而是由于化学作用，使其产生亲水拒墨的薄膜的原因。图文部分（印刷面）吸墨拒水，非图文部分吸水拒墨。虽然水与油脂互相排斥仍是物理现象，但在印刷过程中，要不断使非图文部分在润湿液作用下补充亲水拒墨的薄膜，须加入酸类或胶类物质，这样才能保持印版非印刷面部分不被油脂侵染，所以为化学性印刷。胶版印刷机印刷就属于此类。

4. 按印刷色彩分类

按印刷品的色彩显示，可分为单色印刷与多色印刷两类。单色印刷，并不限于黑色一种，凡以一色显示图文的都属于此类。

多色印刷分为增色法、套色法及复色法三类。

增色法是在单色图像中的双线范围内，加入另一色彩，使其更加明晰、鲜艳，利于阅读。一般儿童读物的印刷品，多采用这种方法。

套色法是各色独立，互不重叠，也没有其他色彩作范围边缘线，依次套印在被印刷物质上的方法。一般线条图表、商品包装纸及地形图等印刷品，多采用这种方法。

复色法是依据色光加色混合法，使天然彩色原稿分解为原色分色版，再利用颜料减色混合法，使原色版重印在同一被印物质上。因原色重叠面积的多少不相同，从而得出类似原稿的天然彩色印刷品。所有的彩色印刷品，除少量的用增色法和套色法外，一般都用复色法印刷。

5. 按印刷版材分类

按印刷版所用的版材不同分类，有木版、石版、锌版、铝版、铜版、钢版、玻璃版、电镀多层版、纸版、尼龙版、塑胶版、橡皮版等。

木版、石版、玻璃版等，因不能弯曲，只能用于平压平型印刷机印刷。其余则用于平版或轮转印刷机。

合金版类有铅、锑、锡合金熔液浇铸的纸型铅版或铸成的活字版。有镁、铝的合金米拉可版，铜、镍合金的蒙尼金属版等。

多层金属版有铬面铜层钢底的三层金属版。

因版材不同，所用印刷机、油墨、印刷技术及印刷效果也各不相同。

6. 按被印材料分类

按被印材料的不同分，有纸张印刷、白铁印刷、塑胶印刷、纺织品印刷、木板印刷、玻璃印刷等。

纸张印刷为印刷品的主流，约占印刷品的95%，无论凸版、平版、凹版、孔版均可适用，故称普通印刷。

用纸张以外的被印材料进行的印刷，多属于特殊印刷。

四、印刷工艺流程

1. 模拟印刷的工艺流程

一件印刷品的复制，一般需要经过原稿的分析与设计、印前图文信息处理、制版、印刷、印后加工五个基本的步骤。也就是说，一件印刷品的完成，首先需要选择或设计出适合于印刷的原稿，然后利用照相分色、电子分色、彩色桌面出版系统等手段对原稿上的图文信息进行处理，制作出供晒版或雕刻用的原版（或称软片），再用原版制出供印刷用的印刷印版，最后把印版安装到印刷机上，利用印刷机械将油墨均匀地涂布到待印的图文上，在印刷压力的作用下，使油墨转移到承印物上。完成以上工作之后，经过印后加工便产生了不同使用目的的印刷品。模拟印刷的印刷流程如图1-10所示。

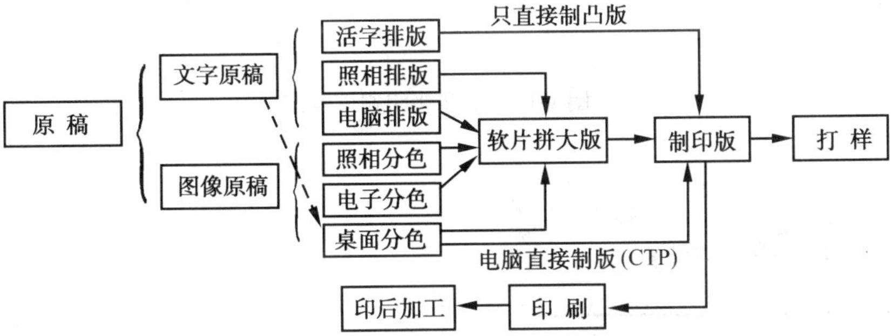

图1-10 模拟印刷的印刷流程

就目前的实际情况来看，已把原稿的分析与设计、印前图文信息的处理、制版这三个步骤统称为印前技术，把油墨转移到承印物上的过程称为印刷技术，把经过印后加工以实现不同使用目的的印刷品的过程称为印后加工技术。所以说，印刷工程就是印前技术、印刷技术和印后加工技术三大技术的总称。

2. 数字化印刷的工艺流程

数字化模式的印刷过程，也需要经过原稿的分析与设计、印前图文信息的处理、印刷、印后加工等过程，只是减少了制版过程。因为在数字化印刷模式中，输入的是图文信息数字流，而输出的也是图文信息数字流。相对于传统印刷模式的DTP系统来说，只是输出的方式不一样，传统的印刷是将图文信息输出记录到软片上，而数字化印刷模式则是将数字化的图文信息直接记录到承印材料上。数字化印刷流程如图1-11所示。

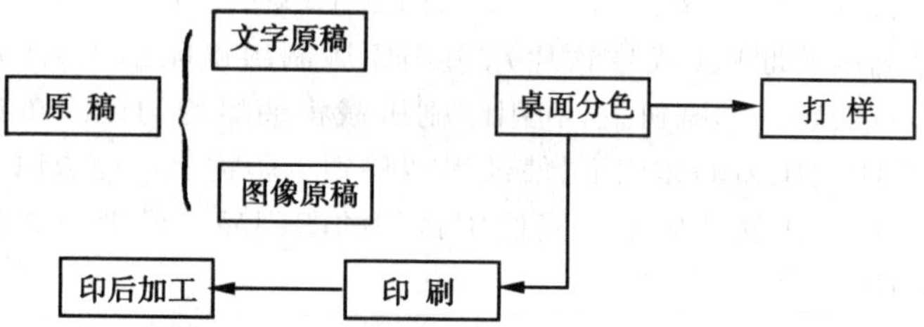

图 1-11 数字化印刷流程图

第四节

印刷技术的发展概况

印刷技术经历了漫长的发展历程，从早期的雕版印刷到后来的胶泥活字版印刷，从木活字版印刷一直到德国人谷登堡发明的铅合金活字版印刷，印刷技术都在社会文化生活中占据着举足轻重的地位。而谷登堡的铅合金活字版印刷为现代印刷术的进一步发展奠定了坚实的基础。近代由于电子计算机的出现，使制版印刷技术有了新的发展。

谷登堡首创的铅合金活字印刷术到 1477 年时已经传遍了欧洲，一个世纪以后传到亚洲各国。这一时期，印刷工业的规模都不大，印刷厂多为手工业性质。

1845 年，德国生产了第一台快速印刷机，这以后才开始了印刷技术的机械化进程。

1860 年，美国生产出第一批轮转机，以后德国相继生产了双色快速印刷机、印报纸用的轮转印刷机。到 1900 年，制造了 6 色轮转机。从 1845 年起，大约经过一个世纪，各工业发达国家都相继完成了印刷工业的机械化。

从 20 世纪 50 年代开始，印刷技术不断地采用电子技术、激光技术、信息科学以及高分子化学等新兴科学技术所取得的成果，从而进入了现代化的发展阶段。70年代，感光树脂凸版、PS版的普及，使印刷迈入了向多色高速化方向发展的阶段。80年代，电子分色扫描机和整页拼版系统的应用，使彩色图像的复制达到了数据化、规范化，而汉字信息处理技术及激光照排工艺的不断完善，使文字排版技术产生了根本性的变革。90年代，彩色桌面出版系统的推出，表明计算机全面进入印刷领域。总之，随着近代以来科学技术的飞速发展，印刷技术也迅速地改变着自己的面貌。

时代在发展，社会在进步。随着社会信息化及经济全球化的发展，印刷也在发生巨变。在传统印刷继续发展的同时，电子印刷也已应运兴起。纸媒体与其他多种媒体并存发展，日新月异，特别是自互联网出现以来，数字化网络化技术为人类知识传播、信息交流、商品销售与流通以至于日常生活的方方面面，开辟了以往难以想像的便捷而又高速的通途，时间与空间的距离大为缩短。印刷技术、工艺、服务方式以及服务对象也都发生了很大的变化。

一、数字化技术为印前带来重大变革

总的来看，20世纪90年代印刷技术进步的特点是数字化、网络化技术的运用，由文字图形单色处理的桌面出版系统（DTP）演进到彩色图文一并处理的电子彩色出版系统（CEPS），完成了图文信息处理技术由模拟化向数字化的过渡。

电子彩色出版系统（CEPS）问世以来，不但在出版、包装、商标和广告等方面基本取代了传统照相、分色、制片、制版的工艺，而且在印前领域中也唱起彩色创意设计与复制的主角。图像信息源也发生了巨大变化。原来是通过原稿或实物摄影取得模拟信息，而现在则通过数字化摄影或扫描将数字化信息输入计算机并加以处理利用。在传统的模拟工艺中，若想对原有图文作些修改或对色调作些改变，就必须从照相甚至原物信息源开始，从头进行全盘返工，既费时又耗材，而且效果还不一定理想。然而对数字化图文信息的电子处理技术来说，不仅图文的几何形状可以改变，图像的色彩与调子也可大幅度变换，而且还可剪辑、遮蒙、组拼，达到天衣无缝的境地。而加网形式也已由调幅式发展到调频式，甚至在同一画面上可两者兼用，以改良加网效果。以往，在正常情况下，从照相到打样，再快也得以日计，现在数字化打样可以不超过一小时；如果以计算机显示屏实行“软打样”则更快，这对传统模拟式工艺来说无疑是一种新的突破。正因为CEPS系统及彩色图像数字化信息处理技术具有以上优异功能和显著时效，故迅速成为市场上受欢迎的宠儿，并得到推广应用。

在行业中，“印前(Pre-press)”替代“制版”一词已被理解并接受，可是近年又出现“Pre-media”一词，暂译为“跨媒体前处理”，意指图像数字化信息不仅为“印刷”进行“前处理”，还为“跨媒体”的制版进行“前处理”。也就是说今后的印前不仅通向印刷，还将通向“跨媒体”，真是前程似锦，未来不可限量。

二、数字化印刷及计算机直接制版

数字化印刷及计算机直接制版技术是20世纪90年代后期国际上逐渐流行起来的印刷技术，但从我国目前的情况来看，暂时尚处在萌芽状态，应用面有限，然而今后有发展的趋势。数字化印刷是指把计算机处理好的数字化信息直接输出到纸张或其他基材上去的印刷术，所以它是不需要再经过制版的，而且输出信息是随机可变的，不像传统有版印刷由同一版子只能印出同样的印刷品，从而开拓了个性化印刷与可变信息印刷的概念与做法，既快又有个性和灵活性，这就是数字化印刷的特点。而且数字化印刷信息还可存储起来，以备需要时通过网络随时输出或异地输出。目前，此类数字化印刷设备的代表厂商有Indigo、施乐等。

另外一类数字化印刷设备是以传统胶印机为基础，结合在机上进行数字化直接制版技术而组成的，属有版印刷类型，此类发展已成为一种趋势。

数字化印刷可以按照客户需要，在数量上(少至1～2张)、时间上(即时，或先存储以后随需随印，多次添印或分印)、距离上(现场或异地)、内容上(按个性化需求)按需印刷。这既是对传统印刷术的一种弥补(并非排斥)，又是现代化信息处理与传输技术向印刷领域不断渗透并扩展的范例。而计算机直接制版(CTP)技术同样也是其中的一环。

从目前来看，由于专用版材及制版设备的代价不低，而且质量的优势尚待观察，不少潜在用户认为在不久的将来，版材与设备的质量与效果会更好，而价格反而下降，故抱观望等待态度，但对其发展前途均予以肯定。

三、传统印刷的高速化、自动化与优质化

高速化、自动化、优质化是传统印刷设备(不论平印、凹印或柔印)的共同发展方向。

以单张纸平版胶印机为例,车速已由每小时 1.5 万印提高到 1.8 万印甚至 2 万印;卷筒纸平版胶印机已由每小时 5 万转 ~6 万转提高到 10 万转。凹印、柔印等印刷机也同样有车速提高的范例。

在车速提高的同时,印刷机自动化的程度也在不断提高。印版自动装卸、自动套准、墨量预设定及自动调节、润湿系统自动调节、滚筒及胶辊自动清洗、双张自动监控、印张质量自动跟踪监察等,均已成为印刷机上常备的装置。在卷筒料印刷机方面,还包括张力自动调节、卷筒纸进给、接纸、折页及裁切的自动调节装置等。只有高度自动化才能充分发挥高速化的效能。

由于车速大幅度提高,滚筒间隙对机器平衡运转的妨碍也就更显突出。于是,橡皮布滚筒及印版滚筒向无接缝式方向发展,套筒式橡皮布及套筒式印版应运而生。机组的传动也由有轴传动改为由独立电机分机组驱动的方式。这些技术改进均有利于在高速化的条件下保证印品质量的优良。

四、印刷工艺中的主要演进

几十年来,在平、凸、柔、凹、孔版五大印刷工艺中,除以上关于制版及印刷设备的重要改进外,还有以下一些主要演进。

① 平版胶印方面的无水胶印技术,主要原理是利用有机硅树脂的斥油性作为平印版的抗墨层,在无润湿液保护的情况下进行平版印刷。无水胶印经过 20 余年的试用开发,近 10 年来已日益为市场所接受。无水胶印已成为高质平印的重要工艺。

② 凸版印刷基本上已被柔性版印刷所取代。原来用于凸印的金属版材,除用来作轧凹凸图文或烫金的铜版外,均已被高分子聚合物印版所取代,工艺也已成为柔性版印刷的工艺,即由长墨路改为短墨路,并运用网纹辊作为均匀传墨的主要手段。

③ 近 20 多年来,凹版印刷受柔性印刷兴起的影响有所滞长,凹印在

总印刷市场中所占的份额未见增长，反而有受柔性版印刷发展影响而下降的趋势（主要在包装印刷领域）。其主要原因不外乎制备凹印印版滚筒的费用较高，与市场上短批量印件增多而形成一种供求双方经济利益上的矛盾有关，然而并不能因此认为凹印的技术进步太小、太慢。从印刷设备方面来看，无论在印品质量、生产效率，还是自动化程度等方面，凹印的技术革新也是值得刮目相看的，如高速多色凹印轮转模切的联机生产线，就是其一。故在精细、高档、大批量烟酒包装品印刷方面，凹印仍不失其优势。

④ 目前丝网印刷是孔版印刷中的主力。由于投资少，丝网印刷发展成为不可或缺的重要印刷工艺之一。上马容易，发展既广又快，丝网印刷有时未免给人一种难登大雅之堂的错觉，其实并非都是如此。丝网印刷在电子线路板或电子元器件等印刷方面，越来越有高精技术的要求，尤其是高集成度线路板式电子元件，对印制设备、工艺以及生产场地的无尘化要求都非常严格，投资也非同小可。这又是高新技术促进印刷技术的发展，印刷技术又反过来为高新技术服务的一个典型例子。故丝网印刷也已发展成为重要的印刷工艺之一。

第二章
印前图文处理技术

第一节

印前图文处理技术的发展

印刷技术是人类历史上最伟大的发明之一，也是我国四大发明之一。它是人们进行信息交流和思想传播的重要手段，也是推动人类文明进步的工具。

印刷技术实际由制版技术、印刷技术和印后加工技术三大技术构成。制版技术现在被称为印前图文处理技术，即由原稿制成印版的工艺过程。印前图文处理技术大体可分为照相制版技术、电子制版技术和数字制版技术等，目前主要采用的是电子制版技术和数字制版技术。

一、印前图文处理技术的发展历史*

7世纪30年代，我国首先发明了雕版印刷，这是世界印刷史上的一个重大里程碑，其原理一直沿用至今，在此基础上发展起来的凹版印刷技术是当今高档包装彩印的主要印刷方式之一。

11世纪初，宋代的毕昇发明的泥活字印刷，是世界印刷史上的又一重大里程碑，在此基础上发展的铅印技术，在印刷业使用了许多世纪。

铅字版和铸版(热排 HTS: Hot Type System)生产工序复杂，工艺流程长，产生铅污染。

20世纪40年代美国研制成第一台手动照排机，称一代照排机。它是打字机和照相机相结合的产物，这种制版方式没有热源，故又称冷排(CTS: Cold Type System)。

20世纪50年代初，照相制版(冷排)替代了部分铅排(热排)。

---

* 参见：张逸新. 分色制版新技术. 中国轻工业出版社，2000

1954 年,美国 Photon 公司应用氙灯频闪曝光成像原理,研制成第二代自动照相排字机,称二代机。按照相拍摄形式从静态拍摄发展到动态拍摄。

1965 年,原西德 Hell 公司采用阴极射线管(CRT: Cathode Ray Tube)成像技术,首创了数字化字库的第三代自动照排机。例如美国 Linotype 公司 Linotron 系列,日本写研公司 Saptron-aps 系列。

1976 年英国 Monotype 公司首先推出第四代自动激光照排机。构成了以通用计算机为前端处理设备,以照排控制器和激光照排机为后端输出设备的文字处理自动化系统。

1979 年~1987 年,以美国 Autologic 公司、英国 Monotype 公司、Linotype 公司为代表的封闭式电子照排系统开始代替部分旧的铅排与手动照排设备。

20 世纪 80 年代后期,激光照排系统开始向彩色领域进军,结合新兴的 DTP(Desktop publisher)技术,实现了图文处理的综合化和开放化。国外主要生产厂家: Monotype、Varitype、Ecrm、Screem、Agfa、Linotype-hell 等。1986 年,桌面系统面世。

桌面系统(DTP)这一概念最初是在 1985 年由美国人波尔·希莱纳得明确提出的。随着信息化浪潮的不断高涨,传统的信息传递方式不能满足信息交流的需要,人们开始设想能通过一套设置灵活、操作简便的出版系统,从而实现更准确、更快捷的信息传播。在此背景下,DTP 应运而生,并不断发展。

1984 年,苹果公司推出的 Macintosh 计算机,采用了容易操作的图像显示的 Cut 接口。

1985 年,美国 Adobe 公司推出专业化电脑排版用页面描述语言 Postscript 和 Aldus 公司推出"所见即所得"的整页版面设计软件 PageMaker 1.0。苹果公司推出了 Post Script 数据文字、图像高分辨、高质量输出的 Laser Writer 台式激光印字机。

1986 年桌面出版系统的出现,使封闭式的出版印刷开始走上开放式的道路。英国 Monotype 公司破产,Linotype 公司与 Hell 公司合并,美国 CompuGraphic 公司被 Agfa 公司收买。

1989 年前,彩色桌面软件主要由 Quark、Aldus 和 Letraset 三家电脑公司制作。

1990 年,Linotype 公司推出彩色 L-330、L-530 照排机,AGFA 公司推

出满足彩色精度要求的9800照排机。

1987年~1992年，出现一批新的代表性厂家与代表产品，它们是美国Aldus公司的组版软件PageMaker，Xerox公司的Ventura，Corel公司的图形软件CorelDraw。

1991年，出现以网络为主专用计算机工作站的彩色印前系统，从而使图像处理彩色桌面系统更加成熟。

1992年~1995年初期，彩色桌面系统以计算机为核心的概念被打破。

1993年3月，Agfa和Lino-Hell公司首先推出新一代的随机网屏技术。

1993年7月，北大方正随机网屏问世。

1994年初，方正四色（高保真）技术问世。

1995年初，方正挂网加速卡问世。

此间，数字打样技术开始推广，各类数字式打样机不断改进。

面向办公室的文字处理软件的市场下滑，Adobe兼并Aldus公司，Corel公司收购Xerox公司的Ventura，推出Corel Ventura。面向专业彩色出版的组版软件QuarkXpress大受欢迎。

1995年，Adobe公司推出具有彩色页面处理能力、图文并茂的组版软件PageMaker 6.0。Quark公司推出加强图像处理的Quark Publishing System。

1996年，Corel公司推出CorelDraw TM6简体中文版。

1997年，印刷业开始面向专业彩色印前系统。

19世纪中叶，随着照相技术的发展，照相术逐渐应用到印刷制版工业中，最终形成了图像照相制版工艺，并逐步取代了以前的手工制版工艺，此后印前图文处理技术又经历了电子分色制版、DTP分色制版、CTP制版等发展阶段。

二、照相制版工艺阶段

照相制版是指用照相方法将原稿制作成供晒版用的底片，然后晒制印版，同时要对工艺中的各种误差作必要的修正，以满足图像复制的工艺要求。照相制版技术经历了明胶湿版照相法、明胶干版照相法和软片照相法等几个发展阶段。在图文处理技术方面最初采用间接加网分色工艺，即先对彩色原稿进行分色处理，然后对各分色片分别进行加网处理。到20世纪60年代初，随着对印刷技术研究的不断深入，新设备与新材料的产生与改进，图像制版形成了完整的直接加网分色工艺，并以蒙版修正为主要手段，取代了长期以来手工修正的主导地位，并迅速在全国推广。

三、电子印前处理阶段

由于照相制版工艺过程多，工艺复杂，可变因素多，生产中难以掌握和控制，造成生产效率低、产品质量差，从而迫使人们去研究开发新的制版技术——电子印前图文处理技术。目前电子印前图文处理技术已经历了电子分色制版、DTP 分色制版两个阶段，并正在向直接制版技术发展。

1972 年我国开始从国外引进电子分色机，由于电子分色机采用了先进的光电技术、电子技术和计算机技术，以电子蒙版代替照相蒙版，因而逐步形成了以数据化、标准化、规范化为核心的电子分色制版工艺，形成了两种工艺并举的制版新格局。

随着科学技术的发展，高新技术的应用使电子分色机的功能日臻完善。由于电子分色制版能满足不同原稿的技术工艺特点和艺术期望，并具备整体性、科学性和系统性之特点，从而逐步淘汰了“直挂”工艺。进入 20 世纪 80 年代，电子分色制版逐渐成为图像制版的主要技术手段，并建立了以彩色复制理论及印刷适性理论为基础的彩色复制的标准化管理体系，为各种图像制版新工艺的发展开拓了广阔前景。

在电子分色制版阶段，印前技术主要在以下几方面得到较大发展。其一是模块化，所谓模块化，主要是指电子分色机的分析扫描、图文处理和曝光记录单元相对独立，并构成标准化的开放体系，在扩展成电子印前图文处理系统时，易于配置。其二是电子加网，即通过加网技术的改善，使网点形状、网点角度、网线数种类更丰富，使电子网点与常规网点更加接近与完善，从而保证输出图像的质量。其三是全数字化。电子分色机的数字化使色彩处理不再局限于印刷行业惯用的黄（Y）、品红（M）、青（C）、黑（K）的色彩体系，而是集多种色彩体系为一体，以适应多种用途的需要。其四是增扩外围设备。外围设备可根据用户的要求及质量、效率标准来增加，以降低成本，提高质量。外围设备主要是预调整及预打样设备。其五是增加拼版及图文合一功能，即以电子分色机、激光照排机为基础，在计算机中实现图文拼版组合，直接制作供印刷用的图文合一的分色片。

桌面出版（DTP：Desktop Publishing）技术于 1985 年诞生于美国，起

初只能用于非专业的内部出版印刷,主要用于黑白制作。随着硬件设备和软件技术的发展,DTP的处理范围不断扩大,20世纪80年代后期,出现了用于彩色制作的彩色桌面出版系统(CDTP: ColorDTP)。进入20世纪90年代,科学技术的发展给印刷技术,特别是印前技术带来了日新月异的变化,DTP技术日趋成熟,应用范围不断扩大,并不断向商业印刷行业渗透,现已成为图文印前处理的主要手段和有力武器。

四、数字化印前技术的发展

数字化正广泛深入地对世界范围内的各个行业和领域产生着影响,印刷业特别是印前领域也正以空前的速度、广度和深度向数字化的新时代迈进。所谓数字化印前技术,就是指采用电子化处理技术制作适用于各种印刷机或印刷复制系统复制页面的印前图文处理技术。数字化印前技术主要包含有文本和图像输入技术、数字式扫描技术、数字图文处理技术、数字照相技术、数字式数据和图像的转换与存储技术、数字式色彩管理技术等。目前印前系统中从原稿到制作出晒版底片的全过程都已基本实现了数字化,其最后两个工序——晒版和打样也在逐步实现数字化,通过晒版将输出中心输出的软片上的图文转移到印版上的工艺将被淘汰,取而代之的是以CTP为代表的直接制版工艺,即将图像信息直接制作到印版上。同样,传统打样也将被数字打样所取代,图文信息也可以直接制作出与印刷一致的样张,晒版打样的数字化的实现,实际意味着整个印前系统全面数字化的完成。

几乎与国外印前技术发展同步,我国印前领域开始跨入数字时代,一场以彩色桌面系统(CDTP)代替传统电子分色和模拟制版的技术革命出现在我国。1993年以后,由扫描仪(或电分机高端联网)、计算机(工作站)、激光照排机以及各种应用软件组成的集成系统,迅速出现在印刷行业的制版车间、广告制作公司、印前输出公司,以中文图文处理为核心的各种通用应用软件、矢量汉字字库令人眼花缭乱般地应用在各种出版物或包装产品上。这场数字化、网络化的革命,把出版、印刷以及其他各种媒体(如影视、报刊、电子出版物、网络出版、网络印刷等)组合在一起。可视信息传播的处理技术能发展到今天这样的水平,在10年前是不可想像的。

数字网络化已渗透到出版印刷行业的各个领域,发展迅猛、风光无限。数码相机、摄像机、高性能扫描仪，以及各种配套的彩色管理软件，使得数字化图像信息的获取分辨力更高、色彩匹配更准确。各种档次、多功能的扫描仪层出不穷，特别是数码相机的发展尤为迅速。

计算机直接制版技术(CTP)在印前领域逐渐普及，到目前为止，全世界各种规格的直接制版机已超过6 000台。各种类型的CTP版材，如热敏、光聚合和银盐型CTP版材的使用量，每年都在翻番，其中热敏版材的需求量发展更快。无论是脱机直接制版设备，还是在机直接制版系统(如直接成像DI印刷机)等，这种版材都大受欢迎。

数字打样技术作为一种稳定、高效的数字式打样方式，随着彩色管理软件的发展、常规调幅网点输出技术的出现，已逐步代替传统模拟式打样，广泛应用于印刷签样、广告设计、远程打样等。数字打样已成为直接制版和数字印刷必不可少的配套技术。国外以喷墨打印机为输出设备的数字打样系统，已比较成熟，并进入实用领域。

数字印刷技术作为印前数字化的必然结果，可把图文排版后的版面信息，直接经数字印刷机转移到承印物上。比如以Indigo、Xeikon、Xerox公司为代表的数字印刷技术，就具备这些功能。

印前数字网络化为报社、出版社提供了适应跨媒体出版的有力手段。国际上几乎所有的跨媒体集团和出版商，均采用各种数字化手段，如计算机工作站、数据库、移动通信设备、网站、个人数据终端等，制成个性化的、创意的、高保真的页面文件，按照用户的不同需求进行远程网络出版和印刷，输出各种传统出版物、电子出版物、网页以及影视产品等。我国目前已有30余家大报社实现跨媒体新闻发布；一些出版社采用电子书籍(E-Book)，与图书同步出版、发行；一些印刷集团与出版社联手进行跨媒体信息处理。

利用通用的文件格式(如PS、PDF、采用CIP3标准的PPF等)，把印前、印刷、印后及发行工作进行一体化的数字工作流程处理和资源数字化管理；通过互联网，把出版、印刷、书店、读者联接起来，进行出版和印刷电子商务管理；通过局域网络，在印刷企业内部进行业务管理、生产管理、物流管理、财务管理、市场信息搜集等，即实现企业信息化管理。我国印刷企业信息化管理还未推广，尚处于准备阶段。

第二节

印前图文处理的基本原理

一、文字信息处理

印前文字信息处理从印刷的整个发展过程来看,经历了铅字排版、照相排版,直到今天的计算机排版。计算机排版技术是文字信息处理技术的飞跃发展,是计算机与印刷结合的产物,是一项新兴的电子应用技术。它取代了传统的铅字排版,使印刷行业进入了"告别铅与火,迎来光与电"的时代。

1. 文字字体、字号及字形

(1) 文字的字体　文字的字体是一种规范了的文字书写体式,不同的字体代表了不同的书写风格。因此,在印刷排版中,选用不同的字体对印刷品的质量有重要影响。

文字的字体可分为汉字字体和外文字体两种。

对于汉字字体来说,字体的种类有很多,可以这样说,每一个人书写的汉字就是一种字体,但是用于印刷中的基本字体有书宋体、仿宋体、楷体和黑体四种。为了美化版面,经过一段时间的发展,在印刷中开始采用许多新创的艺术字体,如隶书、综艺、行楷、美黑、魏碑等等。图 2-1 所示的为不同汉字字体。目前在计算机排版中大约有 84 种字体可供选择。从另外一个角度来说,字体也是区别版面中标题与正文、主要内容和一般内容的表达形式。

对于外文字体而言,在我国的书刊印刷中最为常用的字体有四种,它们是衬线体(Times New Roman)、非衬线体(Arial)、等宽字体(Courier New)和变宽字体(Century)。外文字体如图 2-2 所示。此外,在外文字体的每一种字体中又分为 Regular、Bold、Italic、Bold Italic 四种字体族,这四种字体族分别对应的是北大方正排版软件中外文字体的白正体、黑正体、白斜体、黑斜体，外文字体族的字体如图 2-3 所示。对于其他形式的印刷品（如杂志、宣传品）来说，在外文字体的选择上比较富余，有几十种字体可供选择，如方头正、方头斜、花体等字体。

书宋 →	印刷品	细圆 →	印刷品
黑体 →	印刷品	琥珀 →	印刷品
楷体 →	印刷品	综艺 →	印刷品
仿宋 →	印刷品	舒体 →	印刷品
行楷 →	印刷品	彩云 →	印刷品

图 2-1　不同的汉字字体

Regular:	abcdefghijklmnopqrstuvwxyz
Bold:	**abcdefghijklmnopqrstuvwxyz**
Italic:	*abcdefghijklmnopqrstuvwxyz*
Bold Italic:	***abcdefghijklmnopqrstuvwxyz***

图 2-2　外文字体

衬 线 体:	Times New Roman
非衬线体:	Arial
等宽字符:	Courier New
变宽字符:	Century

图 2-3　外文字体族的字体

（2）文字的字号　文字的字号是指文字的大小。我国对文字大小采用以“号数制”为主、“点数制”为辅的原则来进行度量，因此，在国产的电子出版软件中对字体的度量基本采用这一原则。这种度量的方法与原来的铅字排版统一了起来，符合我国排版人员和编辑的习惯。例如，在北大方正电子出版系统中，特大号（11 号）以下的字都采用号数制来称谓，如 4 号字、5 号字，而特大号以上的字则采用点数制来称谓，如 84P、72P 等，不同字号大小的字体如图 2-4 所示。

“点”是活字专用的计量单位，“点”的英文名称是“point”，音译为“磅”，采用“point”的第一个字母“P”来表示。在我国，一般认为 1P = 0. 35mm。所以在国外的电子出版软件中，字的大小大多以“点”来表示，如办公软件 Word 等。

5号 北京印刷
4号 北京印刷
3号 北京印刷
2号 北京印刷
初号 北京印刷
72点 北京印刷

图 2-4　不同字号大小的字体

（3）文字的字形　文字的字形是指文字的形状，一般有方形、长形、扁形、粗体形和细体形之分，如图 2-5 所示。

方形字 中国印刷技术
长形字 中国印刷技术
扁形字 中国印刷技术

图 2-5　文字的字形

（4）印刷中字体、字号的选用原则　要掌握好计算机排版技术，那么对于字体、字号的选用原则需要有一个基本的了解，现将印刷中最常用的几种字体的特点和选用的原则归纳如下。

书宋体　书宋体的特点是横平竖直，横细竖粗，粗细适中，疏密布局合理，使人看起来清晰爽目，久读不易疲劳。书宋体的另一个优点是印刷适性好，印刷出来的字体笔道完整清晰，所以，一般的书刊正文都采用书宋体作为字体。

楷体　笔画接近于手写体，直接由古代书法发展而来，字体端正、匀称。一般用于小学生课本和幼儿读物，选用 4 号楷体以便孩子们模仿。除此之外，楷体字也常用作标题、作者的署名、报刊中篇幅短小的正文等。

仿宋　仿宋是由古代仿宋刻本发展而来的一种字体，是古代常用的一种印刷字体。其笔画粗细一致，起落锋芒突出，刚劲有力，但阅读效果不如书宋体，所以不是一般出版物常用的字体。其主要用于标题、文件等用字，一般其字号要在小 4 号以上，并且字形为长形字，比较好看。

黑体　字体方正饱满，笔画横粗，竖也粗，主要用于各级大小不同的标题字。

2. 排版中的版面

（1）纸张的开本　在我国常用的纸张规格有 787mm × 1 092mm、880mm × 1 230mm 和 850mm × 1 168mm 三种全张纸，在实际中也常使用 889mm × 1 194mm 规格的纸。而在习惯上，我们常以“开”来称谓纸张的大小。“开”是以 2 的几何级数来确定的，即用对折的方法来分切全张纸，开本的开法如图 2-6 所示。

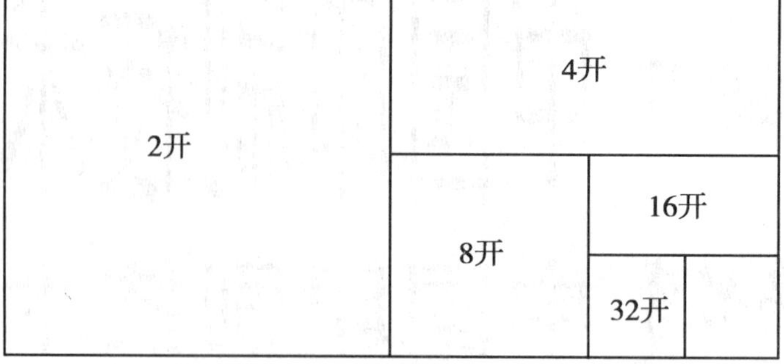

全开幅面

图 2-6　开本的开法

国家标准规定,我国书刊的开本尺寸分为基本开本和辅助开本两种,其开本的尺寸分别如表 2-1 和表 2-2 所示。

表 2-1　基本开本的尺寸(单位: mm)

组　号		A	B	C
纸张尺寸		880 × 1 230	787 × 1 092	695 × 960
开本尺寸	16 开本	210 × 297	184 × 260	165 × 227
	32 开本	148 × 210	130 × 184	113 × 161
	64 开本	105 × 144	92 × 126	80 × 109

表 2-2　辅助开本的尺寸(单位: mm)

组　号		A 甲	B 甲	B 乙	B 丙	C 甲	C 乙
纸张尺寸		880 × 1 092	787 × 1 230	787 × 960	787 × 880	960 × 1 092	695 × 1 092
开本尺寸	16 开本				188 × 207	232 × 260	
	32 开本	130 × 208	147 × 184	113 × 184			130 × 161
	64 开本	104 × 126	92 × 143				

在书刊中,常见的开本有 16 开、32 开和大度 16 开、大度 32 开四种。其中 16 开和 32 开一般采用 787mm × 1 092mm 的纸来裁切,而大度 16 开和大度 32 开则采用 850mm × 1 168mm 或 880mm × 1 230mm 的纸来裁切。报版常用 4 开版和 8 开版两种。

(2) 版面　版面是指在书刊或报刊的一面中,图文部分和空白部分的总称。版面由版心、天头、地脚、切口、订口五个部分组成,版面的组成如图 2-7 所示。

有关版心的基本知识,是任何一个排版人员应掌握的最基本的常识,在实际的应用中,版心的尺寸往往要受到成品尺寸的制约,不同标准的开本对应各自标准的版心尺寸。但在同一开本中,由于版口空白部分的大小不同,或装订方式的不一样,版心尺寸往往有一些微小的变动。

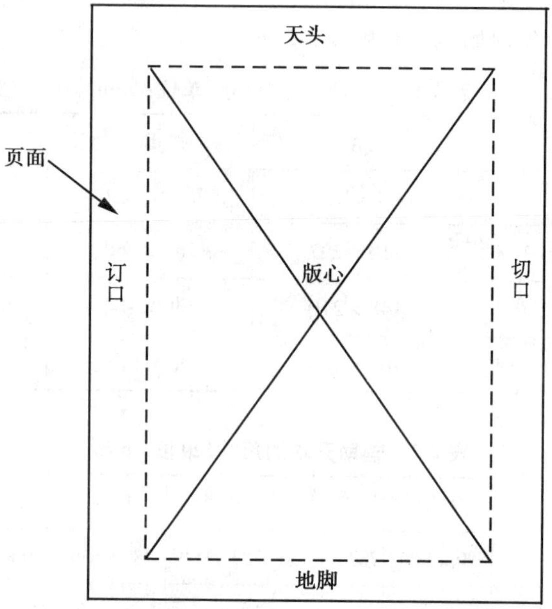

图 2-7　版面的组成

3. 版面设计与排版规格

排版之前需有专门的设计人员进行版面设计，即设计出排版的形式以及正文、标题、书眉、辅文的文字字体、字号、字距、位置等，并绘制出所设计的版面格式。排版工作者根据设计人员设计的版式进行排版。具体的排版要求分别归纳如下。

（1）正文　正文是指图书除了前言、目录、后记、注释以外的内容，是印刷内容的主要部分。正文排版应规定出正文所用文字的字体和字号，是横排还是竖排，版心在版面所占的面积大小、位置、字距、行距和段距等。

（2）标题　标题可分为一级标题、二级标题等，一般可分为五级，标题设计应规定出不同标题的字体、字号、位置，以及与正文之间的距离等。设计标题的字号时，应注意要大于正文的字号。

（3）书眉　书眉一般出现在篇幅较多的书籍里。书眉的文字一般用 6 号字，只排 1 行为佳，文字过长时可酌情删减，尽量避免转行。

（4）页码　页码的设计，也要注意页码的字体、字号和位置等。

(5) 禁排规则　文字排版,一定要注意文字排版的禁排规则。一般文字排版的禁排规则有以下几种:标点符号的排版禁则,标点不领行;字行排版禁则,独字不成行;转行排版禁则,转行不破字(词);标题排版禁则,标题不背题。

4. 校对知识

校对就是对所排版的文字进行校正和核对,检查文字是否准确无误,版式上是否正确。各种图书报刊等出版物和印刷品均须经过多次校对,才能付印。

尽管对于不同的出版物,校对的过程不尽相同,但一般都需要经过毛校、一校、二校、三校、核红等过程。

在校对工作中,发现文字和版式上的错误之后,校对者需要在校样上标出应改正的文字和各种符号,作为改正的依据,这些特殊的符号被称为"校对符号",它是编辑、校对、排版三者之间共同交流使用的标准语言。所以,要做一名优秀的排版人员,必须理解这些符号。

二、印前图像信息处理

印前图像信息处理是指将原稿上的图像信息经过印前处理系统进行色彩分解、图像的放缩、网点的形成、黑版的生成、底色去除等一系列处理之后,最终使原稿上的图像信息转变成可光学晒制,而且符合制版、印刷要求的分色软片。

对于印刷品上的图像而言,其印刷的质量好与坏,主要受到阶调层次的再现、色彩的还原、清晰度还原和不均匀性等四个方面的影响。也就是说,在印刷中,若能保持上述这四个方面,就认为印刷品达到了对原稿的忠实复制。在整个印刷过程中,阶调层次和色彩的还原主要通过印前图像处理过程制作完成,而印刷过程则是来完成对阶调层次的再现和色彩还原的实现。然而,无论是图像的阶调层次的再现,还是图像的色彩还原,都与印刷中的网点密切相关。

(一) 网点

印刷中网点的微观变化在宏观上改变着图像的阶调层次和色彩的变化。所以说,网点是印刷中最小的、也是最基本的印刷单位。

印刷上为什么一定要采用网点来印刷呢？这主要有两方面的原因。

一是印刷工艺方面必然要求采用网点印刷。众所周知，在传统的模拟印刷中，印刷过程的实现都必须有印版的存在，而印版上永远只有两个元素——图文部分和非图文部分（也称空白部分）。如果印版上的两个元素没有任何微观上的变化，那么通过该印版印刷出来的印刷品只有两个层次——黑与白，颜色也只能表现出两种——黑色与白色（单色黑墨印刷时，如果是四色印刷颜色，最多也只有 8 种），如图 2-8 所示。这样就无法表现出原稿上的丰富的阶调层次和多彩的颜色。如果能将印版上的图文部分分割成无数面积大小不同的小点，不同面积大小的点着墨后，着墨的多少也就不同，在视觉效果上也就表现出了不同的阶调层次，如图 2-9 所示。同样，着墨的多少，也反映出了色彩的千变万化。这些小点在印刷上称为网点，所以就目前的工艺水平来说，印刷上一定要采用网点来印刷。

图 2-8　只有两个层次的印刷品

图 2-9　多层次的印刷品

二是人的视觉使采用网点印刷成为可能。人眼能区分两个不同发光点的能力，称为视觉敏锐度，它是指人眼在正常的明视觉距离内（250mm）能分辨出的两点对人眼所形成的视角的倒数，如图 2-10 所示。正常视力为 1.0 时，视角为 1 分。

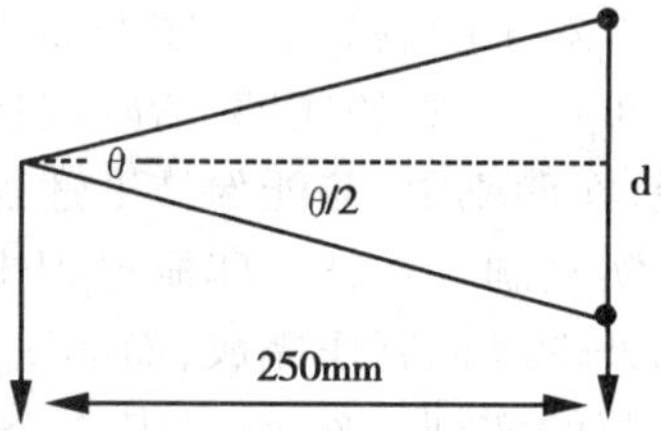

图 2-10　人眼的最小分辨率

因此，在明视觉的距离下，人眼能分辨两点之间的最小的距离 d 为：

$$d/2 = 250 \times tg^{\theta/2}$$

在 θ 很小的情况下，$tg^{\theta/2} \approx \theta/2$，因此，上式可以变换成：

$$d/2 = 250 \times \theta/2$$

则有：$d = 250 \times \theta$

将数据代入得：$d = 250 \times 1' = 250 \times 2.9 \times 10^{-4} \approx 0.073$mm。

而在印刷过程中，只要采用的加网线数使网点之间的距离小于0.073mm这个距离，人眼就不能分辨出网点，从而使印刷出来的图像表现出连续调的感觉。例如：加网线数为175lpi，则两个网点之间的距离应是25.4/(175×2)=0.0725mm。

正是由于以上两方面的原因，在印刷过程中，一定要将连续调的图像转变成网目调图像，方能完成图像的复制。这种转变主要由印前图像处理系统来完成。

1. 网点的形成

网点的形成因不同的印前图像处理的方式而有所不同。最早的图像处理，采用照相分色加网方式完成，这种方法主要采用网屏来形成网点。网屏的形式有两种：一种是玻璃网屏，另一种是接触网屏。网屏形成网点的过程如图2-11所示。但这种加网方式，随着照相分色方式的淘汰而基本离开了印刷的舞台。

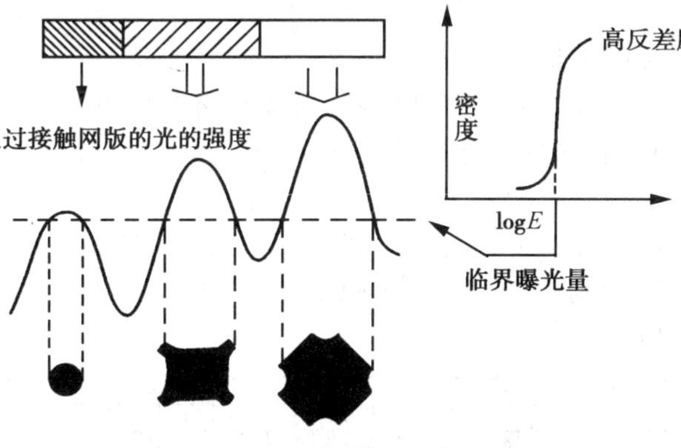

图2-11 网屏形成网点的过程

无论是电子分色处理系统，还是数字化印前图像处理系统，都是采用电子加网方式形成网点，只不过在电子分色中由网点发生器形成网点，而在数字化印前图像处理系统中则是由RIP(光栅图像处理器)形成网点。

电子加网形成的网点是由若干个曝光点组成的，如图2-12所示。曝光点的大小与输出设备的分辨率有关，输出设备的分辨率越高，曝光点就越小。如果一个网点是由N×N个曝光点组成，当所有的曝光点都曝光时，则形成一个100%的网点；而当所有的曝光点都不曝光时，则不形成网点。计算机根据分色图像信号数值的大小，按加网线数、网点角度、网点的形状要求，通过对电子分色机的网点发生器存储的网点数据或RIP中存储的网点数据进行比较，就可对曝光点进行有选择的曝光，从而就形成了不同特征、不同网点百分比的网点。

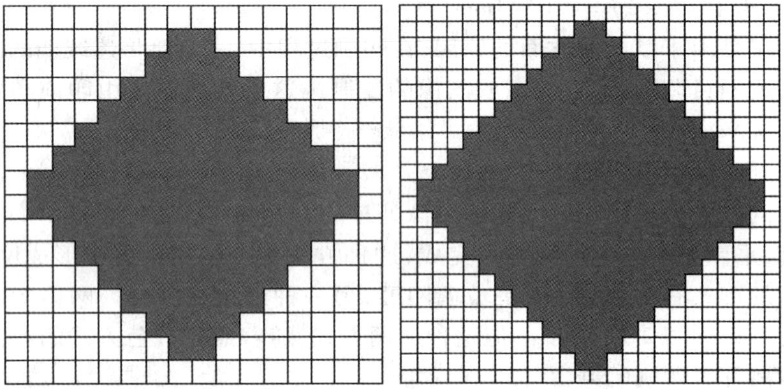

图 2-12　电子加网形成的网点

2. 网点的分类

按照加网方式的不同可将网点分为调幅网点和调频网点两种。

调幅网点是传统印刷中最常用的网点，这类网点是单位面积内网点的个数不变，通过网点面积大小反映图像色调的深浅，对应于原稿色调深的部位，印刷品网点的面积大，空白部位小，接受的油墨多；而对于原稿上阶调浅的部位，印刷品上网点的面积小，空白的部位大，接受的油墨少，调幅网点的示意如图2-13所示。

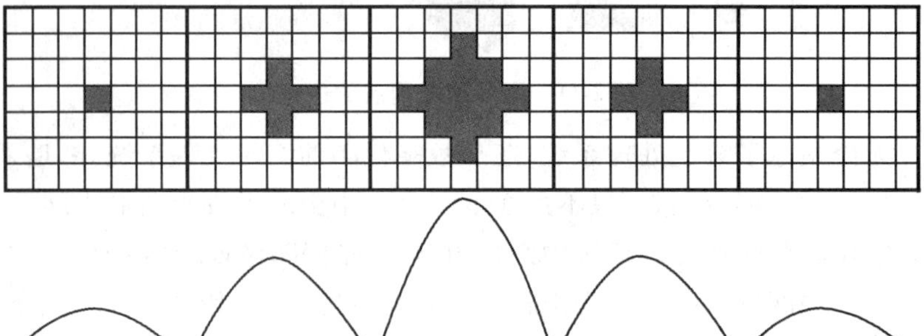

图 2-13　调幅网点示意图

在调幅式网点中，由于网点有一定的角度，因此，在印刷中最多只能采用四个色版来完成整个印刷过程，即黄（Y）、品（M）、青（C）、黑（K）四个色版。但是C、M、Y、K四种油墨所能再现的色域有限，往往不能满足对原稿上所有色彩的再现，因此有人提出了调频式网点的概念，调频网点示意如图2-14所示。

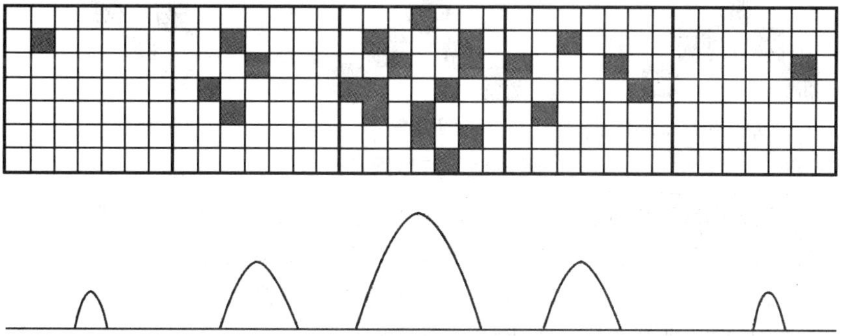

图2-14　调频网点示意图

所谓的调频式网点是指单位面积内网点的大小不变，通过网点的疏密反映图像的密度大小。网点密的地方，图像的密度大；网点疏的地方，图像的密度小。因此，调频式网点不存在网点角度的问题。正是这方面的原因，采用调频式网点进行印刷时，可以制出多于四色的印版，以实现对原稿的高保真印刷，而且也不用考虑印刷过程中各色版的套准问题。

3. 网点的特征

胶版印刷中采用的网点主要是调幅网点，这类网点有四大特征。

（1）网点面积覆盖率（网点百分比）　在印刷品上，网点面积覆盖率是单位面积内着墨的面积率。例如，在单位面积内着墨率为50%，则称之为50%的网点，若在单位面积内着墨面积率为45%，则称之为45%的网点。在我国习惯用“成数”来表示网点的面积覆盖率，如50%的网点称之为“5成点”，而45%的网点称之为“4.5成点”。当然，各地的习惯称谓也不尽相同。

（2）网点形状　网点的形状有多种，最为常用的有方形网点、圆形网点、链形网点或椭圆形网点，这三种网点的形状分别如图2-15所示。在印刷中，不同的网点形状对印刷图像的阶调层次有不同的影响。

由于50%的方形网点的周长最长，在印刷过程中，如果墨量稍有一点变化，此处的网点增大就比其他网点的增大要大许多。也就是说，若采用方形网点，则在图像的阶调层次中，50% 处的阶调在密度上有一个较大的跳跃，采用这种点形则对重要的中间调产生影响。

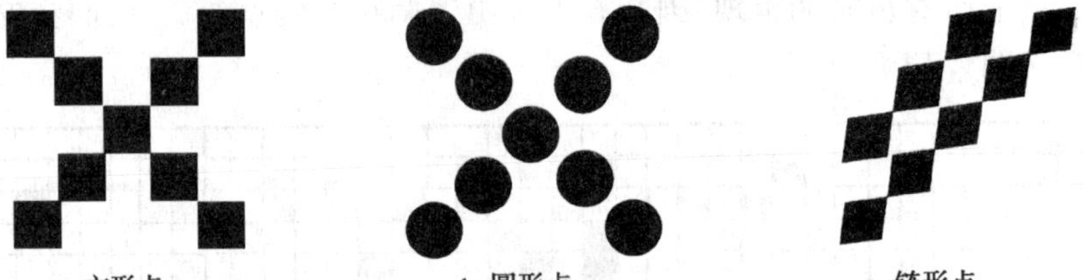

a. 方形点　　b. 圆形点　　c. 链形点

图 2-15　常用网点形状

选用圆形网点，则网点增大最为严重的不是在 50% 处的阶调，而是在 70% 处的阶调。因此，在图像的阶调层次中，70% 处的阶调在密度上有一个较大的跳跃，采用这种点形避开了对重要的中间调产生影响。

选用链形网点或椭圆形网点，由于网点有长轴和短轴之分，网点的增大是按纵横两个方向分两次发生，也就是说将一次性的密度跳跃分解为两次比较平缓的密度跳跃，这两个跳跃点分别在 40% 处和 60% 处的阶调。因此，在图像的阶调层次中，40% 处和 60% 处的阶调在密度上有一个较小的跳跃，采用这种点形也基本避开了对重要的中间调产生影响。

(3) 网点线数　网点线数是指单位长度（每英寸或每厘米）内排列的网点个数，用 LPI 或 LPC 表示。在习惯上也称之为“网屏线数”或“网目数”。目前常用的网点线数如表 2-3 所示。

表 2-3　常用的网点线数

网点线数	LPI	60	80	100	120	133	150	175	200
	LPC	24	32	40	48	54	60	70	80

单位面积（每平方英寸或每平方厘米）内的网点个数是网点线数的平方数。网点线数越高，则单位面积所含的网点个数越多，而且，网点线数越高，单位面积内的网点数目增加得越多，同时表示图像的基本单元（网点）也就越小，因而图像的层次表现得越丰富，细节也就更多。反之，网点线数越低，图像的层次会有所下降，印刷出来的图像越粗糙。但有一点必须注意，网点线数越高，单位面积内的网点越多，在印刷过程中导致的网点增大也越严重。因此，在选择高网点线数进行印刷时，必须有良好

的印刷工艺条件和印刷设备。图2-16和图2-17所示分别为加网100LPI和加网175LPI的示意图。

图2-16　加网100LPI的示意图

图2-17　加网175LPI的示意图

在印刷过程中，对网点线数的选择，主要取决于印刷品的类型、承印材料的种类和印刷设备的精度。以纸张为例，在印刷中最为常用的纸张有新闻纸、胶版纸、铜版纸，在采用这三种纸张进行印刷时，其网点线数的选择分别是新闻纸为60LPI～85LPI、胶版纸为100LPI～133LPI、铜版纸为150LPI～200LPI，即平滑度越高的纸张，印刷的加网线数也就相对高些。

（4）网点角度　在印刷品上，如果利用放大镜来观察印刷品上的图像，则会看到组成印刷品图像的网点是按照一定的规律进行排列的，网点角度表示的就是网点排列的方向。一般情况下，把网点对角线的连线称为网目线；把链形网点或椭圆形网点的长轴连线也称为网目线。

由基准线转到网目线所转过的角度就是网点角度的数值。基准线有两种取法：一种是以水平线为基准线，由水平线逆时针方向转到网目线；另一种是以垂直线为基准线，由垂直线顺时针转到网目线。

印刷中使用的方形网点和圆形网点都有两条网目线，并且这两条网目线分别垂直相交。因此，对于方形网点或圆形网点来说，$\theta \pm 90°$为同一角度，如图 2-18 所示，但一般都以小于 90°角来定义网点角度。但对于链形网点和椭圆形网点来说，由于定义了长轴连线为网目线，因而这类网点只有一条网目线，θ 和 θ ± 90°不再是同一网点角度，如图 2-19 所示，而是两种角度相差 90°。因此，在实际应用中，大多采用大于 90°的角度来表示这类网点的角度。

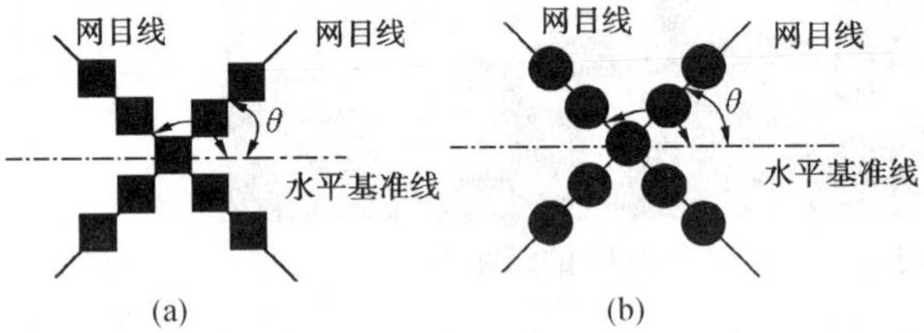

图 2-18　方形和圆形网点角度

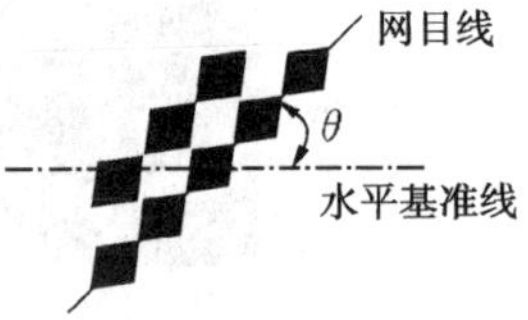

图 2-19　链形和椭圆形网点角度

网点角度的选择在印刷中是一个重要的问题。选择网点角度的原则是：尽量使网点的方向性不被觉察出来，而更重要的是应注意多色印刷中多色版网点角度的搭配，不能产生龟纹。

任何两种周期性结构的图案叠加在一起时，会产生第三种周期性图案，这种图案称之为莫尔条纹。当莫尔条纹十分醒目时，就会造成对正常图像的干扰，这种干扰被印刷界称之为“龟纹”，如图 2-20 所示。

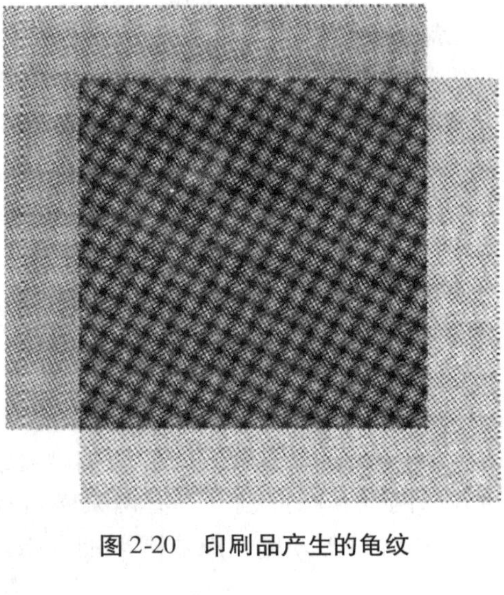

图 2-20　印刷品产生的龟纹

实验证明,当任何两种周期性结构的图案的排列角度差大于或等于30°,叠加在一起时,产生的莫尔条纹最轻。根据这一原则,印刷中对于不同的印刷方式,大多采用如下网点角度。

对于单色印刷,只需一种网点角度,常选用45°。

对于双色印刷,需要两种网点角度,常选用45°和75°(15°)两个角度。

对于四色印刷,则需要四种网点角度,一般常选用15°、45°、75°、90°这四个角度。

调频网点也有两个基本特征:

① 网点尺寸非常小。一般来讲,每个调频网点是图文照排机或打印机能产生的最小机器点。但在许多情况下,这样小的网点在目前的印刷工艺下很难正确印刷出来。所以,对照排机等高分辨率的输出设备,其产生的调频网点往往是多个曝光点的集合点。

② 网点尺寸大小一致。一般说来,调频网点的大小基本是一致的,但在一些情况下,也会使用几种不同大小的网点来形成调频网点。

调频加网工艺的优缺点主要表现在以下几个方面。

① 防止了“龟纹”的出现。这是因为调频网屏没有规则的空间排列结构。

② 可以使用黄、品、青、黑以外的颜色扩大色彩色域范围。这为高保真印刷奠定了基础。

③ 调频网点有较高的细节和层次表现能力。这是由于较小的印刷网点可以创造较多的图像细节的缘故。

④ 具有颗粒感,尤其是在高光部分和25%左右的阶调处,给人一种砂纸外观的不舒服感觉。

⑤ 网点增大的现象比较严重。

⑥ 调频网点有时会在色彩和密度都很均匀的区域出现斑点。这种斑点是对图像总体质量的一种潜在破坏。

⑦ 由于调频网点太小,因此,在晒版时都比较困难,许多印刷机在普通的纸张上根本无法正确地印刷出这些离散的单个小网点。

由于上述工艺处理上的困难和高调处的颗粒及其均匀区域的斑点等缺陷的限制,目前调频加网在传统的胶印工艺上还应用比较少。不过,随着计算机加网算法的发展,目前出现了一种所谓混合加网的新技术,它们将调频和调幅加网技术的优点结合起来,形成应用于同一张图像上的混合加网，在色调均匀的区域，尤其是在高光区，调幅加网能产生更平滑的外观；而对于高细节成分，调频网效果更好，从而使整体效果达到最佳。毫无疑问，今后调频加网的优点将会被充分利用在胶版印刷之中。

（二）印刷品的阶调层次的复制

1. 什么是印刷品的阶调层次

图像的阶调层次主要用以描述原稿上图像的明暗程度，图像上的这种明暗程度是通过其不同的亮度等级来传达的。图像明亮的部分被称为高光调，阴暗的部分被称为暗调，处于明暗之间的部分被称为中间调。

如果图像上的这一系列的亮度等级采用光学密度来表示的话，那么图像上从最亮到最暗一系列的密度等级统称为图像的层次。

一般说来，原稿上的图像阶调分为两类。一类是连续调，连续调是指原稿上图像以连续的密度逐渐从高光调过渡到暗调，密度的等级越多，则阶调越丰富，如日常生活中的照片，如图 2-21 所示。另一类则是网目调（也称半色调），这类调子的图像则是以单位面积内网点面积的大小或墨层的厚度来表现的，如印刷品上的图像便是如此，如图 2-22 所示。

图 2-21　连续调图像

加网印刷品

图 2-22　半色调图像

对于胶印、柔印、丝印产品，印刷品上面积越大的点子，吸附的油墨面积越大，这样其反射的光线少，被吸收的光线就多，反映出来的密度值越大,就越暗。而印刷品上面积越小的点子,吸附的油墨面积越小,这样其反射的光线多,被吸收的光线就少,反映出来的密度值越小,就越亮。这样通过对网点面积覆盖率的大小就可以再现原稿的浓淡层次,实现图像阶调层次的再现。

对于凹版印刷产品,印刷品上,墨层越厚,反射的光线少,被吸收的光线多,反映出来的密度值越大,就越暗。反过来,墨层越薄,反射的光线多,被吸收的光线少,反映出来的密度值越小,就越亮,从而达到实现阶调层次再现的目的。

2. 阶调层次复制技术

印刷品的阶调层次,既可以用光学密度的大小来表示,又可以用网点百分比来表示。处理图像时,必须将连续调图像转变成网目调(半色调)图像,才能更好地进行复制。

图像的阶调层次的复制,从理论上讲就是要将原稿图像上的阶调层次一一准确地复制到印刷品上,即忠实复制。若以密度来表示阶调层次的话,则其复制曲线应该如图 2-23 所示。

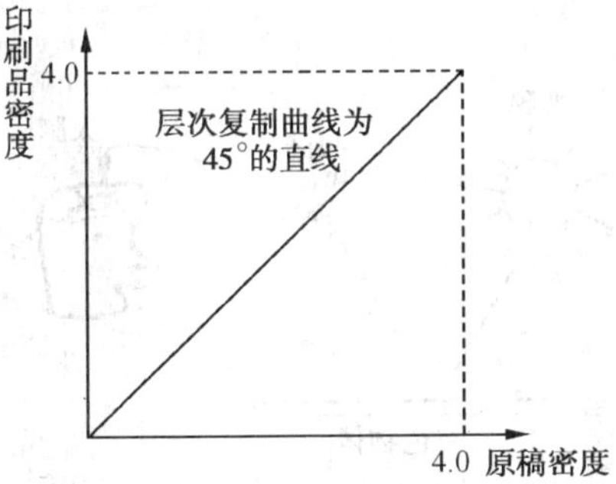

图 2-23 理想层次复制曲线

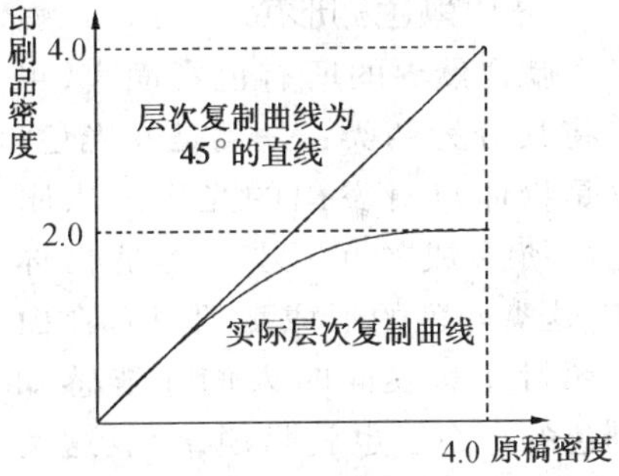

图 2-24 实际层次复制曲线

在图 2-23 中,横坐标表示的是原稿上的密度,纵坐标表示的是印刷品上图像的密度。从忠实复制的角度来看,层次复制的线应该是一条 45°的直线。但是,由于印刷工艺中油墨印刷适性的问题,印刷品上所能再现的最大值只有 1.6 左右。为了提高印刷品上最大密度值,加一块黑版进行印刷,一般说来印刷品上的最大实地密度只能达到 2.0 左右(铜版纸上印刷),而原稿上最大密度值往往要比 2.0 这个值高得多。比如,彩色照片原稿最大密度值在 2.8 左右,而反转片的最大密度值大都在

3.5 以上,有的甚至超过 4.0,这样一来,图像的复制就不可能进行忠实的复制,在印刷品上必须对原稿图像上的阶调进行压缩。

在原稿图像的高光层次、中间调层次和暗调层次中,究竟对哪一部分进行压缩呢?

图像中的高光层次是人眼比较敏感的部位,该处层次稍有变化,人眼就能觉察出图像的变化;中间调层次是图像信息的集中地,是印刷上复制的重点;而暗调处则是人眼不太敏感的区域。因此,在印刷上,特别是在印前图像处理中,往往采用压缩暗调层次、拉开高光层、忠实复制中间调层次的方法来对原稿图像层次进行复制。实际层次复制曲线如图 2-24 所示。

(三)印刷品上色彩的还原

印刷品的色彩再现与印刷品的阶调再现一样,也是通过网点或网穴(凹版印刷)来再现的。印刷过程中颜色的再现,首先需要通过数字化印前系统对图像原稿的色彩进行分解,在印刷过程中实现颜色的合成。

1. 颜色的形成

就自然界的所有色彩而言,可以将其分为两类:一类是发光色,这是物体自身发出的光进入人眼之后所形成的色;另一类是物体色,这类颜色的形成必须只有在白光照射在其表面时人们才能感知到色的存在。也就是说,形成这类颜色必须要有光源、有色物体、眼睛、大脑四大要素,而且缺一不可,其形成过程如图 2-25 所示。例如,当感受印刷品上的色彩时,首先必须有光源照射到印刷品的表面,然后通过印刷品表面对光线进行调制,调制过的光线再反射进入人眼产生视神经冲动传入大脑,由大脑形成颜色。

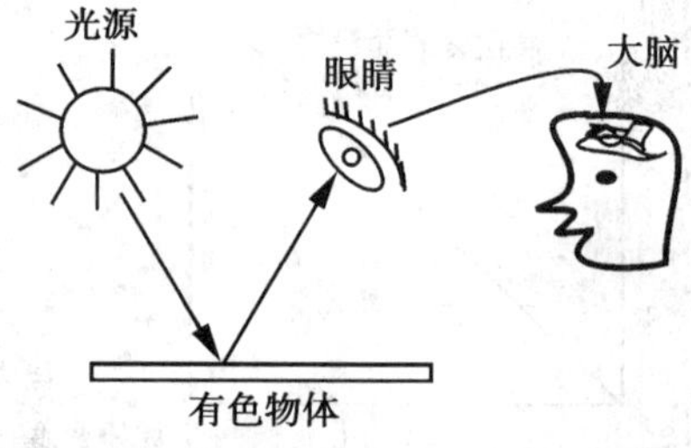

图 2-25　颜色的形成图

颜色的形成与光是分不开的。正是由于光的存在,才能识别颜色。而光是电磁波,一部分电磁波的光人眼是看不见的,而另一部分的电磁波人眼是可见的,称之为可见光,其波长范围为 380nm ~ 780nm。平常所看到的可见光组合在一起时,就是白色光线。可见光在整个电磁波中所处的位置如图 2-26 所示。

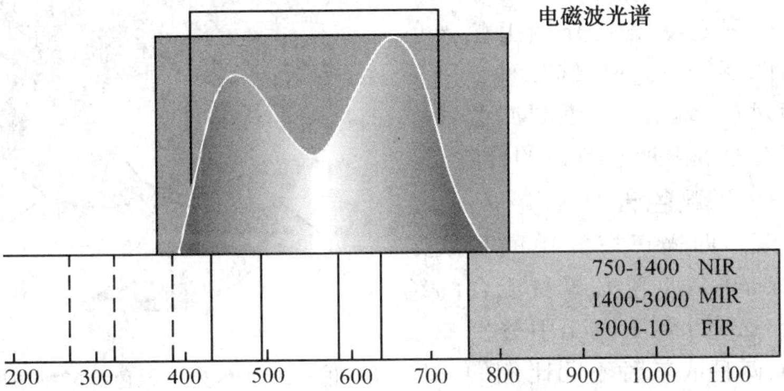

图 2-26　可见光在整个电磁波中所处的位置

色彩的形成与人眼有关。根据解剖学，人们知道人眼的视网膜上存在 3 种分别对蓝、绿、红产生感觉的视神经细胞，当红、绿、蓝三种光线进入人眼后，视神经受到刺激而感觉到了色，这也就是说，人眼所看到的颜色都与蓝、绿、红三种光线有关。

实验证明，自然界所有的色光都可以根据蓝、绿、红三种成分的不同比例的混合来再现。所以在色彩学上，把红、绿、蓝称为色光三原色，分别用 R、G、B 表示。也就是说，人眼看到的光线的颜色只是包括了不同比例的红、绿、蓝三种光的合成。

2. 色光加色法

两种或两种以上的色光相互混合时，能够获得另外一种色光的方法，人们称之为色光加色法。

当三原色光蓝、绿、红相等量两两进行混合时，可以分别得到亮度较高的青(C)、品红(M)、黄(Y)，当蓝、绿、红三者等量相加时便得到了白色(W)，其颜色方程如下：

$$B + G = C$$

$$B + R = M$$

$$G + R = Y$$

$$B + G + R = W$$

在上面的各个颜色合成方程中，只要改变其中任何一种原色光的比例，便可得到自然界中的一切色光色。其颜色合成如图 2-27 所示。

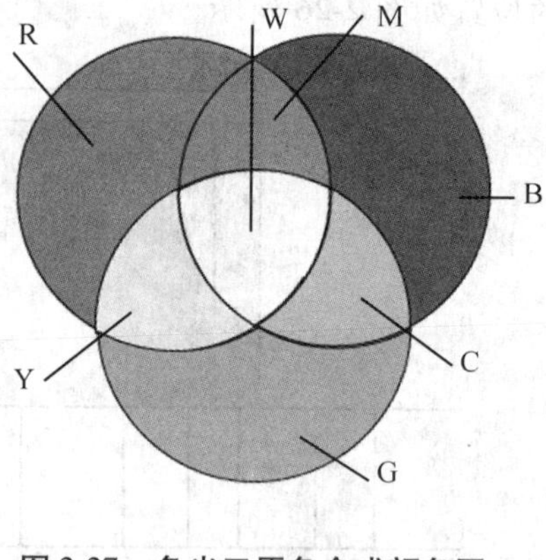

图 2-27　色光三原色合成颜色图

印刷上就是充分利用色光色的特性，利用蓝、绿、红三种分别只能通过蓝、绿、红三色的滤色片以实现对原稿上所有颜色的分解。

3. 减色法

既然白光可以简单的看成是蓝、绿、红三原色光等量混合的结果，那么，如果从白光中分别减去一种、两种或三种不同比例的三原色光，也可以获得自然界中的任何色光色。

所谓的减色法就是从白光中减去一种或两种以上的原色光而得到另外一种色光的方法，这样的方法被称为色料减色法。

对印刷品而言，人眼要能感知到其表面的颜色，必须照射白光（蓝、绿、红）在印刷品的表面才能看见。换句话说，印刷品的颜色是白光中一部分光线被吸收的结果色。根据减色法原理，在印刷中，只需要采用三种分别能吸收蓝、绿、红的物质，通过控制这三种物质的量以分别实现控制蓝、绿、红三种原色光的量，就实现了物体色的再现。控制蓝、绿、红三种原色光量的物质，称之为色料。正是因为它们能吸收蓝、绿、红三原色光，所以，在白光下这三种色料分别反射或透射绿和红、蓝和红、蓝和绿，进入人眼后，分别表现出黄（Y）、品红（M）、青（C）三种颜色，正好是色光三原色的补色。所以，把青（C）、品红（M）、黄（Y）称为色料减色三原色。

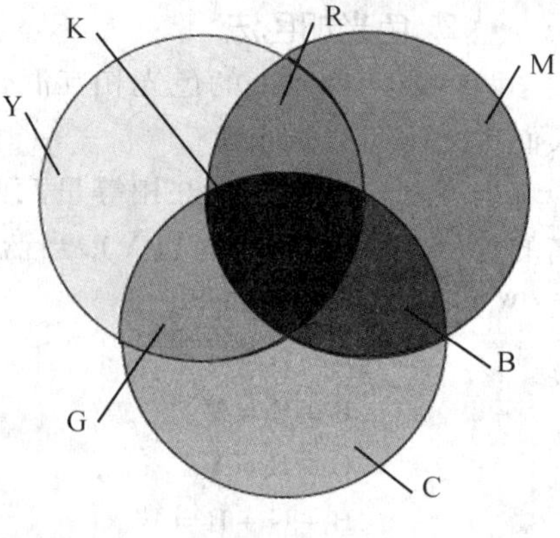

图 2-28　色料三原色合成颜色图

色料减色法形成颜色的方程可以表示如下：

C + M = B

C + Y = G

M + Y = R

C + M + Y = K（黑）

如果用图来表示的话,其原理如图 2-28 所示。

印刷上就是根据这一原理来完成彩色印刷的。印刷上所用的色料分别为黄(Y)、品红(M)、青(C),即 Y 油墨、M 油墨、C 油墨。其中,Y 油墨能吸收 B 原色光、M 油墨能吸收 G 原色光、C 油墨能吸收 R 原色光。

4. 色彩的分解与合成

在彩色印刷过程中,对色彩的再现实质上是颜色的“分解”和“合成”过程。任何一幅原稿,不管其画面上的颜色多么复杂、层次多么丰富,从颜色科学上来讲,画面上各点的颜色的反射光都是三原色光以一定比例的组合。颜色的分解就是利用 R、G、B 三滤色片将画面各点中的三种色料按组分从混合状态中分离出来,并形成各自在画面分布情况的单色影像。颜色的合成则是用分解得到的三种单色影像制成印版,再通过印刷分别把黄、品红、青三色油墨逐次叠印到承印物上,再现原稿上的彩色图像。

在胶版印刷中,为了再现原稿上的色彩,首先要利用照相分色、电子分色或扫描仪分色的方法对彩色原稿上的色彩进行分解。原稿上的彩色图像经过 R、G、B 三滤色片,被分解成青、品红、黄三张分色阴图片。下面以红(R)、绿(G)、蓝(B)、黄(Y)、品红(M)、青(C)、黑(K)、白(W)八个色块代表原稿,并按胶印印刷工艺来说明印刷过程中颜色的分解与合成,如图 2-29 所示。

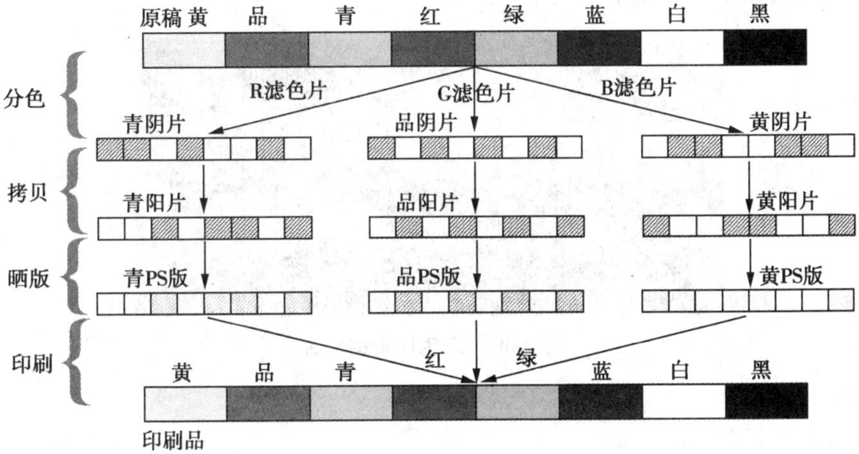

图 2-29 彩色原稿色彩分解和合成原理图

当白光照射到原稿上时，原稿上反射或透射的青光、品红光、蓝光、白光透过蓝滤色片，并使全色感光片感光，通过对感光片的冲洗加工，便得到一张黑白图像的阴图片，我们称这张阴图片为黄版阴图片（也称黄阴图原版）；同理，原稿上反射或透射的青光、黄光、绿光、白光透过绿滤色片，便得到一张黑白图像的品红版阴图片（也称品红阴图原版）；原稿上反射或透射的黄光、品红光、红光、白光透过红滤色片，便得到一张黑白图像的阴青版阴图片（也称青阴图原版）。至于原稿上的黑色块，由于白光照射到其表面上时，黑色块对所有的光线都吸收了，没有光线反射或透射到感光片上，所以在 Y、M、C 分色阴图片上没有形成阴影密度。

根据胶版印刷工艺，晒版中使用的黄、品红、青三色原版应该使用阳图原版，将分色得到的三色阴图片拷贝成三色阳图片，利用三色阳图片分别晒制黄、品红、青三色阳图型 PS 印版。再将这三色 PS 版安装到印刷机上，分别把黄、品红、青三色油墨逐次叠印到承印的 PS 版上，按色料减色法合成色彩的原理，套印得到的印刷品就再现了原稿上的八种颜色，从而实现了色彩的合成。

但在实际印刷中，由于黄、品红、青三色油墨叠加在一起时所表现出来的黑度不够，为了加强图像暗调部位的黑度，在印刷中增加了一块黑版来进行印刷，所以，在彩色印刷中并不是三色印刷（三色印刷品如图 2-30 所示），而是四色印刷（四色印刷品如图 2-31 所示）。但色彩的再现，只需要 Y、M、C 三色就足够了。

图 2-30　三色印刷的印品

图 2-31　四色印刷的印品

5. 印刷品上色彩再现方式

带有网点的印版叠印时，由于网点角度和网点百分比的关系，其色彩的合成存在两种不同的情况，一种是网点的并列呈色，另一种是网点的叠合呈色。

（1）网点的并列呈色　所谓的网点并列呈色，是指印刷品上的色彩是各色版上的网点并列分布在承印物上，利用网点的并列来再现色彩。

彩色印刷品的亮调部分在黄、品红、青、黑各块印版和原稿相对应部位的网点覆盖率都比较小，网点分布稀疏，因而印刷品亮调部分的网点大多处于并列状态。

当黄网点和品红网点并列时，白光照射到黄网点上，黄网点吸收蓝光，反射出红光和绿光；白光照射到品红网点上，品红网点吸收绿光，反射出红光和蓝光。四种色光在空间进行混合，按照色光加色法，红光、绿光、蓝光混合成白光，而余下的为红光。若两个网点的距离很小，彼此十分靠近，人眼看到的就是红色。同样道理，品红和青网点并列，人眼看到的是蓝色；青网点和黄网点并列，人眼看到的是绿色。

两个网点并列时，产生的颜色，偏色于大网点的一方，例如大的青网点和小的品红网点并列时，产生的颜色偏青色。

黄、品红、青三个网点并列时，由于油墨吸收了部分色光，纸张对色光也有不同的吸收，不能 100% 的反射色光，当网点间距离很小时，人眼看到的是灰色。网点并列呈色如图 2-32 所示。

（2）网点的叠合呈色　彩色印刷品的暗调部分，黄、品红、青、黑各块印版和原稿暗调相对应部位的网点百分比都比较大，网点密集，因而印刷品暗调部分的网点大多处于叠合状态。

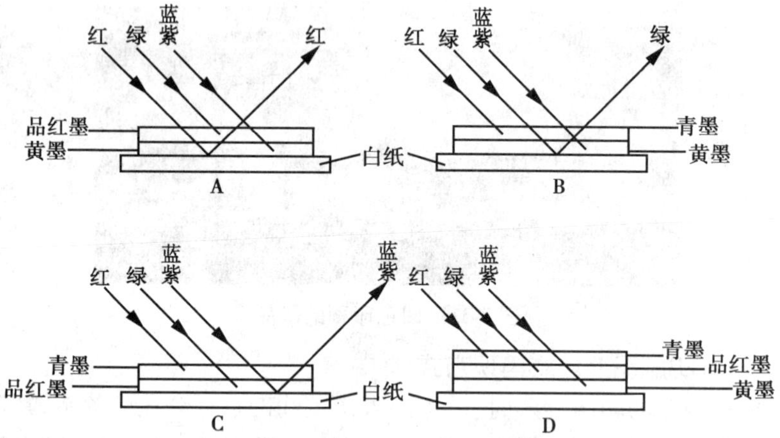

图 2-32　印刷品上网点并列呈色

当品红色的网点叠合在黄网点上面时，白光先照射到品红色网点上，白光中的绿光被吸收，红光、蓝光透射到黄网点上，蓝光被黄网点吸收，透过品红网点照射到白纸上，再从纸面上反射出来的只有红光，人眼看到的是红色。同样道理，品红和青网点叠合，人眼看到的是蓝色；青网点和黄网点叠合，人眼看到的是绿色。黄、品红、青三色网点叠合在一起时，白光中的蓝、绿、红光均被吸收，人眼看到的是黑色。网点重叠呈色，如图 2-33 所示。

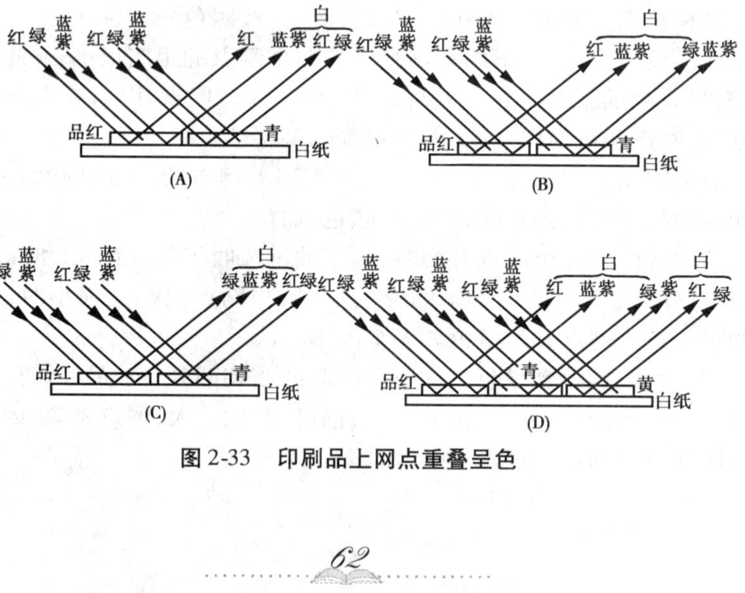

图 2-33　印刷品上网点重叠呈色

网点叠合再现颜色的方式，受到油墨透明度的影响，透明度低的油墨呈色效果不好，完全不透明的油墨只能作为第一色印刷。

印刷品的中间调部分，层次丰富，颜色合成的方式既有网点并列，又有网点叠合。

（四）彩色图像清晰度的复制

1. 什么是图像的清晰度

图像的清晰度有三个方面的含义：

一是指图像的分辨率的高低。图像的分辨率越高，图像反映的细节也就越多，图像也就越清晰。

二是指图像相邻细部的阶调层次的密度差别。图像相邻细部的阶调层次的密度差别越明显，则图像的清晰度越高。它是印刷品图像质量的重要指标，特别对于高档印刷品来说更为重要。

三是指形成图像网点的边缘虚实情况。因为形成图像网点的虚实，在印刷复制过程中，其虚边有可能损失，也有可能增强，从而对图像的清晰度有一定的影响。

2. 印刷过程中为什么要强调图像的清晰度

就目前的情况来说，一方面图像数据的获取一般都需要通过扫描仪来完成，而图像原稿在扫描过程中或多或少地会使原稿图像的清晰度下降；另一方面，由于图像的复制需要经过很多的工序，特别是在拷贝、晒版、印刷工序中，网点的增大或缩小，都会导致图像清晰度的下降。因此，在图像处理中一般都强调清晰度。

3. 印刷中如何增强图像的清晰度

印刷中增强图像清晰度的方法因图像处理工艺的不同而不同。在照相分色处理图像的时代，清晰度的增强一般采用照相蒙版的方法，但是这种方法经验性较强。而在电子分色处理图像的时代，一般把电子分色机的扫描头获取的虚光信号按一定的方式叠加在扫描头的主信号上，来增强图像的清晰度。目前，在数字化印前图像处理时代，清晰度的增强相对来说比较简单，只需通过计算机扫描仪的扫描软件功能或图像处理软件 Photoshop 的功能，就可以轻松地实现。

第三节

印前图文处理方法

一、印前图文处理方法概述

就现有的技术来看,印前图像信息处理技术不外乎有三种技术,即照相分色技术、电子分色技术和数字化印前系统的分色技术。尽管这三种图文信息处理技术在处理图像的手段和自动化程度上有一定的差别,但是后两种技术都是在前一种处理技术的基础上发展起来的,因此,照相分色技术是图文信息处理技术的基础。

1. 图文处理的照相分色技术

所谓的照相分色技术,就是通过制版照相机制作出符合印刷要求的四色分色片的技术。对于黑白原稿只需要制作出符合印刷要求的软片即可,印刷制版照相机如图 2-34 所示。

图 2-34 印刷制版照相机

这种图文处理的原理是:照相制版时,首先将光源发出的照度均匀的光线照射到原稿的表面,经过原稿的反射或透射光线则带有了原稿上明暗差别,即层次信息和原稿的色彩信息,然后让从原稿上反射或透射的光线分别经过安装在镜头前的红、绿、蓝三色滤色片,这样光线在进入镜头之前就完成了分色处理,不过这时的光线基本上只带有明暗信息。分色后的光线进入镜头之后,再经过网屏完成对光线的分割,最后,分割后的光线直达照相感光材料上,并对感光材料进行曝光,感光材料经过冲洗加工，便获得了青、品红、黄三色分色片。这种集分色和加网为一体的照相制版工艺，为直接加网工艺。另一种工艺是分色后的光线不通过网屏，而是直接到达照相感光材料的表面，并对其进行曝光形成连续调图像，最后在拷贝过程中对图像加网，称为间接加网工艺。

随着技术的发展，目前已很少采用这种技术进行胶版印刷的分色制版，在此也不作过多的介绍。

2. 图文处理的电子分色技术

电子分色技术是采用光电扫描原理，把原稿上图像光信号转变为电信号，通过电子计算机对这些信号进行色彩校正、层次校正等加工，然后把经过加工的电信号再转变为光信号，在感光软片上曝光，制成符合印刷要求的四色分色片的一种技术。

电子分色机的基本原理是：在光电分色扫描的基础上，由光电倍增管将光信号转换成电信号，输入到电子计算机中。根据色彩理论，利用电子计算机（模拟计算机和数字计算机），对色彩信息进行各种处理，再进行电光转换，得到光信号，使经过处理的原稿图像信息记录到感光软片上，从而获得黄、品红、青、黑等各色阴图片（或阳图片）。电子分色制版原理如图 2-35 所示。

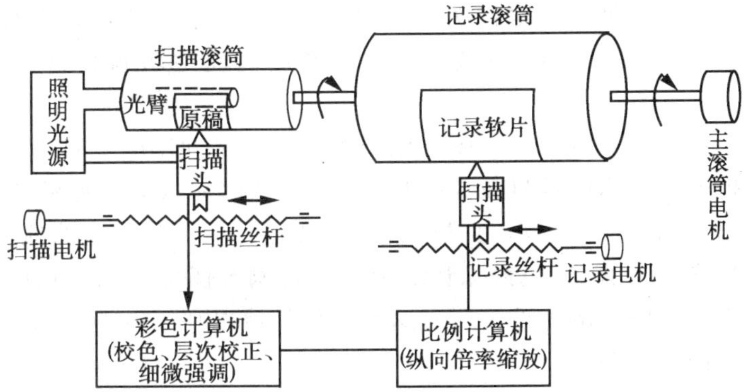

图 2-35　电子分色制版原理

电子分色处理图文信息的工艺流程如下：

（1）图像的扫描　扫描头借助滚筒旋转和扫描头的横向进给，将分析光源聚焦照到原稿像素点上的光信号逐点扫描拾取，经分析头中的分光和分色系统，照到 R、G、B 三色和虚光通道的光电倍增管上，转换为随原稿像素点色密度变化的电信号，送到电子计算回路去进行图像的各项修正运算。电子分色机的扫描系统是实现对原稿的栅格分解，并获取所需信息的关键部位。

（2）图像信息的采集（采样） 电子分色机图像信息的采集又称为采样，是通过扫描光学系统，将扫描光源会聚照射在原稿表面上，并使原稿信息经透射或反射后，由扫描光学系统进入扫描头。进入扫描头的光信号，通过光孔轮上所选择的光孔形状和直径来确定扫描精度。而电分色机的扫描光孔由主光孔和虚光孔两部分构成，一般虚光孔的孔径约为主光孔孔径的 2 ~ 5 倍。主光孔的选择同原稿质量、扫描滚筒直径、记录线数和缩放倍率有关。一般透射稿由于原稿清晰度高且多用于放大，因此采用小的主光孔径；而反射稿清晰度较差，且多用于原大或缩小，故采用大的主光孔孔径。虚光孔采集的信号称为虚光信号，主要用于对各通道图像信号的细微层次强调。

（3）分光与分色 在电子分色中，颜色分解也是通过红、绿、蓝三色滤色片来实现的。但为了能获得三个分色通道上各自的信号，一般是利用两个半透半反和一个全反射镜将主光孔的光量分成三等分，然后将分光后光束分别通过红、绿、蓝三色滤色片实现分色的目的。

（4）光电转换 光电转换是指用光电转换器件，将电子分色机分光分色后的光能量转为电能量的工作。常用的光电转换器件为光电倍增管。

（5）图像信号的处理 图像信号的处理就是利用电子回路中的模拟计算机把输入图像电信号放大并进行计算，从而完成对图像的彩色校正（包括主色校正和专色校正）、层次校正（先选择适当的层次曲线，再作层次校正）、黑版计算、底色去除和细微层次强调等任务。同时利用比例计算机来完成对原稿的缩放。所有这些工作都可以利用电子分色机上操作面板的旋钮来实现。

（6）输出参数的设定 电子分色机的输出参数设定，主要包括各分色版的阶调层次设定、网点形状的选择、网点角度的确定、加网线数的确定、阴阳类型的选择等方面。

尽管采用这种方法处理图文信息的设备已经不生产了，但是通过电子分色机的高端联网，电子分色机有了自己的新天地。电子分色机高端联网后，其功能基本等同于数字化印前图文处理系统，起到了“二手”电子机的作用。

3. 数字化印前系统分色技术

数字化印前图像处理系统是目前用得最多的图像处理分色法，其处理方法与电子分色机处理方法非常类似，但数字化印前图像处理系统不同于传统电分机工艺，它将彩色处理功能与排版功能融为一体，具体表现在以下几方面。

第一，能够实现整页文图合一处理。它可将各类文字和扫描的彩色图像适时输入计算机进行处理，直接设计形成版面文件，省略了手工拼版及其所带来的麻烦和误差。

第二，具备一系列整页拼版系统的功能。可随意地进行组合、铺色、复杂渐变曲线分割、叠加、镶虚网、修补缺陷以及美术字处理等等。

第三，创意功能。它能够实现版面设计和创意，随意调整图形文字的位置角度等，直至达到理想的艺术效果。

第四，效果直观。可直接在计算机屏幕上显示版面效果及颜色，给操作者提供直观的显示和修改的机会。

二、数字化印前图文系统概述

数字印前系统泛指能够完成页面处理的桌面技术。彩色桌面印前系统由彩色图像输入、图像编辑处理、文字编辑处理、版面设计、图文合成以及图文输出等部分组成，能够完成从彩色图像输入直到图文合成乃至分色片输出的整个工艺过程。

1. 数字化印前系统的组成

彩色桌面印前系统由计算机主机、显示器、大容量硬盘、扫描仪、数字打样设备、排版软件、字库、光栅图像处理器、激光图像照排机、冲片机等设备构成。

2. 数字化印前系统的工艺流程

在数字化图文印前处理过程中，图像原稿要通过图像输入设备进行扫描，将其变成数字化的信息，随后进入数字化印前图文处理系统，进行文字排版、图像修正、分色、创意等处理，将图文组合成页面，通过“打印”功能，把页面转换成 PostScript 语言，再经过 RIP 作文字/图形的栅格化、图像加网，形成可以记录的版面信息，送到记录输出设备上，记录成胶片或印版。

三、印前图文处理系统及其工艺

1. 印前图文处理系统的构成

一套完整的印前图文处理系统应包括能输入文字、图形及图像的输入设备，能有效处理所输入的电子文件的网络化的电脑或电脑工作站，能显示高保真色彩的显示系统，能保存大量电子数据的各种存储器，能输出黑白或彩色样张的各类打印机，能输出分色胶片的激光照排机或输出印版的 CTP 制版机。印前图文处理系统的硬件框架如图 2-36 所示。

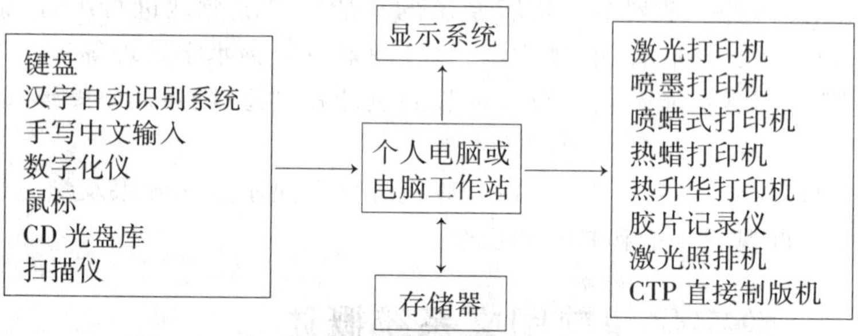

图 2-36　印前图文处理系统的构成

2. 印前图文处理系统的输入

印前图文处理系统中的图像输入设备，包括用于输入文字的键盘或汉字自动识别系统，用于输入图形的鼠标或数字化仪，用于彩色图像输入的电子分色机、彩色扫描仪、数字照相机等。

（1）输入文字的键盘设备　使用键盘输入文字，需要一定的输入法，其中键盘输入法就是利用标准英文小键盘输入汉字的方法。利用小键盘进行输入主要有以下特点：一是有利于盲打；二是应用广泛；三是采用先进的汉字编码方案，可以大大提高汉字的输入速度。

（2）汉字自动识别系统　汉字识别输入是采用图像扫描等输入设备来模拟人的视觉，将记录在物质载体上（如纸张）的文字读入计算机，通过一些预处理，将文字进行数字量化，并将其尺寸大小整形为规范化的形式，然后通过抽取特征，获得一组表示每个可区别文字的特征，最后通过识别系统，将这些特征与计算机存储模式进行一系列比较、判断和分析，给出识别的结果。就目前情况来看，汉字自动识别输入方法主要有汉字印刷体识别和手写体识别两种方法。汉字印刷体识别，简称 OCR，现在使用较多，技术也比较成熟，识别率也较高，一般在购买扫描仪时会随机赠送这种识别软件。目前手写体识别系统也在部分使用中，但由于手写体因人而异，因此识别较困难，在技术上还有待于进一步提高。

(3) 扫描仪　扫描仪是印刷行业用得最多的一类，主要用于图像图形的数字化。扫描仪目前主要有两类。

一类为平台式的扫描仪。它是基于 CCD（光电耦合器）的平台式扫描仪，是桌面出版和专业化的印前处理中最普遍使用的图像捕获设备。这种扫描仪，对操作人员的要求一般都很低，因为驱动软件自身就可以自动对图像的色彩平衡和密度范围进行确定。平台式扫描仪的工作原理如图 2-37 所示。

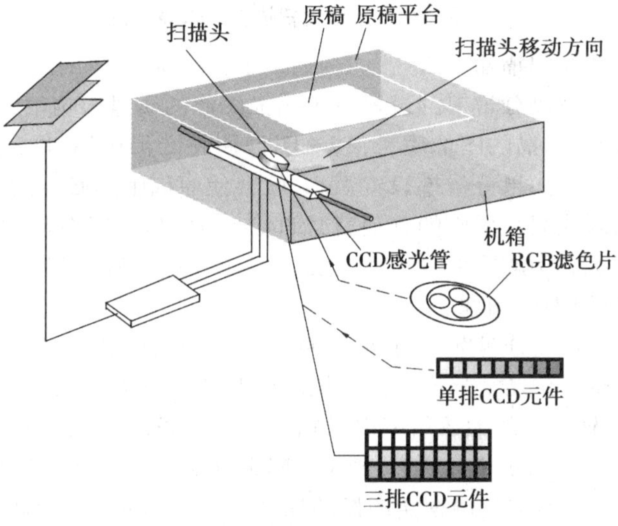

图 2-37　平台式扫描仪工作原理图

另一类为滚筒扫描仪。滚筒扫描仪使用的光电元器件是光电倍增管。这类扫描仪一直是市场上最为昂贵的图像获取设备，然而随着桌面出版技术的发展和普及，它的价格开始下降。只有十分柔软的原稿可以放置在滚筒扫描仪上进行扫描，并且这个扫描过程很耗时间。不管负片还是正片，透射稿还是反射稿，都适合使用这类扫描仪。滚筒式扫描仪的工作原理如图 2-38 所示。

扫描仪性能的主要指标有光学分辨率、色深度、动态密度范围等。

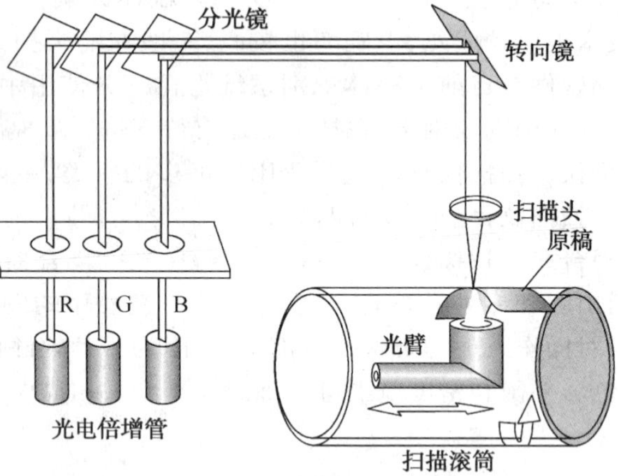

图 2-38　滚筒式扫描仪工作原理图

（4）图像扫描输入工艺　在扫描图像时，最重要的是扫描分辨率的确定。因为扫描分辨率的设置对于扫描图像的质量影响很大。如果分辨率设置太低，扫描的图像质量很差，图像往往变得粗糙，以致于图像边缘出现锯齿状。如果分辨率设置太高，就会使原稿中不必要的细节，如画面上的斑点以及图像周围的其他背景都会突显出来，还会使扫描图像的存储空间过大，影响图像的处理速度。因此，应正确设置扫描图像的分辨率，以得到清晰的图像。

在设置扫描分辨率之前，应了解所用扫描仪光学分辨率是多少，最好将分辨率设置在光学分辨率内扫描。同时还应考虑扫描图像的印刷加网线数、图像输出时的缩放倍率以及扫描时的质量因子（扫描质量因子一般选择为 2）。一般说来，扫描分辨率的确定可采用下面的方法计算确定：

扫描分辨率 = 图像的加网线数 × 缩放倍率 × 2

对原稿进行正确的白场和黑场选点、设定是再现原稿颜色与层次的关键，因为只有在选点、设定正确合理的基础上，才能有效地进行颜色层次的调整，否则一切都是盲目的。

正确的白场和黑场选点、设定，就是要根据各种类型原稿的特点和印刷适性条件，充分利用纸张的白度和四色油墨叠加的最大密度这个色彩空间，达到最大的印刷密度反差和视觉上的阴暗对比度。

在扫描印刷品原稿时，除上述两方面之外，还应考虑印刷品原有网纹的处理。

3. 印前图文信息处理部分

印前图文处理的主要任务是对输入的文字、图形、图像按有关印刷工艺要求，进行各种处理，并按设计要求组版，输出符合印刷要求的图文合一的整页图文信息。

（1）文字处理　文字信息处理是指根据实际需要，借助一定的程序对所输入的文字信息进行加工和处理，从而得到所需的结果信息。文字处理包括多种不同的处理要求，如在文稿的编辑操作中，对文字或符号的增、删、改的操作；对若干个字、整个句子或整段文字的增、删、改的操作；对文字串的处理，如分类、合并、比较、排序、检索以及对齐等的操作。这些操作都通过预先编制成相应的处理程序来实现。

（2）图形处理　图形处理是指对所输入的图形数据，利用一定的软硬件工具进行加工和处理，以获得符合要求的图形数据。在印前图文处理系统中，对图形处理的主要内容包括：根据所输入的图形内容利用一定的绘图软件进行跟踪描绘，以获得更高质量的图形数据；对图形数据的存储格式作一定的变换，以适应实际处理的需要；对图形进行缩放、旋转等编辑处理。

（3）图像处理　图像处理是指用一定的技术手段，对图像施加某种变换和处理，从而达到预想的目的。印前图文处理系统中的图像处理主要包括以下内容：图像的阶调定标、色彩调节、校正、清晰度的调节、裁剪、旋转、变形、滤镜以及局部修正等。

（4）图文处理软件　印前图文处理系统仅有硬件部分还无法进行工作，只有配置相应的软件才能完成图像、图形、文字的印前处理工作。目前，用于印前图文处理系统的主要软件有以下几种。

文字处理软件，主要用于文字的输入和对文字的各种编校处理，常用的有 Microsoft 公司的 Microsoft Word 软件等。

绘图软件，主要用于线划原稿的制作及复制处理，常用的有 Adobe 公司的 Illustrator 软件和 Aldus 公司的 Freehand 软件等。

图像编辑软件，主要用于连续调原稿的复制处理，即利用其各种功能对扫描输入的彩色图像进行校色、层次调整、编辑等图像印前处理工作。常用的有 Adobe 公司的 Photoshop 软件。

就整个排版应用软件的范围而言，可将排版软件分为两大类。一类是批处理式排版软件，这类排版软件需要有一系列版式组成的排版语言，利用这些语言来“注释”所录入的字符，形成“排版语言源文件”，然后再在专用的软件上运行，生成排版结果。这种排版软件的特点是排版注解混于文中，可读性差，对硬件的要求也不高，排版结果规范，较适合书刊的排版。这类软件较典型的是北大方正华光书版软件。另一类则是交互式排版软件，这类排版软件采用人机对话的方式，版式所需要的各种参数由软件提供的菜单功能来完成，由于排版结果直接显示在屏幕上，因此排版结果直观，实现了所见即所得。但对硬件环境要求较高。这类排版软件比较流行的有 Word、WPS、Wits、Fit、Pagemaker、QuarkXpress 等等。

（5）汉字信息标准交换码　汉字信息标准交换码是一种用于汉字信息处理系统之间进行汉字信息交换而设计的汉字代码，为了达到系统设备之间或记录媒体之间信息交换的目的，汉字的交换码必须有统一的形式，即实现汉字代码的标准化。

在西文处理系统中，采用的信息交换码是 ASCII 码，其有 128 个字符，采用 7 位二进制数编码，一个 ASCII 字符采用一个字节来表示。

1980 年，第一个汉字编码国家标准 GB2312-80《信息交换用汉字编码字符集·基本集》，包括一级汉字3 755个、二级汉字3 008个，各种图形符号 682 个，共7 445个字符，加上用户自定义的专用汉字和符号，基本字符集总共具有能处理8 836个汉字的能力。

1990 年制定了繁体字的编码标准 GB12345-90《信息交换用汉字编码字符集第一辅助集》，是与基本集对应的繁体字集，规范必须使用繁体字的各种场合，以及古籍整理等。共收图形字符7 583个，其中前 15 区除收集了 GB2312 中前 15 区内收的全部字符外，又增收了 35 个竖排标点符号和汉语拼音符号。从 16 区至 91 区共收6 866个繁体汉字。一级汉字数和二级汉字数都与 GB2312 相同。辅二集（GB7589-87）和辅四集（GB7590-87）是作为基本集的补充而编制的。收录通用规范的简体汉字，分别收字7 237和7 039个，这两个集都不收异体字，共约有4 200多个字是经过类推简化得到的，提高了整个字符集的规范性，但降低了字符集的实用性。辅三集和辅五集分别是辅二集和辅四集的一一对应的繁体字符集。

1992 年，国际标准化组织通过 UCS 标准，即“通用多八位编码字符集”的国际标准 ISO/IEC 10646，简称 UCS（Universal Code Set）。整个编码字符集应被表达为包含128(一个字节的7次方即$2^7=128$)个组,其中每个组表示256($2^8=256$)个平面。每一平面包含256行,每行有256个字位。四个字节共32位足以包容世界上所有的字符,同时也符合现代处理系统的体系结构。国际标准化组织(ISO)于1993年发布了《信息技术·通用多八位编码字符集(UCS)》国际标准的第一部分,即ISO/IEC10646·1,共有20 902字,即UCS第一平面(00组00平面——基本多文种平面BMP: Basic Multilingual Plane)的I区,用于中、日、韩统一的表意文字。

1994年1月,我国制定了与ISO10646·1相应的国家标准GB-13000·1-1993。

1995年又颁布了《汉字编码扩展规范》(GBK)。

GBK与GB2312-1980国家标准所对应的内码标准兼容,同时在字汇一级支持ISO/IEC10646-1和GB13000-1的全部中、日、韩(CJK)汉字,共计20 902字。实际收录汉字21 003个、符号883个,并提供1 894个造字码位,简、繁体字融于一库。

Unicode (Universal Multiple Octet Coded Character Set)目前采用16位编码体系,其字符集内容与ISO10646的BMP相同。当前版本V2.0于1996年公布,内容包含符号6 811个,汉字20 902个,韩文拼音11 172个,造字区6 400个,保留20 249个,共计65 534个。

2000年3月颁布了GB18030-2000《信息技术信息交换用汉字编码字符集基本集的扩充》。GB18030收录了27 484个汉字,总编码空间超过150万个码位,为解决人名、地名用字问题提供了方案,为汉字研究、古籍整理等领域提供了统一的信息平台基础。GB18030是国家标准,在技术上是GBK的超集,并与其兼容,因此,GBK将结束其历史使命。GB18030与GB2312一脉相承,较好地解决了旧系统向新系统的转换问题,并且改造成本较小。采用GB18030是我国目前较好的选择,而GB13000.1更适用于未来国际间的信息交换。

文字信息的其他交换码主要有以下几种。

BIG5:是目前台湾、香港地区普遍使用的一种繁体汉字的编码标准。包括440个符号、一级汉字5 401个、二级汉字7 652个,共计13 060个汉字。

HZ码:HZ码是中国留学生为了使汉字信息能在网络上直接传送而

编制的。因目前大多数(西方)网络系统为7位,最高位被屏蔽掉,因此,GB码无法被直接传输,HZ码是为了达到在7位网络系统中直接传递汉字信息的目的而研发的。

日本JISX0208-1983：与GB2312相似。共收字符6 877个,分一级字区和二级字区,一级字区按拼音排序,二级字区按部首排序。

日本JISX0212-1990：作为日本字交换码辅助集。共有6 067个字符,日本字有5 801个,按部首排列。

韩国KSC5601-1987：共有8 244个字符,韩国字有4 888个,有200多个多音字分配了一个以上的码位。

(6) 汉字的字形技术　汉字的计算机处理与西文相比有很大的不同,西文只有几十个字母,可以任意组合成千变万化的单词;而汉字是表意文字,总字量有几万个,常用字也有几千个,字数多、字形复杂。这些汉字如何送入计算机、如何显示在屏幕上、如何输出,特别是如此大量的汉字字形信息如何存储在计算机内,均成为举世瞩目的课题。

计算机中文字和符号是由字库产生的,字库是重要的软件信息,其用途一是用于屏幕的显示;二是用于打印、照排输出。电子排版的字库讲究字形的高质量和字体品种的多样性。

计算机字形技术包括字形的信息压缩、存储、还原、缩放等一整套处理技术。

① 点阵字　传统的印刷铅字是成形字,是通过在刻出的铜质字模上浇铸溶化的铅得来的。计算机中的汉字字形又是如何表示的呢?

把一个汉字写在一张坐标纸上,观察纸上的坐标方格,区别有笔画处和无笔画处,空白处记作“0”,黑点处为“1”,这样由“0”或“1”组成了这个汉字的点阵,这也叫位图(bit map)或者点阵图。按顺序把点阵打印记录下来,形成一组数字,就是该字的“字形”信息,需要时将其还原,就可以再现这个字形,这就是点阵字原理。点阵字如图2-39所示。

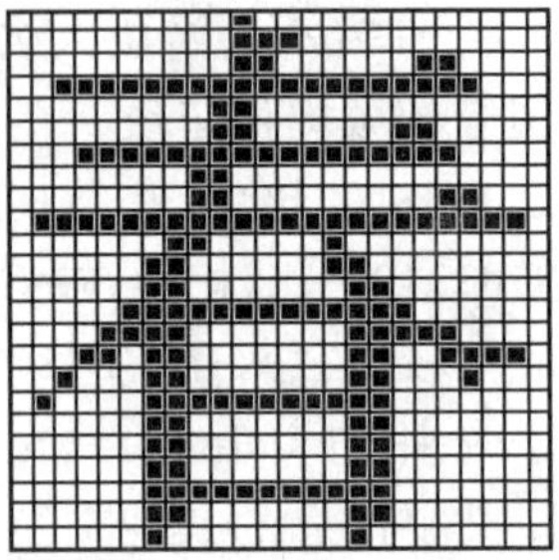

图2-39　点阵字

② 字形和字库　汉字字形在计算机中是一组数据信息。将所有的字形数据集中在一起,就构成了计算机“字库”。字库是集中存放的字形信息。成千上万个汉字如何区分呢?原来

在计算机内每一个汉字都有一组代码，需要时只要给出这个代码，就可以将这个字的字形数据调出来，恢复成原来的点阵字形，这就是字库的简单原理。字库是将字形信息以文件的形式记录在磁盘上，也可以存储在芯片上，供人们随时调用显示在计算机屏幕上，或者打印输出在纸张上。

③ 字形的质量和精度　每一个字都是由点阵组成的，同样大小的字，用的点越小，点的数量越多，表现的字形就越细致、美观，字库的精度就高；反之就粗糙，精度就低。在实际应用中，字形精度要根据用途和需要合理选取，并不是越高越好，选取的依据是各种输出设备的分辨率。如果字形精度过高，那么字形的存储或字形的还原会有一系列的麻烦。以点阵字形为例，在电子排版系统中屏幕显示字形一般为 16×16 或者 24×24 点阵，激光打印机字形一般为 40×40 点阵。

计算机字形处理方法有多种，如压缩点阵字形、向量或曲线轮廓字形、组合字形等，无论何种方法，最终输出时都要还原成全点阵字形。输出文字的美观与否、输出速度的快慢、输出的大字是否变形、字的边缘是否有明显的锯齿、小字输出时字形是否失真、笔画是否有粗细不匀的现象等等，都与字形处理技术有直接关系。

计算机字形的另一项特性是字体，多种印刷字体，形成不同的字形风格。目前国内开发的汉字印刷字体有几十种，国外的英文字体则有上千种。对于汉字来说，每增加一种字体，都要有一套独立完整的字库文件。

④ 汉字字形处理方法　汉字字形信息的处理方法主要有四种：全点阵存储法、压缩点阵存储法、向量轮廓描述法、曲线轮廓描述法。

根据字形不同的描述处理方法，目前最常用的字库可以分为三种：点阵字库、向量字库、曲线字库。图 2-40a. b. c. 分别表示：a. 点阵字形　b. 向量字形　c. 曲线字形。

a. 点阵字形　　b. 向量字形　　c. 曲线字形

图 2-40

点阵字形是采用矩阵的方法，逐点描述字形信息。汉字的全点阵字形应用比较早，也比较广泛，存储和复原简单容易。点阵字库适合 16×

16、24×24 这类低精度小字的处理，多应用于计算机屏幕显示字库和针式打印机的输出字库。

点阵字形的缺点是字形精度比较低，描述大字时，字形的边缘会出现明显的“台阶”或者“锯齿”，不美观。若用于描述高精度、高质量的字形，则字库的数据信息量太大，占据大量的磁盘空间，输出时要花大量的时间读取磁盘上的字形数据，从而大大降低输出速度。

向量字形是采用数学的向量线段来描述字形的笔画，即用描述字形的外部轮廓的方法来产生字形，这种方法也叫“向量轮廓描述法”。向量字库是一种高倍率信息压缩字库。

这种字形的优点是可以成百倍地减少字形的数据量，而且字形比较美观，可以对字形做各种变形和修饰，变化非常丰富。特别适合专业电子排版领域，产生高精度、高质量的字形。目前在国内印刷业和公文文书处理等应用方面，向量字形占主导地位，长期以来，方正、华光系统都采用向量字形。

这种字形的缺点是在输出大字时笔画不美观，由于向量线段的作用，字形的笔画边缘太平滑，如同刀割出的一样。

这种采用轮廓描述字形的方法，在字形的复原处理时比较费时费力，先复原字的轮廓得到“空心字”，再对笔画涂黑。因此，在电子排版系统中向量字形的使用需要有专用输出控制器或者光栅图像处理器(RIP)的支持，以提高速度。

曲线字形是采用数学上的二次、三次曲线来描述字形的外部轮廓，又叫“曲线轮廓描述法”。用这种方法制作的字库叫曲线字库，也是一种高倍率信息压缩字库。

目前最有代表性的曲线字模，一是 PostScript 页面描述语言的标准字模 Type1。Type1 是美国 Adobe 公司的 PostScript 页面描述语言的字形标准格式，采用 Bezier 函数描述字形，主要用在印刷出版业的精密照排系统中。二是 MS-Windows 支持的 True Type 字模。True Type 是微软和苹果两家公司联合开发的页面描述语言 True Image 中的字形描述方法，由于 MS-Windows 的支持得以流行，采用 B-Spline 二次线条函数来描述笔画中的曲线部分。

曲线字库适用于各种精度字形的处理，最大的特点是字形美观，用曲线描述字形的轮廓，大字字形也可以做得很完美，克服了向量字形的缺陷,从而使字形的质量达到了更高的水平,同时也可以实现高倍率的字形信息压缩。曲线字库的缺点是输出低分辨率字形或者小字时,容易产生误差而失真。

目前市场上流行的印前图文处理系统都具有开放式的结构,具体对各部分的硬软件环境的确定可根据实际需要而定。下图为两种常见的印前图文处理系统的配置:一种是高档印前图文处理系统的配置,另一种是电分机高端联网印前图文处理系统的配置。其配置分别如图 2-41 所示和如图 2-42 所示。

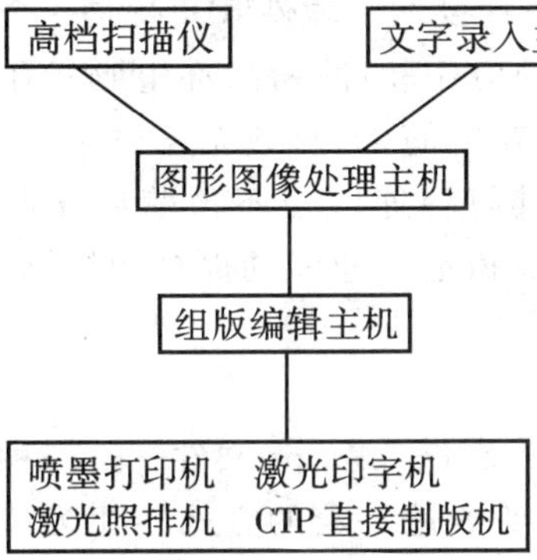

图 2-41　高档印前图文处理系统的配置

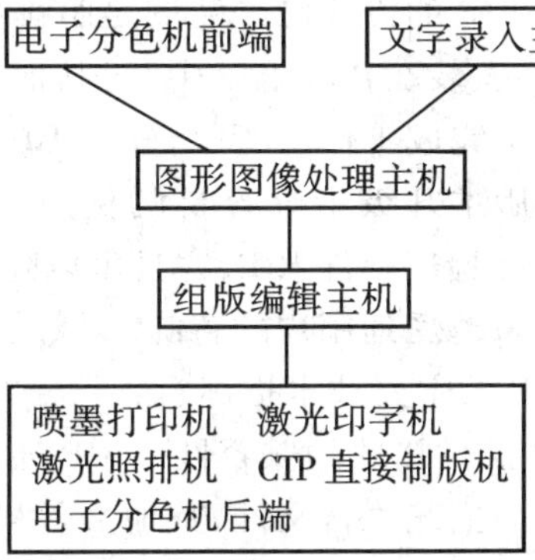

图 2-42　电分机高端联网印前图文处理系统的配置

(7) 图文处理部分的功能　对于图文处理部分而言,印前图文处理系统主要能完成:层次校正、色彩校正、图像缩放、图像分色、黑版生成、底色去除、清晰度强调等工作,这些工作主要由 Adobe Photoshop 图像处理软件来完成。图文的合一或组版则主要由如 Adobe Pagemaker 等组版软件来完成。相对于前面两种图像处理方法来说,印前图像处理系统最大的优势在于所见即所得和图文合一处理。

4. 数字化印前图文系统输出部分

(1) RIP 技术　RIP,全称光栅图像处理器。其主要作用是将计算机制作版面中的各种图像、图形和文字解释成打印机或照排机能够记录的点阵信息,并通过一种"挂网"的算法来体现图像的色彩深浅和粗细程度,然后控制打印机或照排机将图像点阵信息记录在纸上或胶片上。

RIP 通常分为硬件 RIP 和软件 RIP 两种,也有软硬件结合的 RIP。硬件 RIP 安装在照排机里面,实际上是一台专用于挂网计算的计算机。内置有 RIP 的照排机,其前端输出主机只对计算机文件进行简单的计算,或根本不计算就将中间结果和挂网参数等信息传输给它,由它内部的 RIP 系统进行后续计算。由于是专用硬件计算,所以它的计算速度非常快,同时由于与输出部分连在一起,所以输出控制也十分便捷,整个照排系统显得十分高效和稳定。但其缺点是价格十分昂贵,添加功能和升级也十分复杂。以前主要是因为计算机的运算速度和存储量有限,无法完成大数据量的运算,所以照排机基本上采用了硬 RIP 的方式。现在计算机的计算速度已经有了明显的提高,RIP 的解释和挂网算法也不断改进,所以,用软件 RIP 的方式已经能满足照排机输出的要求。软件 RIP 就是一个专用软件,安装在普通电脑中,与其他常见的应用软件一样,在电脑操作系统环境下完成工作。所以,软件 RIP 具有安装简单、参数设置方便、功能添加和版本升级十分容易的优点,而且其解释速度也不再落后于硬件 RIP,甚至超过硬件 RIP,并且可以随着计算机运行速度的提高而提高,因此已越来越受到用户的青睐。

RIP 的主要技术指标有:

① 文件格式的兼容性　RIP 通用的接受格式是 . ps 文件——一种标准的页面描述语言文件,其他文件格式都要经过一定的方式转化为这种文件格式,但目前大多数 RIP 系统已经能直接接受 . txt、. tif、. pdf、. eps 等文件格式。

② 解释速度　不同 RIP 的解释速度会相差很多,尤其对大数据量、结构很复杂的文件,差别更为明显,差的 RIP 甚至会陷入死循环而解释不出。

③ 挂网质量　这将严重影响照排机输出的效果,不同的 RIP,由于算法的不同,对同一图像文件,挂出的网从微观的网点形状到宏观的视觉效果,都会有所不同,这最终会影响照排机输出的效果。以上三点是决定 RIP 性能好差的关键因素。

④ 预视功能　快速的预视功能也是影响最终输出效率的重要原因,因为任何一个菲林的输出都免不了 RIP 后的最后检查。

⑤ 拼版输出功能　良好的拼版输出功能将大大提高输出的效率,节约成本。

⑥ 支持网络输出功能　这可以使每一台制作电脑都可以直接输出,提高效率,并更加便捷。

⑦ 良好的操作界面　方便操作和理解,为更好地输出符合用户要求

的菲林提供了条件。

（2）输出设备　常用的输出设备有激光打印机、喷墨打印机、激光照排机、计算机直接制版（CTP）机等。其中激光打印机主要用于文字和黑白图像的打样输出；喷墨打印机主要用于彩色图像或黑白图像的打样；激光照排机主要用于输出胶片，以便晒版印刷；计算机直接制版（CTP）机，主要用于直接输出印版。

① 激光打印机　激光打印机能很快地输出文字和图形，输出质量不断改善，其分辨率已经达到1 200dpi，是比较经济的清样输出和轻印刷制版的设备。

② 激光照排机　激光照排机分为绞盘式照排机、外鼓式激光照排机和内鼓式激光照排机。对于印刷而言，最重要的是激光照排机的性能，其性能的高低直接影响着印刷图像的质量。激光照排机性能的主要参数有：输出分辨率、输出速度、重复精度等。相对来说，内鼓式激光照排机比外鼓式激光照排机在这几个方面要好一些。图 2-43a，b，c 所示分别为绞盘式激光照排机、外鼓式激光照排机和内鼓式激光照排机的结构示意图。

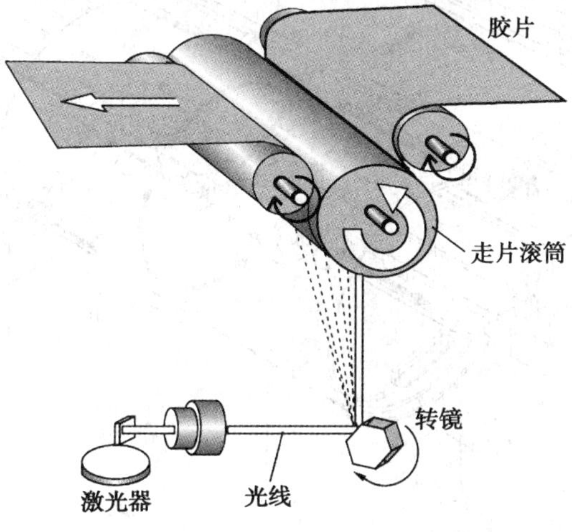

图 2-43　a. 绞盘式激光照排机

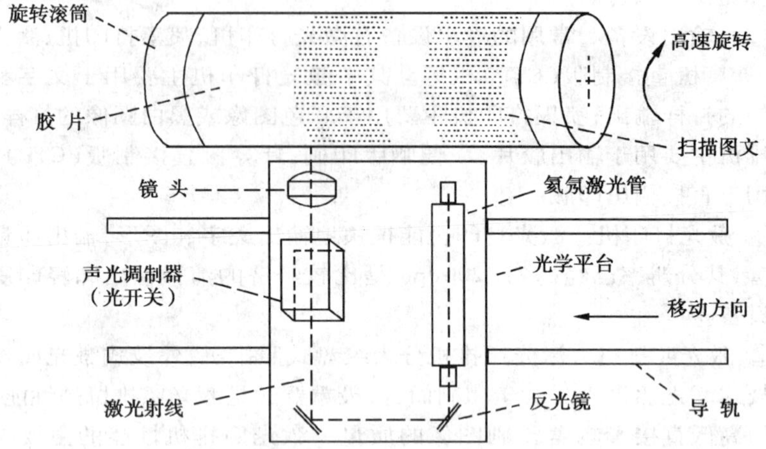

图 2-43　b. **外鼓式激光照排机**

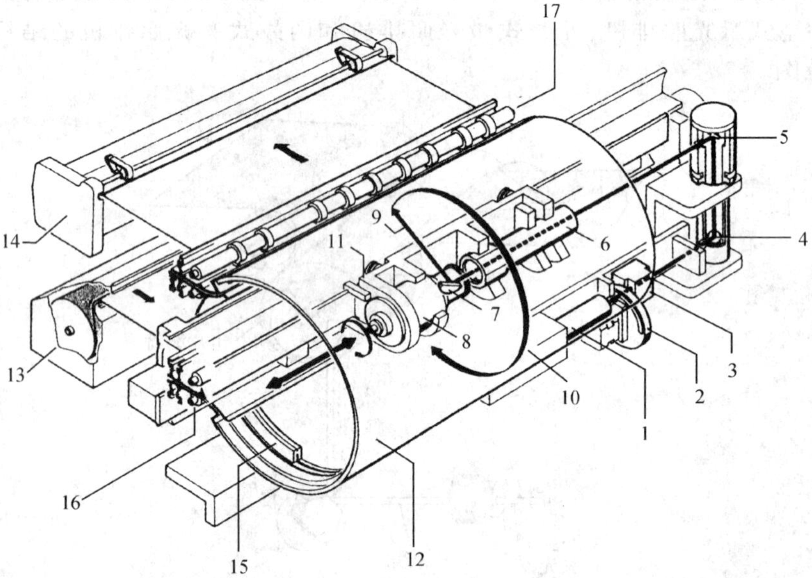

1. 氦氖激光器　2. 光强调整镜　3. 声光调制器　4. 反光镜　5. 反光镜　6. 准直镜　7. 扫描反光镜　8. 扫描高速电机　9. 激光扫描射线　10. 扫描光迹　11. 扫描头移动装置　12. 照排内鼓　13. 供胶片盒　14. 收胶片盒　15. 上片机构　16. 输片辊　17. 收片辊

图 2-43　c. **内鼓式激光照排机**

③ CTP 直接制版机　直接制版机(CTP)是计算机直接制版系统中印版或印品的输出设备。直接制版机实际上是一台由计算机控制的激光扫描输出设备,在结构上与激光照排机非常相似,所以也称为印版照排机。直接制版机是连接印前图文处理系统和印版的关键,其作用是将数字式的版面信息直接扫描输出在印版上。CTP 直接制版机一般采用激光扫描的方法,直接将版面信息记录在印版上,然后通过适当的后处理来获得印版。

(3) 输出工艺　输出工艺就是指将扫描仪扫描的数字图像信号交给图像编辑主机进行各种效果的处理,文字由录入主机录入,或在图文混排时录入,图文组版软件将调整好的图像插入到相应的文字中,生成用标准的页面描述语言(Postscript)描述的 PS 文件,再由激光印字机或彩色打印机等输出校样,经校改后,所生成的标准 PS 文件,经 RIP 解释成点阵图像,最后由激光照排机输出印刷用的四色分色片。

在图像的输出中需要对以下几方面进行设定：网点的形状、网点角度、加网线数、输出分辨率等。

至于选择什么样的激光照排机来输出,即选用多高分辨率的照排机来输出,可以根据下面的方法计算出来：

$$图像的灰度级数 = (输出分辨率/图像的加网线数)^2 + 1$$

印刷过程中,人眼能分辨的灰度等级为 256 级,根据这一要求,可以计算出输出时所需要的激光照排机的输出分辨率。所以,激光照排机的输出分辨率既不能太低,也不能太高;太低,印刷品的灰度级数不够,影响图像的阶调层次复制;太高,输出时 RIP 解释速度慢,容易导致死机。

四、银盐感光材料的冲洗加工

在印刷行业,传统记录图文信息的材料为银盐感光材料,类似于我们日常生活中照相使用的胶卷。在印刷行业中,我们把它称为软片、菲林、胶片或底片。

就目前传统的印刷方式来说,完成一件印刷品,大致需要经过原稿分析、图文处理、晒版、印刷、印后加工五大步骤。其中的图文处理,实际上就是借助于一些现代化的设备,如照相机、电子分色机、数字化印前图像处理系统等,将以原稿形式再现的图文信息分别制成能满足印刷制版需求的一套软片,但这一套软片需要进行冲洗才能完成。

从印刷的角度来看，制作出来的软片质量对印刷的质量有着重要的影响，这是因为制作出来的软片是晒版、印刷两大工序的基础。

但是，软片质量的好与坏，不仅与输出设备的输出质量和精度有关，而且还与软片的冲洗工艺有很大关系。当图文信息制作、输出一旦确定之后，软片质量的好与坏就完全取决于冲洗工艺了，就一般情况来说，主要取决于对软片的显影、定影两道工序。

软片的质量一般来说要考虑三个方面：一是胶片的网点密度要高，因为在晒版中为达到有效的曝光量，不能让网点覆盖的部分有光亮通过，要求的网点必须有足够的密度，特别是小网点要经得起曝光；二是软片的网点要光洁，不能发虚，即要求每个网点其中心密度要与边缘密度一致，这样才能有利于软片的网点能忠实地转晒到印版上；最后是要保证软片透明部分的灰雾度小于0.04，要达到透、亮、清、通的程度。

保证显影时间、显影液温度正确，做到及时更换、补充显影液和定影液，使显影、定影条件处于最佳的工作条件是确保上述三个方面得以实现的必要条件。要做好这一点，就有必要对记录材料、冲洗过程中冲洗加工的原理以及其对软片质量的影响加以了解。

（一）银盐感光材料的结构

目前，用于印刷行业的制版感光材料主要分为两大类，一类是银盐感光材料，另一类为非银盐感光材料，而在这里要谈的是银盐感光材料，这类感光材料主要用于印前作业的图文输出，目前所说的胶片就属此类。

银盐感光材料是将感光体卤化银微粒分散在明胶液中，涂布于片基上制成的。为了进一步完善它的各项性能，片基上还涂布有其他附加层，其结构如图2-44所示。

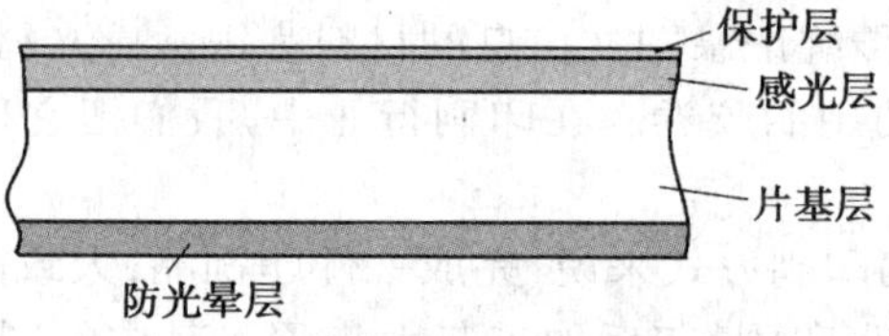

图2-44　感光材料结构图

其中，底层的作用是使片基、乳剂层在使用过程中不易脱离；保护层是防止在使用过程中乳剂层被擦伤；防光晕层涂在片基的另一面，用以吸收穿过感光层照射在片基上的光线，使它们不致于再次被片基反射回乳剂层，造成不该曝光的部位感光，影响影像的清晰度。

（二）银盐感光材料的冲洗加工

银盐感光材料经曝光之后，形成肉眼看不见的潜影。这种潜影必须经过冲洗加工，才能形成可见的影像。由此可见，冲洗加工是感光材料形成影像的不可缺少的重要手段，其冲洗步骤为：显影、定影、水洗、干燥。

显影：将已曝光的感光材料浸入显影液中，使曝光的卤化银颗粒与显影液发生反应，被还原成金属银，形成可见的影像。

定影：将感光材料上未感光的卤化银颗粒除去，否则见光之后还会发生变色，使可见的影像无法稳定保存。

水洗：经定影后的感光材料必须进行充分的水洗，除去残留在感光材料上的药液，有利于影像的保存。

干燥：水洗后的感光材料，经过干燥，就可以得到稳定的影像。

1. 显影

已曝光的感光乳剂层必须经过显影，才能使潜影变成可见的影像。显影的实质是一个氧化还原反应。在这个过程中，已曝光的 Ag^+ 是氧化剂，被还原成金属 Ag，显影液是还原剂，反应后生成氧化产物。这样，在曝光的感光乳剂制层中，见光的卤化银被还原成 Ag，由于 Ag 原子的吸光及阻光作用，产生了致黑的光学密度，不同大小的密度就构成了影像。显影液主要由以下几部分组成。

（1）显影剂　在激光照排输出胶片的冲洗加工中，经常采用的显影剂有米吐尔、对苯二酚、菲尼酮。米吐尔是一种强有力的显影剂，能在中性或酸性溶液中显影，不过显影作用比在碱性溶液中慢些。米吐尔的显影特点是显出影像的速度快。但待影像显出后，影像的反差和密度上升得较慢，得到的影像比较柔和，影像阴影部分的层次表现丰富。另一方面，米吐尔在显影时受溴化钾的抑制作用小，显影液的保存性也较好。因此，米吐尔是激光照排中最常用的显影剂之一，经常与对苯二酚组合成 M-Q 显影液使用。

（2）保护剂　在影像的形成过程中，显影液中的显影剂很容易被空气中的氧气所氧化。特别是显影液的 pH 为碱性时，显影剂更容易被氧化。被氧化的显影液会呈深棕色，这样不仅使显影液失去显影能力，而且深棕色的显影液会吸附于感光乳剂层中，污染画面。因此，为了防止显影剂被空气所氧化，必须在显影液中加入一种保护剂，来提高显影液的显影稳定性。

通常采用的保护剂是无水亚硫酸钠。显影液中的保护剂除了采用亚硫酸钠以外，有的还采用亚硫酸氢钠或焦亚硫酸钾等，这些化合物在水溶液中也像亚硫酸钠一样，可释放出亚硫酸根离子，能起到保护剂的作用。

（3）促进剂　绝大多数显影剂在中性溶液中不起显影作用，或显影速度很慢。为了提高显影速度，通常是在显影液中加入碱，改变溶液的pH，来达到加速显影的目的。这种碱在显影液中称为促进剂。常用的促进剂有碳酸钠、碳酸钾、硼砂、偏硼酸钠、氢氧化钠、氢氧化钾等。

（4）抑制剂　抑制剂又称防灰雾剂。由于某种原因，感光材料在未曝光的部位，经显影后也会产生致黑现象。在显影液中加入抑制剂，就是为了抑制灰雾的形成，常用的抑制剂是溴化钾。抑制剂对灰雾的压抑，在一定程度上会提高影像的反差。但抑制剂的用量不宜过多，否则会失去低密度层次，并且会使显影速度减慢。在普通的显影液中，只需加入少量的溴化钾即可，在高速显影液中可适当多加些。抑制剂除了溴化钾以外，还有许多有机防雾剂。常用的有苯并三氮唑、6-硝基苯并咪唑硝酸盐等，它们的防灰雾能力比溴化钾大得多，因此在实际使用中用量较少。

2. 定影

感光材料经过显影之后，曝过光的卤化银颗粒形成了可见影像，未曝光的乳化银仍然存在于乳剂层中。这些残留的卤化银，待见光后会继续发生变化。所以在显影之后，必须进行定影处理，除去软片上残留的卤化银，这样才能得到稳定的可见影像。在显影加工过程中所采用的定影方法，是利用某种化合物作定影剂，将卤化银从乳剂层中溶解下来。

通常的定影液都是由定影剂、坚膜剂、保护剂、酸等主要成分组成。

（1）定影剂　某种化合物在显影加工过程中，能与残留在乳剂层中的卤化银反应，生成溶于水的稳定的化合物，这种化合物称为定影剂。常用的定影剂以硫代硫酸钠为代表，俗称大苏打或海波，为无色透明的单斜晶体，易溶于水。水溶液呈弱碱性，遇强酸会析出硫和二氧化硫。硫代硫酸钠应密封干燥保存，配成水溶液后，不宜放置过久，以免分解析出硫而失效。

（2）坚膜剂　定影液中加入坚膜剂，可以增强乳剂层的机械强度，降低乳剂层的吸水膨胀性，提高乳剂层的溶点。防止乳剂层在定影、水洗过程中，过分吸水膨胀而造成乳剂膜脱落；同时也可防止加工操作中造成的划伤等弊病。

钾明矾是定影液中最常用的坚膜剂，化学名称为硫酸铝钾。当定影液的 pH 在 4 ~ 6 左右时，坚膜剂的坚膜效果最好。甲醛俗称福尔马林，它在碱性介质中具有很强的坚膜能力，适用于需高度坚膜的定影液。甲醛会与亚硫酸钠起反应，因此使用甲醛的定影液中不能加入亚硫酸钠。

(3) 酸　定影液中还加入一定量的酸，使溶液保持酸性。一是可以中和感光材料从显影液中带过来的碱，迅速控制显影；二是可以使介质保持适宜的 pH，使坚膜剂发挥最大的坚膜作用。酸的加入量不得过多，一般控制 pH 在 4 以上。

常用的酸有醋酸、硼酸、硫酸等，一般都使用弱酸。

(4) 保护剂　定影液通常是酸性的，对于定影剂来说在这种条件下极不稳定。因为定影剂在酸性介质中易分解析出硫，为了防止定影剂的分解，必须加入一种保护剂。一般以碱性物质作为保护剂。

定影液的配制原则与显影液相同，必须按照配方的顺序加入。一般的顺序是先量取总量的三分之二的水，加温至 60℃ ~ 70℃ 左右，然后将称量好的定影剂溶于水中，再按保护剂、酸、坚膜剂的顺序逐一加入。酸必须在保护剂之后加入，否则会造成定影剂的分解。钾明矾必须在酸之后加入，否则，会使钾明矾形成氢氧化铝沉淀。

3. 水洗

感光材料经过定影之后，乳剂层中还渗有大量的硫代硫酸钠和银的络合盐。因此必须通过水洗过程，加以去除。

水洗过程往往不容易被人们所重视。实际上，水洗过程同样是冲洗加工过程中的重要组成部分。如果水洗过程进行得不完全，乳剂层中会含有大量的硫代硫酸钠。在画面的保存过程中，硫代硫酸钠会与空气中的二氧化碳和水发生反应，生成硫和亚硫酸，分解出来的硫与影像上的银起反应，生成棕黄色的硫化银，硫化银会使影像逐渐变黄。

从上面阐述的显影、定影机理和过程来看，显影剂或定影剂中主要的成分在显影、定影过程中会不断地消耗，因而会使显影、定影的性能下降。因此，在实际工作中，要定时补充显影液和定影液以便使两者的性能永久保持稳定。值得庆幸的是，目前的冲片机上都备有补充装置。

（三）显影机的调校

首先，显影是输出的最后一步，也是最直接影响出片质量的一步。如果控制不好，那么前期的制作成果都会付诸东流。作为照排数据化管理，和所有的制版工艺数据化一样，都应从最后这一环节开始。显影机的调试关键只有一条，那就是软片密度的控制。第一步应按显影液厂商要求的条件配置好药液，并按胶片生产商给定的温度、显影时间调整好显影机参数。取一张经过充分曝光的胶片，显影后测其密度。不同厂商的胶片有不同的要求，一般来讲，国产片子密度宜控制在4.2左右，进口片子密度控制在5.0为宜。若达不到要求，则调整显影机机槽中的药液浓度，直至达到要求为止。第二步就是如何去稳定这一密度了，要使其稳定，则应从调整显影机的补液量着手。显影液的补充，可以从三个方面来控制。一是黑化补充（显影软片时的药液补充）。这是最关键的补充，它是根据显影软片的量来进行补充的。如果显影密度随着显影软片量的增加而上升的话，那么这项补充量就高了，反之则要增加其补液量。这个数值在一段时间的跟踪测量后，可以测定出来。二是关机时的氧化补充。这项数值对片子密度影响相对黑化补充来说较小，但如果每次开机后，在相同条件下显影出的片子密度较前一天关机时密度有所变化的话，那么就应注意调整这一补液量了。若是较前一次下降，则应提高补充量；反之，则降低补充量。三是开机时的氧化补充，这项数值与黑化补充是相互配合的，也是最不好把握的一项，不过对片子密度的影响也相对较小。如果在开机正常运行当中，连续显影时软片密度相对没有变化，而开机后两次显影时间间隔较大，这时软片密度前后有所变化，则应提高该项数值。前一次密度较后一次高，则加大该项数值，反之则减小。药液补充量的控制是要经过较长时间的摸索，不断调整，才能达到稳定。

（四）线性化处理

调整好显影机，在充分曝光软片的显影密度达到上述的密度值后，就可以进行线性化调整了。从照排机上输出一张正灰梯，测量它的实地密度值。一般来说，国产片子实地密度以3.3～3.5间为宜，进口片子实地密度以4.0左右为好。若片子密度值达不到要求，则可加大照排机的曝光光值;反之,则降低照排机曝光光值。不断测试调整光值,直到密度值达到要求为止,记住这一光值,在较长一段时间内照排机就不用再作调整了(除非照排机激光管老化等少数因素外)。然后,将照排机的校准曲线归为线性,出一条梯尺,测其网点值,输入校准曲线中,再出校准后的梯尺,一般这时的网点值就比较准确了。具体的要求是:小网点和大网点的偏差在1%内,而中间部分网点偏差值在2%内。若达不到要求,则在适当小幅度调整相对应部位的校准网点值后,接着出校准灰梯尺,直至达到要求为止。

第四节 计算机直接制版技术

一、计算机直接制版技术概述

计算机直接制版技术(Computer-to-Plate,简称CTP),可以说是在始于20世纪70年代的PostScript技术的内核下,由电分机、照排机开始的印前自动化生产,在具体硬件上的后技术实现。目的在于简化生产工序,缩短印刷周期,控制印品质量,减少场地和人工成本。计算机直接制版技术是印刷领域中继活字印刷和激光照排之后的又一次技术革命。它将计算机排版的数字页面直接输出到CTP版材上,实现了高速度、高质量、低成本、低污染,使印刷工艺走向全过程数字化,并已成为当今印刷业新的技术突破口和经济增长点。目前,国内使用的CTP版材一直依赖进口,由于价格较高,影响了我国计算机直接制版技术的推广和印刷业的发展。

直接制版技术是将电子印前处理系统(CEPS)或彩色桌面系统(CDTP)中编辑的数字或页面,直接转移到印版的制版技术。

计算机直接制版技术从普遍意义上讲,就是从计算机上控制直接产生可供上机印刷的印版的工艺技术。

制版工艺改进表现在,以前是计算机组版→RIP解释PS文件为点阵信息→照排机出片→打样→晒版→印版上机印刷;而使用CTP技术之后，制版工艺已转变成计算机组版→RIP 解释 PS 文件为点阵信息→数字打样→直接制版机生成印版→印版上机印刷。

在材料方面，省去了感光胶片及其冲洗用的化学品，减少了环境污染；

在工艺方面，省去了胶片曝光冲洗、修版、晒版等环节；

在设备方面，省去了暗室及胶片曝光冲洗设备；

在效益方面，降低了成本，节省了时间和空间；

在质量方面，图像转移质量明显提高，提高了图像的套印精度，缩短了印刷前准备的时间。

在我国，开发出了一种全新的 CTP 技术，这种 CTP 系统采用全新的物理成像技术思路，彻底摆脱激光产生和感光材料的使用，它是利用喷墨设备直接在胶片、纸张、PS 版面上打印出所需的图文部分，减少了图像转移的次数，真正实现 100% 转印，无内容损失，直接输出大幅面，无需拼版、修版。

二、CTP 技术新动向

20 世纪 90 年代以来，基本上在所有类型的国际或区域性与印刷技术及设备器材相关的展览会上，CTP 技术都是展览会的热点和焦点。CTP 技术是 20 世纪印刷产业技术发展的精华，将成为 21 世纪印刷技术发展的必然趋势。简单地讲，CTP 是从计算机到印版、印刷机、样张和纸张或印刷品的英文缩写，其家族成员包括了脱机直接制版（CTPlate）、在机直接制版（CTPress）、直接打样（CTProof）和数字印刷（CTPaper/Print）。从另一个角度来看，CTP 技术也是一个完整的系统，既涉及系统构建、控制，也涉及设备和器材。

CTP 主要的 4 个家族成员，即，CTPlate、CTPress、CTProof 和 CTPaper/Print，从性质上可以分为两大类，即在印版上直接成像的 CTPlate 和 CTPress，在承印物上直接成像的 CTProof 和 CTPaper/Print。第一类技术的特点是将计算机系统中的数字页面（Digital Page）直接转换成为印版，然后再通过传统的印刷压力过程将印版上的图文信息转移到承印物上形成最终产品（印刷品），在这个过程中印版成为连接数字页面和印刷品的中介媒介；后一类技术的特点是将计算系统中的数字页面直接转换成彩色硬拷贝（样张、印刷品），不再使用像印版那样的任何中介媒介。

现在的 CTP 技术可以分为热敏和可见光敏两大类。热敏 CTP 是利用激光的热能在印版上形成图像的系统，1995 年推出。由于材料可在明室操作以及出色的印刷性能，热敏 CTP 在不长的时间内已占有相当的市场。1999 年，全球 CTP 总需求中的 50% 为热敏版。加拿大的 Creo 公司是 CTP 的主要生产厂商，到 1999 年夏季，该公司的 CTP 系统已销出了 1 200台。该公司 1999 年度取得了骄人的业绩，报告显示年销售额增长约 40%，利润增长约 30%。现在的版材厂商基本上都在生产热敏 CTP 版，其中最具有代表性的为 KPG 公司生产的 Thermal-830A 印版。他们在 1999 年 11 月又推出了改良型的 Thermal-830A。新型热敏版材不需要加热与水显影处理，可称做干式热敏版。在这之后，虽然各公司纷纷推出了无需预热的热敏版材，但是市场上的主流产品依然是 Thermal-830A。在可见光系统中应用的光源有多种，有 780nm 的半导体激光、633nm 氦氖激光、532nmFD YAG 激光、488nm 的氩离子激光以及与此相对应的可见光。

目前，可见光印版中主要是银盐版和光聚合版。银盐 CTP 印版一般都用铝基版，不过聚脂底基的银盐版在短版印刷中用得相当多，在 CTP 印版中约占二成左右。光聚合版与传统的 PS 版一样，是在铝基上涂布感光性树脂，因此普遍认为容易掌握。

由于在欧洲的印报系统的市场扩大，从 2002 年下半年起，可见光 CTP 系统又卷土重来，潮流将有所变化。当然从最近的统计来看，热敏的范围不久将超过 50%，21 世纪将是热敏的时代。不过现状是 CTP 市场将会在可见光与热敏的反复激烈的竞争中不断扩大，1999 年全球 CTP 的设置台数为3 500台 ~4 000台之间，而在 1998 年的统计数是2 500台，所以达到了 40% 以上的高速增长，其中日本拥有量为200 台。Blue LD CTP 的登场（蓝激光二极管）表明 CTP 的技术开发已走下坡路，但是新机种的开发仍然十分活跃，就在 2003 年还发表了 16 种以上的新产品，不过其中半数是面向报社的新机种。

三、CTP 技术需要的生产环境

早期的 CTP 生产流程着眼点主要放在印前系统，主要涉及从前端设备到印版照排机的数字工作流程。但是，今天的 CTP 工作流程所覆盖的范围已经从前端设备一直延伸到印刷机，甚至要延伸到印后工序，实现了印刷生产系统的高度整合和生产流程的综合管理与控制。在这种高度整合的生产系统中,传统的印前、印刷和印后工序由计算机网络(加数字媒体)连接成为一个整体(系统的无缝连接),各种设备和器材都作为整合系统的组件在系统级别上进行集中统一管理和控制,所有生产信息和产品资源在系统各个组件实现无缝传输、交换和共享。数字化工作流程及管理将成为CTP技术运行的必要条件和关键。

传统的工作流程建立在物理媒体(如分色片、照排片、样张、印版等)、交通运输和仓储的基础上,生产系统中的每一个环节(操作工序)都以物理媒体的加工处理为对象,交通运输和物理媒体成为连接不同环节的纽带,物理媒体的可视外观为质量控制提供了方便的媒介。但数字化工作流程则不然,所有生产信息和中介产品都以数字方式在系统的各个组件之间进行传输、处理和存储,如光盘、光磁盘、硬盘等等,成为连接系统组件的纽带,不再存在传统工作流程中的可视物理媒体。印前系统通过CIP3-PPF格式PPF(Print Production Format)向印刷机传递套准数据和版面油墨影像统计分布数据,实现自动套准和墨量的预先设定,同时也向自动化的裁切和装订设备传送产品尺寸、裁切线和折页线位置数据,实现印后操作的完全自动化和印刷生产全过程的数字化、网络化集中管理。

第三章

现代制版技术

什么是制版呢？制版就是利用光学成像的方法，将前工序制好的符合印刷要求的软片上的图文信息稳定地转移到印刷版材上的过程，制作好印版之后便可供印刷机使用。CTPlate 技术的出现，则使制版成为将数字化印前图像处理系统处理好的图文信息，在 RIP 的作用下，通过计算机直接制版机成像于印版上的过程。

第一节

拼大版技术

印刷过程中采用的印刷机的幅面大多是对开或四开，即印刷中采用的印版往往是对开或四开大小的幅面，而在印前制作过程中我们往往还是以小幅面进行印品的制作，如 16 开、32 开等。因此，为了适应印刷要求，在制版中需要将小幅面的版面组合成大的幅面，这一过程我们称之为拼版。在目前的印刷过程中，拼版分为手工拼版和计算机自动拼版（由拼大版软件来完成）两类，但两者的基本原理是相同的。

一、制版中的分版

在现代印刷中，印刷的各道工序之间不是孤立的，而是相互关联的。特别是制版，它不仅要考虑制版质量，而且还要考虑印刷时采用的机型和印后加工时的装订方法等方面。因此，在制版时，首先要对分色片进行分版与分帖两项工作。

在印前输出的过程中，往往直接输出正常开本的幅面，比如 32 开、16 开、8 开等。而在印刷中，最为常用的印刷机为对开或 4 开幅面，也就是说，印刷用的版材的幅面大小是对开或 4 开。这样，在制版时必须将这些小幅面的胶片拼成大幅面的大版以满足印刷的要求。同时，由于还要对印刷品进行折页和装订，所以在拼版时，页码的次序不能乱。正是由于上述原因,在制版时需要考虑哪些不同的页码应该放在一起进行拼大版;尤其要特别注意,根据不同的装订方式,页码的组合也不相同。在印刷上,人们将这一过程称之为分版。图 3-1 所示为一种方式的分版示意图。

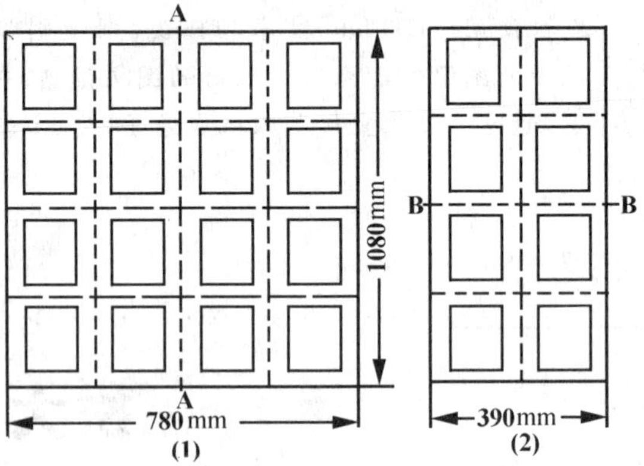

图 3-1　分版示意图

二、制版中的分帖

另外,由于印刷品的印刷幅面往往是对开或 4 开(异形开本除外),也就是说,要拼成一个对开大版,对于 32 开本的胶片而言,需要 16 个页码;对于 16 开本的胶片而言,需要 8 个页码;对于 8 开本的胶片而言,需要 4 个页码。能满足这个关系的印张,在折页之后就是一个完整的书帖。若印张是正反两面印刷,则称这个对开印张为一个印张,即两块印版,32 开本要 32 个页码,16 开本要 16 个页码来形成一个印张。在装订过程中,除非是插页或零件印刷,否则,往往需要以书帖的形式来完成装订(书帖是指在经过折页之后按一定页码次序排列的半成品)。而一本书刊或期刊(特别是书刊)的页码数往往不能满足上面所说的数量关系。为了满足装订的要求,就要对所有的页码进行分帖工作,即有意把书帖分成平帖或套帖、大帖或小帖。

三、计算机拼版软件

随着 CTP 技术的出现,使软片的输出得以省略,传统流程中的手工分版和分帖过程由计算机来完成,这就是计算机拼大版技术。

拼大版工作站是计算机直接制版系统中的重要组成部分，由于不再有任何手工拼版，因此必须将印刷时需要的所有信息通过拼大版工作站全部拼好，组成一个准确无误的整版。

拼大版的专用软件用于对多个页面的正确页面配置，提供拼版中产生的各种问题的解决方法，例如，页数、每一印张的页数、出血的大小、裁切的尺寸、裁切标记、十字线、色彩控制条、装订方式、爬移调整等。

目前，主要的拼版软件有：Impostrip 及 Impress、Imposition 及 Imposition Lite、Preps、Presswise。以上专业软件均用于 PS 文件拼版，均可在不同尺寸的台纸上进行页面编排的基本作业，也都可以精确地控制骑马订及其他方式的装订工艺，均适用于平张纸印刷机或轮转印刷机，可处理装订中产生的爬移现象。

相对于 RIP 来说，拼大版软件的工作模式一般有两种方式。

第一种 RIP 方式是首先将页面拼成大版再送去 RIP，这是目前最常用的方式。其优点是：先完成各个页面的排版及补漏白，接着进行各页面拼大版作业，并制作包含 OPI（开放式印前接口）指令（用于 RIP 时进行高、低分辨率图像的调用）的输出文件，最后将此文档送到 RIP 中进行处理。但这种处理方式的缺点是：凡经过 RIP 处理的文件，容量会变得更大；处理时，也不适合网络的存取和传输。此外，由于各类拼大版软件均是以处理 PS 文件为主，因此，在进行拼大版作业之前，排版软件就必须将制作好的页面以 PS 或 EPS 的文档格式进行输出，这是一个费时的工作。同时由于 PS 文件通常会比应用软件的原有文件大得多，这将会使文件的处理花费更多的时间，并需要大容量的硬盘储存空间。

第二类 RIP 方式是先制作 RIP 页面，再拼大版，这适合包装、标签类印刷。这一工作流程将最后文件的修改方式加以简化。若发现某页面中含有一个排印错误，只需在修正错误后，再将这份页面重新 RIP 一次，替换掉原来的错误之处即可，这比将整个大版重作 RIP 要省事得多。

例如，海德堡的 Signastation 拼大版工作站完全能满足这些要求，它内置多种版式，适用于各种不同的印刷机尺寸及折页方式。可根据不同的折页及装订方式，自由编辑版式，设定各种参数，折页软件会自动生成一种折页方式。拼大版工作站速度快、效率高。

除此之处，一些大的从事印刷设备制造的公司也有自己的专业拼大版软件。像海德堡的 Signastation 拼大版工作站能自由引入各种标识及控制信号，如裁切标识、折页标识、色彩标识和书帖标记等等，用户还可以加上自己的符号。这样做出的大版规范整齐，便于生产管理。PS 文件、PDF 文件及德尔塔列表都可通过海德堡的 Signastation 拼大版工作站拼大版或连拷。不同大小的文件也可自由拼帖在一起，节省了胶片。

第二节 打样技术

打样的目的主要有以下三个方面：

第一，对原版的质量进行检查。例如，检查原稿阶调、色彩的再现性是否达到了要求；版面尺寸、图像、文字的编排、规矩线等是否正确以及有无遗漏等，如有不妥之处，就要进行修正。

第二，打样样张也是印刷单位与客户之间的合同，只有客户在样张上签字同意照样印刷，印刷单位才能下达生产任务。

第三，为正式印刷提供样张或印刷的基本参数，如墨色、网点再现的范围等，使印刷实现规范化、标准化的操作。

打样的方法可以分为两大类。一类是硬打样，如机械打样、预打样中的感光材料打样、喷墨打样等；另一类是软打样，如屏幕显示。

一、机械打样

机械打样也叫模拟打样。一般是在印刷条件基本相同的情况下（如纸张、油墨、印刷方式等），把用原版晒制好的印版安装在打样机上（如图 3-2 所示）进行印刷，得到样张，然后对照原稿或版式设计图样进行校对，直到阶调、色彩、文字、版面规格尺寸等无误为止，最后由客户签字，即可付印。

机械打样，虽然是作为模拟印刷进行的，但机械打样的油墨转移原理，使用的印刷材料以及印刷环境等往往和实际印刷不一致。因此，从打样机上获取的样张对原稿的色彩、再现性和印刷机上获取的印张总有差异。为了缩小这种差别，目前已经研制出多色自动打样机，并应用于印刷生产之中。

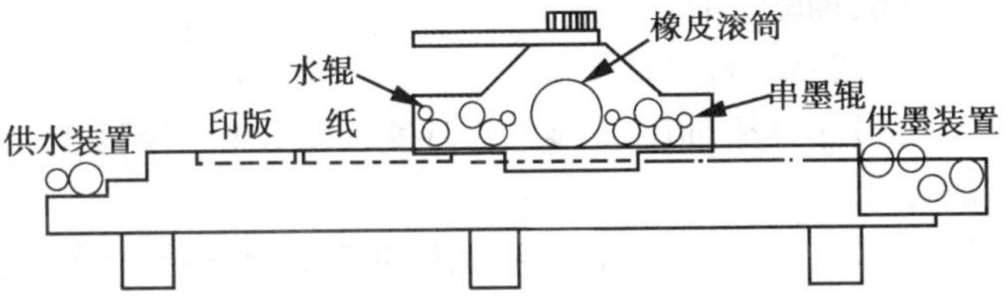

图 3-2　平版印刷的单色打样机

这种打样方式存在的主要缺点也是显而易见的。

① 成本高，而且周期长、效率低。

② 打样方式与实际印刷方式也存在一定的差别。其主要表现在：第一，打样设备与印刷设备结构的差别，打样设备是圆压平结构，而印刷机目前基本是圆压圆结构，由于印刷过程中采用的印刷方式不同，从而使印刷品的墨色表现也有所不同，一般说来打样样张的墨色深一些；第二，打样的样张在油墨的传递过程中是干式叠印，而印刷机在大多数情况下是湿式叠印；第三，打样与印刷采用的材料也有不相同的可能性。

尽管如此，对于机械打样的样张，人们还是情有独钟，这主要是一方面，印刷工作者、客户在思想观念上更习惯于通过网点百分比的大小或网点的密度值来判断图像的优劣；另一方面，由于传统的机械打样在一定程度上更接近于印刷过程，而且上述存在的不足可以从工艺技术的角度加以纠正，这就使得人们更加相信传统打样样张与印刷品的实际效果的一致性。

二、预打样

预打样，不需要印版、纸张、油墨和打样机，而使用特殊的感光材料，应用光学、光化学原理，获得彩色样或用显示屏显示。若发现图像信息处理中存在的问题，可及时修正，从而提高机械打样的效率。

1. 感光材料打样

这种方法有彩色片叠合法、色层叠合法、静电打样法等。一般把感光物质涂布在片基上，然后和相应的分色加网底片密附、曝光，制成单色的黄、品红、青、黑片，将其叠合在一起，组合成彩色图像；也可以将各单色片的着色层转移到打样基材上，形成彩色样张。

2. 计算机辅助打样

这种方法包括软打样和硬打样。

软打样，利用计算机辅助的彩色打样系统，在显示屏幕上看到彩色图像，无法获取样张。

硬打样，利用色彩整页拼版系统输出的数据，在硬打样系统上获取样张。硬打样系统，一般由显示终端、键盘、软磁盘驱动装置、激光器记录系统以及联机的照片显影机等组成。也可以将整页拼版机的数据通过彩色喷墨机获取样张。

3. 数码打样

这种打样方法，主要适应日趋发展的彩色桌面出版系统，使用喷墨打印机或热升华打印机获得样张。

喷墨打印机，打印头上安装着很细的喷嘴，利用喷嘴将油墨喷到纸张上。喷墨打印机有四个打印头、三个打印头和一个打印头等多种型号。

热升华打印机，打印头上安装着多个热敏元件，它们将彩色色带上的透明染料熔化到纸张上，每种颜色相互覆盖，叠合出酷似照片的彩色图像。

现以彩色喷墨数码打样为例，来说明数码打样的优势。

数码打样一改传统打样的方式，通过色彩管理软件，直接利用打印机设备输出打样样张。由于现在的前期设计排版几乎都是在数字化印前系统中进行的，所以这种打样方式显然更方便快捷。这种打样方式的主要优势在于以下几方面。

① 打样样张色彩稳定、可靠。由于传统打样是人工进行下墨及调校压力，所以效果很不稳定，即便是同一套菲林分别去打样，打印效果也常常不一样。而数码打样是自动化成像，效果很稳定。

② 随着网络技术的发展，还可以实现远程数码打样。由于数字化的特点，远程数码打样的稳定性不亚于在本地操作，这无疑为用户带来了更多的方便，有着更广阔的市场空间。

③ 数码打样不仅投资成本低，而且效率快、质量高、效益好。随着数码技术的不断发展，这种优势还将更加明显。

④ 数码打样改错速度快，效率高。

⑤ 数码打样利用不同的色彩管理软件，还可以模拟其他的生产效果，如丝网印刷、数码印刷、喷墨海报等，从而满足市场上日趋多元化的输出需求。

数码打样作为一种高效、高质、全新的工作方式，已引起了印刷行业中印前样张制作人员的高度关注。但由于以下一些原因，大部分人还是在用传统的方式制作其印刷样张。

（1）思想观念的因素　由于在数码打样的发展初期，数码样张的确存在一些问题，如色彩与印刷效果不一致，印刷厂难以按照样张去追色等，这使得很多对传统方式已得心应手的业内人士对数码打样持抵触态度。

（2）印刷与数码打样的成像机理不同　就印刷而言，传统的印刷特别是胶版印刷，印刷品上采用的网点绝大多数是以调幅网点来再现图像的阶调层次和色彩的，而数码打样的样张目前绝大多数是以调频式网点来再现图像的阶调层次和色彩的。

（3）印刷与数码打样过程所用的呈色物质不同　印刷过程中的呈色采用青、品红、黄、黑颜料油墨，而数码打样则采用类似于青、品红、黄、黑四种颜色的染料作为呈色物质，因而两者表现的色域空间也有所不同。

然而，数码打样技术发展到的今天，数码输出设备、控制软件、色彩管理软件等技术已得到很大的发展，数码打样技术本身已今非昔比，有了长足的进步和发展。打印出来的样张，完全可以达到甚至超越传统样张可实现的效果，并且其自身的数字化优势也开始显现。若此时依然守着传统打样方式不放，拒绝新的技术，必将成为时代的落伍者。另外，目前正在兴起一种新的印刷方式——CTP，即计算机直接制版，无需出片、晒版等繁琐的中间过程。面对这种新的工作方式，传统打样不是好与不好的问题，而是彻底不可用，面临着被淘汰的命运。

打样是模拟印刷，检查制版阶调与色调能否取得良好的合成再现，并将复制再现的误差及应达到的数据标准提供给制版，作为修正或再版时的依据；同时，为印刷的墨色、墨层密度及网点扩大数据提供参考样张，并作为编辑校对的签样样张。

打样是一个重要工序，它是分色制版和印刷之间连接的桥梁。它的质量好坏，直接影响分色制版和印刷品的质量。打样在整个复制中是一个提供标准的因素，因此，必须强化规范化、数据化管理，从而保证制版及印刷质量的稳定和提高。

第三节

平版制版技术

一、晒版设备

1. 晒版机

目前常用的制版设备主要是晒版机，常用的晒版机有平晒机、连晒机、自动拼版连晒机几种。平晒机如图3-3所示。平晒机主要用于单一原版晒版，以及人工拼图晒版或套图晒版。尽管种类很多，品牌也不少，但它们的工作原理基本相同。晒版机主要由光源、晒版台、玻璃框架盖、吸气泵、操作面板等组成。除此之外也有双面晒架，供连续交替作业用的双面回转晒版机。连晒机是将小幅面图版重复分布在整张印版上的连续晒版设备。自动拼版连晒机是可将多幅不同的图片、文字、图案原版按设计要求自动拼版与套晒的设备，使用较少。

图3-3　晒版机示意图

晒版机工作程序是：第一，将版材放置在晒版机的晒版台上，并用挂钉将版材定好位，同时留出叼口的位置，不同的印刷机叼口的位置不同;第二,将分色片放置在版材上,一定要让出叼口位置;第三,合上玻璃框架盖,除去玻璃盖上的灰尘,进行抽气,使软片与版材密合;第四,开始正式曝光晒版。

无论是何种晒版机,晒版光源是决定晒版质量与速度的关键。由于PS版的感光区域大多是400左右的紫光区,所以要求晒版光源的发光高峰在这个范围内,一般选用卤素灯作为其光源。其具体要求如下。

发光强度与感光层光敏度匹配,才能减少晒版时间,一般版面照度在5 000lux。

发光效率要高,光源启动与发光高峰延续时间越短越好。

光能分布要稳定,波动要小,受电压影响小,加稳压控制装置。

2. 显影机

除此之外,在晒版过程中还有一种辅助设备,即显影机。常见的显影机结构如图3-4所示。它主要由显影部分、水洗部分、干燥部分和上胶部分等几大块组成,自动化程度较高。

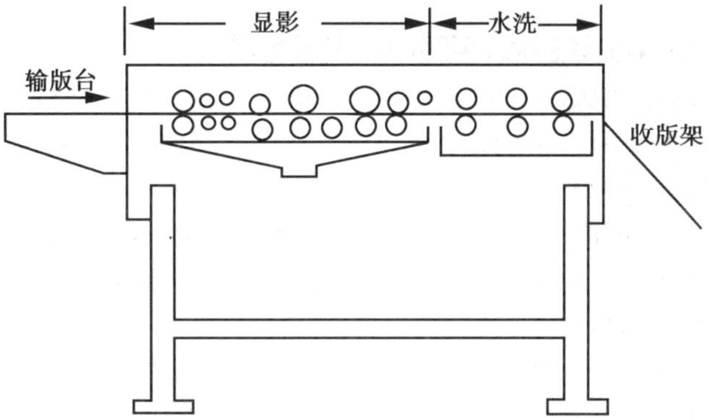

图3-4　显影机结构图

二、传统印版的制作

平版胶印中的印版基本上都是由感光材料和版基组成的,印版版基大多采用铝版或锌版,不过,目前采用最多的版基为铝版基。不同的版材只不过是感光材料不同而已。

胶印印版要通过曝光形成亲墨的物质基础,还要有亲水并能存储水的砂目基础，以使图文部分着墨、空白部位被水润湿，因此胶印印版，特别是胶印印版中的PS版要达到一定的性能要求。为了达到这些要求，一般要对PS版作特殊处理。

首先是建立砂目。在版基上建立砂目，增大了版基的表面积，从而增强了版材的吸附能力，使各自的吸附膜（感光膜和水膜）更加巩固。这是通过粗化版基表面，形成均匀、细而深锐的砂目来达到要求的。砂目可通过球磨、喷砂、酸腐蚀、刷子磨版或电解的方法来形成。电解形成的砂目均匀、细而深锐；刷子磨版的吸附与存水性能强，耐印力也高，适用于PS版。由于砂目的多孔性结构，吸附能力过强，直接涂布感光胶，晒版曝光显影后，其空白部分往往不能处理干净残留的胶膜，印刷时易着墨上脏。为了弥补这个不足，需作填堵微孔的封孔处理，使砂孔更适合晒版印刷。其次是感光涂层，感光胶涂布要均匀。最后是印版性能。印版的性能要求曝光宽容度大，分辨率高，网点光洁，各阶调网点还原性好，1%（至少2%）网点清晰可见。版基砂目细，硬度高，耐磨、耐蚀性好，着墨与亲水基础牢固，耐印率高。

1. 胶印中的蛋白版、平凹版和多层金属版

胶印中的蛋白版、平凹版和多层金属版采用的感光材料为铬胶制版感光材料，其主要由重铬酸铵和亲水性物质两部分混合组成，其中亲水性的物质主要有三种，即蛋白胶、明胶、聚乙烯醇。这几种亲水性物质以一定的比例分别与重铬酸铵溶液混合，便可得到三种不同性能的铬胶。蛋白感光胶主要用于胶版中蛋白版的制版，聚乙烯醇感光胶则可用于胶版中的平版、凹版和多层金属版中。

无论哪一种铬胶制版感光材料，其曝光的机理是一致的，即见光的感光胶发生硬化，未见光的感光胶则维持原来的状态，最后可以被显影药水溶解并去除。但这种感光胶存在暗反应，只有在需要制版时才能进行配制，所以也称这类感光液为即涂感光液，即在制版时需要增加对感光液的涂布工序，目前已基本不使用这类印版。

2. 胶印中PS版的制版

胶印中的PS版，称为预涂感光版（Pre-sensitized plate），简称PS版。它是目前平板胶印中应用最广的一类版材。

目前PS版主要有两种类型。一类是阳图型PS版，它是目前PS版中应用最多的一种版材，在晒版时使用的软片为阳图片，是光分解型的版

材，即感光胶见光分解。阳图型PS版采用的感光材料主要成分为邻重氮奈醌磺酸酯，版基为粗化了的铝金属，其制版工艺流程如图3-5所示。

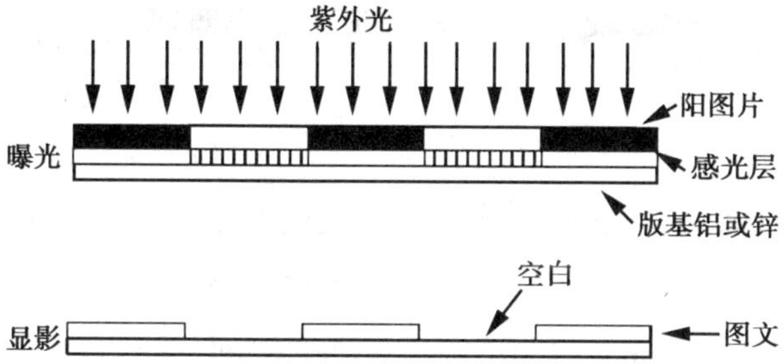

图3-5 阳图PS版晒版流程图

（1）曝光 曝光是将阳图底片有乳剂层的一面与PS版的感光层贴拢在一起，放置在专用的晒版机内，经真空抽气后，打开晒版机的光源，对印版进行曝光，非图文部分的感光层在光的照射下发生分解反应。

（2）显影 显影是用稀碱溶液对曝光后的PS版进行显影处理，使其见光部分发生分解反应，生成化合溶解物，版面上便留下了未见光的感光层，形成亲油的图文部分。显影一般在专用的显影机中进行。

（3）水洗 水洗就是将印版表面的显影药水冲洗干净。

（4）干燥 干燥就是将印版表面的水分去除。

（5）涂显影黑墨 涂显影黑墨是将显影黑墨涂布在印版的图文部分，可以增加图文对油墨的吸附性，同时也便于检查晒版质量。

（6）除脏 除脏是利用除脏液，把版面上多余的胶带痕迹、尘埃污物等清除干净。

（7）烤版 烤版是将印版放入烤版机中，在230℃～250℃的恒定温度下烘烤几分钟，其目的是提高PS版的耐印力。一般情况下印量不超过五万时可不进行烤版处理。

（8）上胶 上胶是指在印版表面涂布一层阿拉伯树胶，使非图文部分的亲水性更加稳定。

另一类是阴图型PS版，目前主要用于报纸杂志的印刷，在晒版时使用的软片为阴图片，是光聚合型的版材，即见光发生交联反应。感光材料主要有重氮类树脂、叠氮类化合物、聚乙烯醇肉桂酸酯类化合物，版基也为粗化的铝金属。其中，叠氮类化合物感光材料是最有发展前途的阴图型PS版，其晒版工艺过程如图3-6所示。

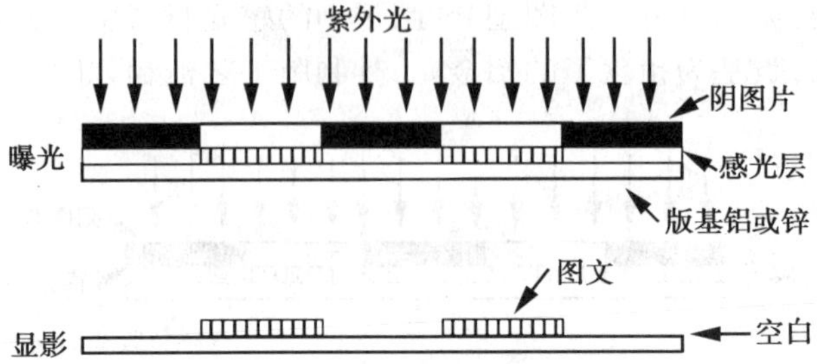

图 3-6 阴图 PS 版晒版流程图

（1）曝光　曝光是将阴图底片有乳剂层的一面与阴图型 PS 版的感光层密附在一起，放置在专用的晒版机内，经真空抽气后，打开晒版机的光源，对印版进行曝光，非图文部分的感光层在光的照射下发生光交联反应，未见光部分维持原状。

（2）显影　显影是用显影溶液对曝光后的 PS 版进行显影处理，使未见光的部分显影掉，形成印版上的空白部分，见光的感光层就形成亲油的图文部分。由于采用阴图原版晒版，版面上不存在多余的规矩线、胶粘纸、尘埃污物，因此阴图 PS 版晒版几乎不需要除脏。

（3）水洗　将印版表面的显影药水冲洗干净，称为水洗。

（4）干燥　将印版表面的水分去除，叫做干燥。

（5）涂显影黑墨　涂显影黑墨是将显影黑墨涂布在印版的图文部分，以增加图文对油墨的吸附性，同时也便于检查晒版质量。

（6）上胶　上胶是 PS 版制版的最后一道工序，即在印版表面涂布一层阿拉伯树胶，使非图文的空白部分的亲水性更加稳定。

不论何种 PS 版，其总的特点是砂目细密，图像分辨率高，形成的网点光洁完整，具有良好的阶调、色彩再现性。

3. 传统制版的标准化和规范化

彩色制版是彩色复制的前工序，是彩色复制的基础。彩色制版主要包括分色（包括电子分色机分色和电脑分色）、拼版（包括人工拼版和电脑拼版）、拷贝（将拼好的大版阴图拷贝成整版阳图分色片）、晒版（将阳图分色片原版信息转移到 PS 版上）、打样等几个主要工序。影响最终产品质量的因素极其复杂，而彩色制版过程中的可变因素也非常多，包括原稿、环境条件、原材料、设备状况、工艺条件、操作人员的素质和质量管理的水平。作为彩色制版规范化的原则，一是尽可能稳定各种可变因素；二是从前道工序着手，为后道工序提供规范基础。

（1）晒版工序的规范要求

① 环境条件

室温：20℃～25℃，每日监控。

清洁：每日打扫，保持环境卫生。

电网质量：电网波动在额定电压±10%的场合，需用稳压器。

水质：在水质不佳的场合，建议采用蒸馏水配制显影液。

② 原材料要求

固定PS版的品牌和型号。在改换型号和批号时，应对PS版进行常规检测，以便确认该批PS版质量，或修改晒版工艺参数。

通过使用说明书，确认PS版对光源、光谱、强度、曝光时间、显影套药和显影条件的一般要求，以免出现原材料与设备及工艺条件不符的情况。

确认PS版和套药的出厂日期、保存期和储存条件在正常范围和要求内。

③ 原版（阳图片）要求

片基密度0.08（片基不宜过多重叠）。

实地密度在3.00，最好在3.50以上。

网点及线条边缘清晰，不虚。

图文位置正确，尺寸合适，药膜一致，版面清洁。

④ 设备要求

晒版机的光谱合适（350nm～450nm），光强在3 000W以上（一般为碘镓灯），光强稳定，晒版版面照射均匀（不均匀性≤15%），真空抽气系统正常（工作时能达到额定真空值）。

晒版机玻璃表面清洁干净，无灰尘、斑点、指纹、划痕，并每日清洁数次。

PS版显影机温度、速度、补充和搅拌系统正常；显影机定期清洗，并更换母液。

⑤ 工艺条件

晒版测控条：测控条主要用于确定正确的曝光时间和评测PS版曝光、显影后的质量，测控条包括连续调灰梯尺（每级密度级差为0.15～0.16），细小网点（阳图为0.5%、1%、2%、3%、4%、5%；以及为95%、96%、97%、98%、99%、99.5%），细直线（如宽度为4μm、6μm、8μm、10μm、12μm等的黑线或白线）。

晒版工艺要求:在固定PS版显影条件(温度、速度、浓度)后,按不同的曝光时间在PS版上用连续调灰梯尺和测控条进行晒版(灰梯尺和测控条下所衬白片基的厚度应与实际原版一致)。最后选定符合下列要求的、合适的曝光时间。

对于打样PS版(新版):晒版、显影后,对应0.50~0.60密度灰梯级,应刚出潜影(刚能上墨);过渡级为3~4个梯级,1%小网点齐,99%网点不糊。

对于打样PS版(再生版):同上述规范,但要求2%小网点齐,98%网点不糊。

对于印刷PS版(新版):晒版、显影后,对应0.80~0.90密度灰梯级,应刚出潜影;过渡级为3~4个梯级;2%小网点齐,98%网点不糊。印刷版晒版时间长于打样版,从而使印刷版上的网点,特别是中间调网点比打样版稍许缩小,以弥补印刷压力比打样压力过大而引起网点扩大造成的误差。

PS版显影温度、速度、浓度(补充量)应按套药的使用要求参照执行,一般情况下不应经常变动,若需变动,应及时检查晒版显影后的质量。

是否需要烤版(印刷版),由耐印力确定。烤版的温度、时间应在规定的范围内。

PS版晒版显影后是否要上保护胶,取决于晒后待印时间。应尽可能缩短晒后待印时间。打样版原则上不上胶。

PS版应平整,无卷边、荷叶边现象。

(2)传统打样工序的规范要求

① 环境条件

室内温度范围:18℃~25℃。

室内湿度范围:相对湿度60%~80%。

照明条件:参照《CY3-91色评价照明和观察条件》。色温:6 500K(D65光源);显色系数:>90%;照度:看样台和纸台上约为500Lux~1 500Lux(即4根36W日光灯,照射距离1.2m)。

防尘与通风:打样室既要考虑防尘,又要考虑一定的通风,即在清洗滚筒橡皮布和墨辊时应适当排风。平时不宜排风,以免影响温度和湿度的控制。

② 原材料

油墨:经色相和粘度测试后,选定一套或两套油墨(一套用于精品打样，一套用于一般产品打样，以降低成本）。

纸张：原则上应固定使用一种涂料纸（128 g/m^{2}或 157 g/m^2）或两种纸（一种为涂料纸、一种为胶版纸）。在需要用印刷纸来打样时，必须测准纸张的厚度，以确保纸台压力的准确。

橡皮布与衬垫：原则上采用气垫橡皮和硬衬垫（如铜版纸或白片基）。必须测准橡皮布和衬垫的厚度，以确保滚筒压力的准确。

洗辊液：在清洗墨辊和橡皮布时，应选用清洗效果好、迅速有效、对人员刺激较小的洗辊液。

③ 设备状况

打样机水平调整：用 0.02mm/m 刻度的水平仪测量机器长边水平度，允许误差为 ±0.04mm，短边允许误差为 ±0.02mm。

橡皮滚筒压力（用橡皮布表面相对于滚枕的高度表示）为：(0 ± 0.03) mm，（每隔 120 测一次，取平均），即橡皮布厚度 + 衬垫厚度：[2.286（滚枕高度）±0.03]mm。在长期使用橡皮布（如 3 个月以上）后，若超过此范围，应及时调整衬垫厚度。

版台压力（包含 PS 版厚度在内）为：0.12mm ~ 0.15mm（即 PS 版表面高于导轨的高度）。

纸台压力（包含纸张厚度在内）为：0.15mm ~ 0.18mm（即纸张表面高于导轨的高度）。

舌动机架两侧下方各有两个滚轮，当机架移动到均墨系统一侧、同时机架不加压时，滚轮与下导轨面的压力以用手加力刚好能转动为好，过紧或过松均需调整。

均墨系统：着墨辊在版台或纸台上的墨杠印宽度，应均匀一致，误差小于 1mm。

绒辊与版台间的间距为 0.1mm（用塞尺测量）。

轨道、齿轮、齿条、轴承等按保养规定，加油润滑，原则是少加油、勤加油。

定期检查和校准反射密度计。

④ 工艺条件

控制实地密度：方法是在原材料固定、机器状况正常、环境控制正常的前提下，通过相对反差 K 值来测定，各色版最大 K 值对应的实地密度，就是在当时条件下需要控制的实地密度。最大 K 值的相对反差 K 值，意味着在网点扩大率允许的前提下，可以施加的油墨量最大。各厂的标准实地密度都是不一样的。就是一个厂(公司),在不同的环境条件、纸张、油墨以及不同的印刷适性条件下,实地密度值也有所不同。建议夏季和冬季各进行一次相对反差 K 值的测量,以确定不同的实地密度。

网点质量:主要通过打样控制信号条来检测,因此,打样版一定要附打样控制条,以便检测实地密度、网点扩大率、小网点还原质量和重影等。网点应密实不虚,无拖尾重影,无空心。一般来说,网点不实主要是由于水墨不平衡(水量过大)引起的,其他原因可能是压力不足、PS 版(特别是再生版)砂目过粗所致。润版水量应控制至最少,润版应主要靠自动给水装置和版台冷凝水。

油墨的选择和均墨:打样油墨的型号原则上应与印刷油墨一致。除色相外,要求四种打样油墨粘度应基本一致。环境温度应控制正常。油墨在调墨台上应充分柔压调合。油墨上到均墨系统后,应有 20 秒以上的均墨时间,使油墨充分乳化。版台冷凝温度不能过低,否则会引起油墨粘度过高,产生拉纸现象。油墨必须使用小桶包装(1kg 或 2kg),用后应把墨盖盖严,以防干燥结皮。

墨色均匀:数张样张的墨色要求均匀。同样,要求每一样张水平方向的墨色(实地密度)也保持一致,误差应小于实地密度允许的误差。

四色版的套准:按照行业标准,四色版在正常情况下,十字线套准误差应小于规定要求。套印是否准足主要取决于纸张质量、环境温度、润版水量控制以及操作等因素。

三、胶印中的 CTP 版材

从某种意义上来说,CTP 版材也可以认为是 PS 版,所不同的是 CTP 版材的制作省去了输出胶片的中间环节,由计算机直接控制制版机在印版上曝光而完成。目前使用的 CTP 版材主要有银盐扩散转移版、光聚合型版、热敏版等几大类。

1. 银盐扩散转移 CTP 版

银盐扩散转移版因采用了扩散转移成像技术,感光度适应于多种激光,如氩离子蓝激光、钇铝石激光、红宝石激光等。

银盐扩散转移版主要由粗化处理的铝基层、银盐乳剂层、隔离层、接受核层和保护层组成。银盐扩散转移版结构如图 3-7 所示。

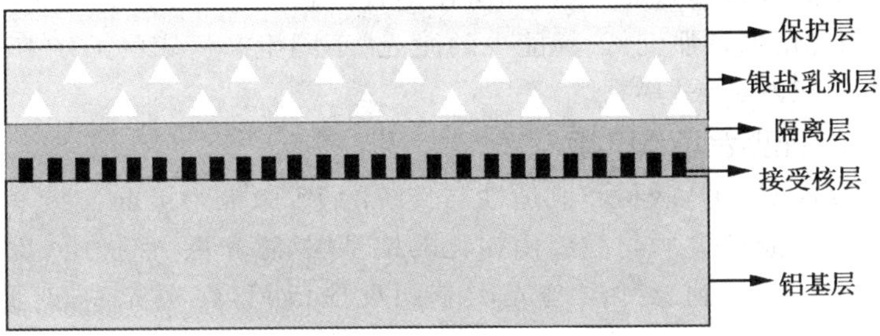

图 3-7　银盐扩散转移版结构图

银盐扩散转移版工作原理：印版曝光之后，银盐乳剂层中的银盐还原成银颗粒，未见光部位保持原状；显影时见光部分被显影剂溶解，未见光的部分在显影时银盐发生扩散转移，并在接受核层上形成结合物；然后进行水洗，水洗是用温水冲洗印版上的银盐乳剂层和防护层，从而形成印版的图文部分；最后再对印版的图文部分进行亲油处理。其制版工艺过程如图 3-8 所示。

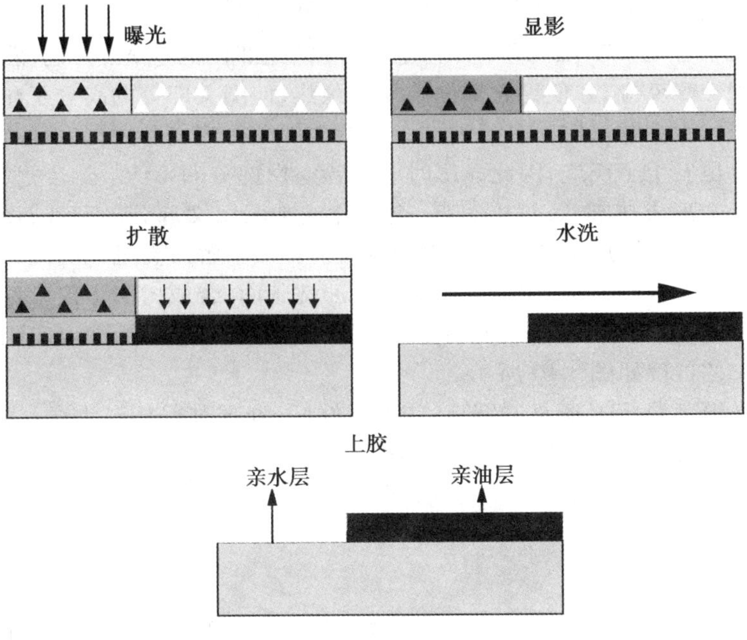

图 3-8　银盐扩散转移版的制版工艺图

银盐扩散转移版的特点：和卤化银胶片相似，感光度好，曝光速度快，反差适中，光源是强度低、耗能少的激光，不同生产厂家的 CTP 版材对化学溶液的配方是兼容的。

2. 光聚合型 CTP 版

光聚合型 CTP 版材印刷适性与传统的 PS 版极为接近。

光聚合型 CTP 版材主要由粗化的铝基层、感光层、保护层（保护层不仅可阻止氧进入到感光层与光敏基团反应，而且在曝光中起到催化作用）等组成。感光层包括：感光剂、聚合单体、聚合引发剂、粘合剂。其结构如图 3-9 所示。

图 3-9　光聚合型 CTP 版材的结构

光聚合型 CTP 版工作原理：曝光时，见光部位的感光剂和引发剂一起发生交联反应，并使见光部位硬化。预热，使图文部分的高分子化合物进一步发生交联反应，其目的在于使图文部分得到充分硬化。预热时空白部分也发生了反应，因此显影时要去除空白部分的影像。温度过高，在印版上会形成热雾状；温度过低，会淡化或削弱图文部分。预洗，预洗就是把版材的保护层洗掉。然后再用碱性显影液溶解没有见光的高感光度的感光层。显影完毕，用合成树脂溶液冲洗版面，合成树脂不仅可提高空白部分的亲水性，而且还增强了图文部分的亲油性，干燥后即可印刷。其制版工艺过程如图 3-10 所示。

光聚合型 CTP 版材的特点：印刷适性好，处理过程相对干净，烤版后耐印率较高，印版经得起刮擦和刷洗。

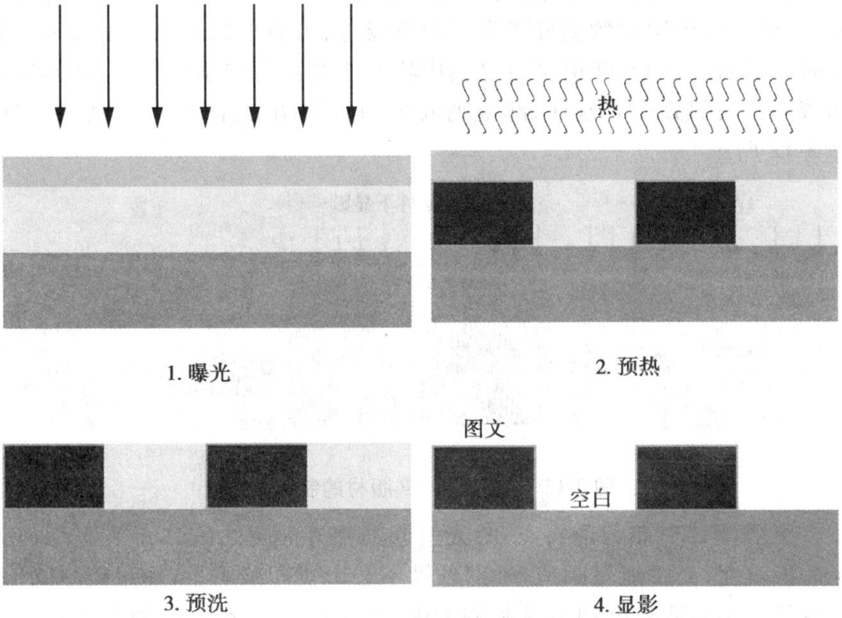

图 3-10　光聚合型 CTP 版的制版工艺图

3. 热敏型 CTP 版

热敏型 CTP 版材主要有热溶解型、热蚀型、光蚀型、热交联型、降解型等几种版材，既有直接成像的，也有通过蒙层间接成像的。下面以热溶解型的 CTP 版材为例加以说明。

热溶解型的 CTP 版材主要由粗化的铝基层、印刷层（亲墨层）、热敏层组成，其组成如图 3-11 所示。

图 3-11　热敏型 CTP 版材结构

热敏型 CTP 版工作原理:通过红外或紫外激光的热量作用,达到一定温度后,热敏层中的高分子发生化学反应,由原来亲油变成了亲水。显影时,碱性显影药水便可穿过受热层将对应部位的印刷层溶解,从而形成印版的空白部分,不受热的部位则成为印版的图文部分。其制版工艺如图 3-12 所示。

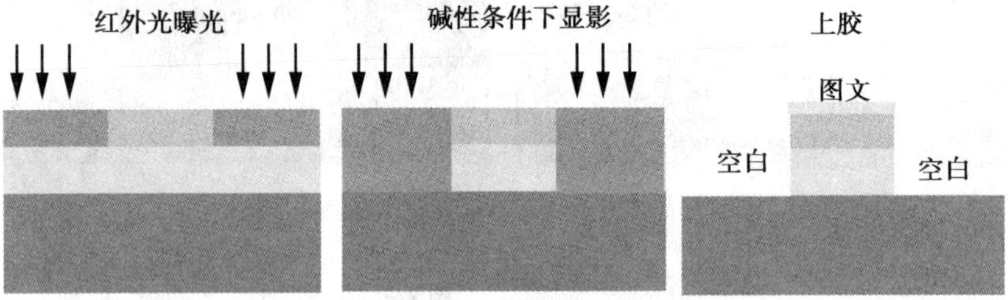

图 3-12　热敏型 CTP 版材的制版工艺

热敏型 CTP 版材的特点:曝光时间与曝光能量之间几乎没有任何关系。换言之,低于能量阈值,外部条件不会影响印版质量;超过能量阈值,网点的大小和清晰度均不受影响。因此,不存在曝光不足和曝光过度之说;图文部分的性能很稳定,即使曝光后六个月,印版仍然可用;除此之外,热敏型版材对自然光的感光度很低,因而可在明室条件下工作,处理时只需常规的制版设备。

热敏版可在日光下操作,不需使用安全灯,但一般要对版材做湿处理。热敏版材是发展和使用的方向,而银盐版材只是一种过渡。

四、胶印中的无水胶印版

无水胶印版,按制版方式的不同可分为两大类:一类是普通的无水胶印版;另一类是数字无水胶印版。数字无水胶印版又可分为计算机直接制无水胶印版和在机制无水胶印版两种。在此主要介绍普通无水胶印版的制版工艺和相关的特点。

无水胶印版的非图文部分由斥墨的硅橡胶组成,因此在印刷过程中不需要水的参与便可进行印刷。无水胶印版主要由铝版基层、粘合层、亲墨树脂层、硅橡胶层和保护层五个部分组成,其结构如图 3-13 所示。

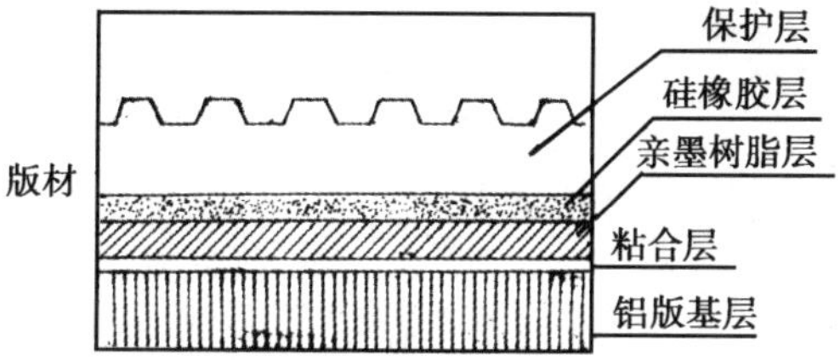

图 3-13　无水胶印版的结构图

无水胶印版根据采用原版的不同，又可分为阳图型无水胶印版和阴图型无水胶印版两种，其中阳图型印版使用最多。其制版工艺如图 3-14 所示。

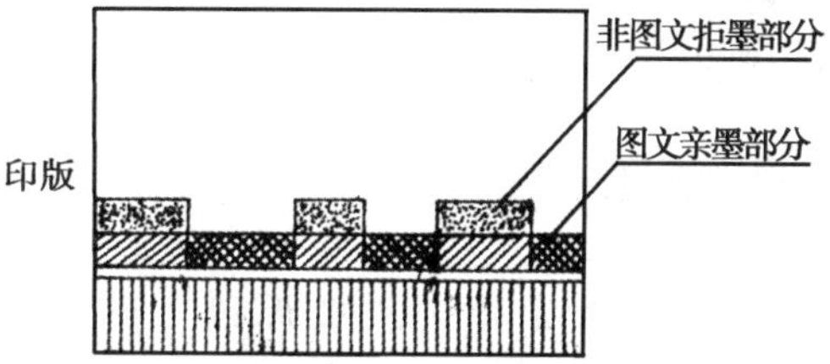

图 3-14　无水胶印版的制版图

无水胶印版制版同样需要经过曝光、显影、水洗、干燥工艺过程。

曝光　将原版与印版在晒版机中密附，曝光时，见光部分的硅橡胶发生光交联反应。

显影　将曝光后的版材放入自动显影机中显影，通过显影可将印版上的未见光的硅橡胶冲洗干净。

水洗　将印版上的显影药水冲洗干净。

干燥　去除印版表面的水分。

第四节 凸版制版技术

凸版主要有铜锌版、感光树脂版、柔性版等几种，其中铜锌版目前主要用作烫金、压印版材，而感光树脂版主要用作纸箱印刷的版材，柔性版主要用作柔性版印刷的版材。

一、铜锌版制版

铜锌版的制版是通过照相的方法，把原稿上的图文信息拍摄成正向的阴图软片，然后把正向阴图软片与涂布有感光胶的铜锌版密附在一起进行曝光，曝光后的铜锌版经显影、坚膜处理，再用腐蚀液将印版上的空白部分腐蚀，最后通过去膜处理得到凸起的印版。目前这种印版主要用于书刊中烫金版的制作。

由于铜锌版属于即涂感光版，因此在制铜锌版之前要对铜板或锌板的

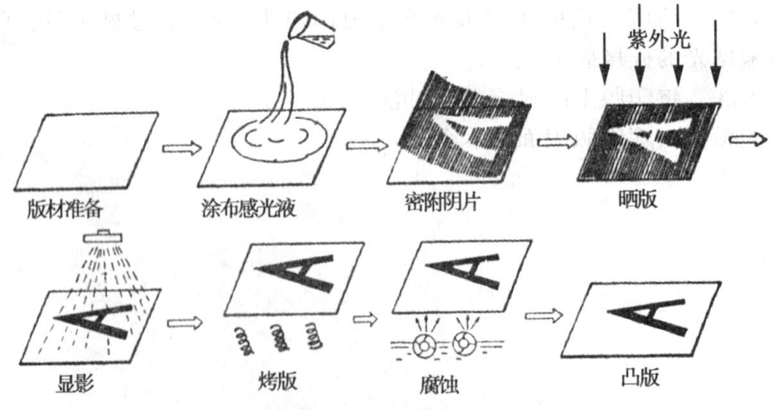

图 3-15　铜锌版的制版

表面进行处理，以及涂布感光液。铜锌版的制版工艺过程如图 3-15 所示。

铜锌版制版的工艺流程为：版材的准备及表面处理→感光液的涂布→曝光→显影→坚膜→烤版→修版→腐蚀→整版。

二、感光树脂版制版

这里以液体感光树脂版的制版为例，讲述感光树脂版制版工艺。感光树脂版制版主要用于纸箱印刷的制版，原来也用于书刊的印刷制版。

液体感光树脂版的制版工艺包括涂布、曝光（正面曝光和背面曝光）、冲洗、后处理等工序，其制版工艺过程如图 3-16 所示。

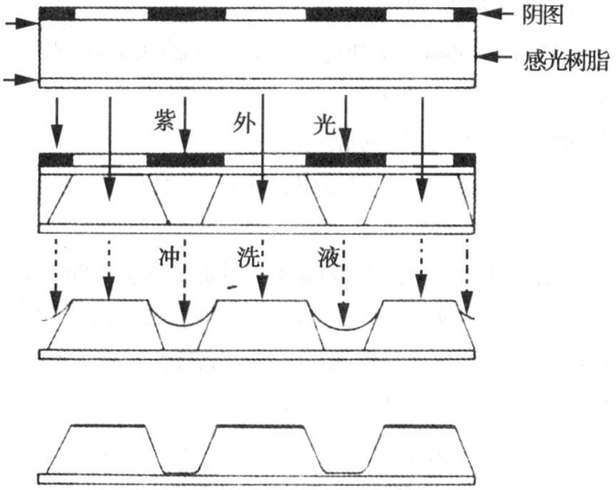

图 3-16　感光树脂版制版

（1）涂布　将感光液涂布在印版上，称为涂布。在液体感光树脂版的涂布中，常用的涂布方式有铺流法和注入法两种。涂布过程完成之后，即可进入下一道工序。

（2）曝光　首先，将刚涂布完成的液体版放置到晒版机中，对带有曝光装置的涂布机而言，当涂布好液体感光胶之后，盖上玻璃板即可进行曝光。涂布成形的液体感光树脂版，先用晒版机上的下紫外光源对液体版进行背面曝光，然后再对正面的图文进行曝光，反过来也可。一般来说，正面曝光的时间是背面曝光时间的 10 倍左右。对于注入方式涂布的印版，可直接用晒版机中的上紫外光源进行曝光处理。

（3）冲洗　冲洗是把曝光后的液体感光树脂版放入冲洗机内，用浓度为3%～5%的氢氧化钠溶液进行冲洗，冲洗液的温度一般控制在35℃左右，从而使未见光的感光树脂溶解，形成印版的空白部分，印版上留下的树脂则形成印版的图文部分。

（4）后处理　将冲洗后的感光树脂版，在红外线的作用下干燥，待干燥后再进行一次后曝光，其目的是增加印版的耐印率和保持印版的尺寸稳定。

三、柔性版的制版

1. 传统的柔性版制作

柔印版材经历了从橡胶版到感光树脂版的发展过程。在现代柔性版印刷技术领域中，感光树脂版的发展具有特别重要的意义。与橡胶版相比较，感光树脂版有以下几个优点：

第一，树脂版收缩量小，在制版时不会产生伸缩变形，可以制作尺寸精确的印版，尺寸稳定性好。

第二，制版工艺过程比橡胶版简单，对原稿的再现精度高。

第三，树脂版图文的侧面平直，在制作底版时极少考虑补偿问题，也不需要修磨版背，即使比橡胶版薄，制版精度也很高。

柔性树脂版近年来发展很快，印版制作非常简单。其明显优点是厚度非常均匀，耐印率可达几百万印。自1974年杜邦公司在美国市场率先推出柔性感光树脂版以后，各种类型的感光树脂版发展迅速。目前，常用的柔性版如表3-1所示。

表3-1　柔性版印刷用感光性树脂版

商品名	生产厂家	制版前形态	版厚/mm	溶　液	整个制版时间/min	主要组成物
RUNAFLEX	日本涂料（日）	固态	1.00～3.00	三氯乙烷和异丙醇	30.5～36.5	合成橡胶和丙烯酸单体
CYREL	杜邦公司（美）	固态	1.70～2.85	四氯乙烷	21.7～43.7	合成橡胶和丙烯酸单体

续表

商品名	生产厂家	制版前形态	版厚/mm	溶 液	整个制版时间/min	主要组成物
FLEXLIGHT	UNIROYAL PLASTIC PRODOF AMERICA (美)	固态	0.43~4.30	四氯乙烷	77.5 ~ 87.0	合成橡胶和丙烯酸单体
ECONO ETCH	B. F. GOODRICH (美)	固态	1.70~3.18	三氯乙烷	42.0 ~ 79.0	合成橡胶和丙烯酸单体
APRFLEX	旭化成工业	液态	0.43~6.00	稀碱水溶液		不饱和聚酯和丙烯酸单体
ELASLON	东京应化工业	固态	1.00~3.00	三氯乙烷和异丙醇	32.0 ~ 54.0	合成橡胶和丙烯酸单体

柔性版主要适于塑料袋、金属箔、纸巾、信封、商标、标签、彩色图片、书刊、报纸、瓦楞纸盒、纸箱、纸袋等产品的印刷。

柔性感光树脂版是一种预涂感光版，晒版过程可分为六个基本步骤，其制版工艺如图 3-17 所示。

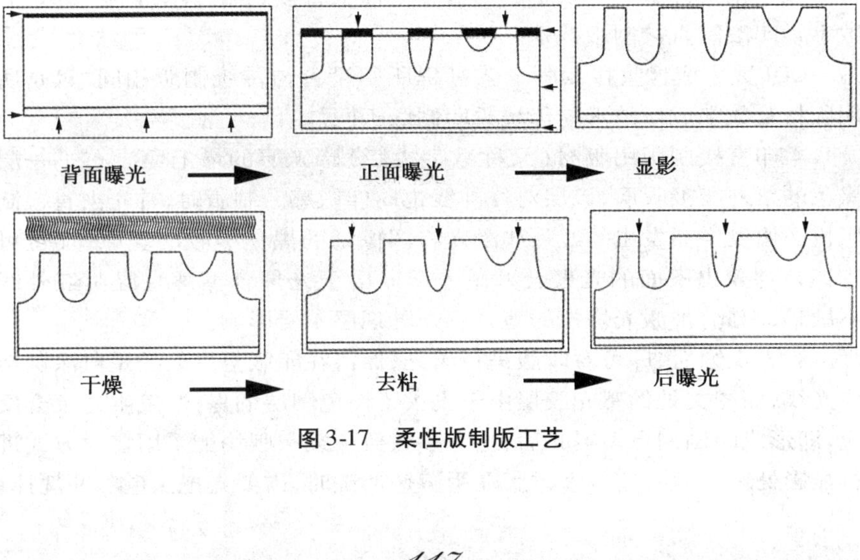

图 3-17　柔性版制版工艺

（1）背面曝光　背面曝光时间相对于正面曝光时间来说较短，背面曝光的作用主要是用来建立印版的浮雕和加强聚酯片基支撑层与感光树脂层之间的粘附力。背面曝光是从聚酯片基层方向进行曝光，曝光时间可由背面曝光测试来确定。

（2）主曝光　主曝光是通过负片原版在印版上形成印刷的图文，印版上见光的感光树脂通过聚合反应形成交联网状的高分子化合物，进而不能被溶剂溶解。

（3）冲洗　将印版上没有曝光的感光树脂冲洗掉，从而使印版形成浮雕。在冲洗过程中，通常选用冲洗溶剂和刷子来洗掉未曝光的感光树脂。感光性柔性版的冲洗液，主要采用盐基性碳氢系有机溶剂，如三氯乙烯、过氯乙烯、乙醇等。

（4）干燥　干燥的目的就是通过热风干燥排出所吸入的溶剂而使印版恢复到原来的厚度，保持套印的准确性。

（5）去粘　去粘处理的目的就是去除印版表面的粘性，使用的光源是短波方向的紫外光。

（6）后曝光　后曝光的目的是使印版发生彻底的交联聚合反应，从而使印版达到最大的交联强度，提高印版的耐印率。后曝光是对干燥的印版进行全面的曝光。

2. 数字化柔性版制作技术

数字化柔性版制作技术包括数字柔性版直接制版技术（简称 CDI）和数字柔印滚筒直接制版技术。

CDI 数字成像直接制版工艺过程所用设备与传统制版相同，只是所用版材及数字成像技术与传统柔印制版不同。

柔印直接制版用版材（又称数字柔版）感光层的最上面涂布了一层黑色的紫外线吸收层，该层对红外线也同样敏感。制版时，首先由直接制版机图像发生器发出的红外线激光将图像处的黑色吸收层烧蚀掉（也可挖掉），裸露出下面的光聚合型感光层。由于光聚合型感光层对红外线不敏感，因此，被激光烧掉的地方感光乳剂层不受影响。

激光烧蚀后，即可对印版进行曝光，保留在印版空白处的黑色涂层挡住光线，而图文处的感光胶层由于失去了黑色图层的保护，发生光聚合反应，即形成印刷网点。曝光后，绝大多数数字柔印版均能采用普通方式进行显影处理。但有些数字柔版在用溶剂冲洗时，需要先把黑色层冲洗掉。

采用直接制版技术制取的数字柔性版具有点形完整、极高光点不易丢失、印刷网点扩大率低、阶调范围长、大网点不糊等特点。

计算机直接制取柔性版滚筒的方式有两种,一种是电刻,另一种是激光刻。前者是以电子系统的图像信号指挥电子雕刻头在制版滚筒上雕刻。后者是在金属滚筒表面涂一层树脂或套上一只塑料套筒,然后以电子整页拼版系统输出的信号控制二氧化碳激光束扫描,受激光扫描部分的塑料分子气化而形成凹陷的非图文部分。数字成像制版技术免去了软片覆于印版上的曝光,因而不存在光散射问题,可降低所用软片等材料成本,大大缩短制版时间,而且细小的网点均能再现,并免去了背曝光、主曝光等因素对网点的影响,减少了网点扩大,高光、细网线及细线条均能精确地再现,反白文字效果也很好。

第五节

凹版制版技术

凸版、平版以网点面积的大小来表达印刷品的层次,凹印则以凹版的凹下部分(油墨网穴)来表达层次。凹版凹下部分按形状不同可分为以下几种:① 凹下部分的表面积相等,深度不等;② 凹下部分深度相等,表面积不等;③ 凹下部分的深度和表面积均不等。与其他印刷方式的印版相比,这些今天已经完全实用化的凹印印版制作非常复杂,凹版制作所使用的分色软片(原版)也因此具有制作工艺复杂、难度大的特点。

常用的凹版可以分为两类,一类是影写版,也叫照相凹版;另一类是雕刻凹版。雕刻凹版中,用手工或机械雕刻的凹版,以线条组成印刷图案,主要用于印刷钞券(本章不作阐述);用电子雕刻机雕刻的凹版称电子雕刻凹版。电子雕刻凹版的工艺基本分两种,一种是使用分色软片的方法,即按照与胶印完全相同的方法,制作加网分色片;另一种是对图像进行全数字化处理,无软片制作印版滚筒的方法。无论是哪一类印版,版面的表面结构、网穴的深度及形状对凹版印刷的质量至关重要。

由于凹印制版的复杂性与多变性,尤其是传统的照相凹版,打样与修改都不方便，凹印技术的发展因此受到了限制。近年来，先后出现了网点照相凹版、电子分色加网凹版以及电子雕刻凹版（机械、激光、电子束雕刻等），也可以进行胶印与凹印的转换，能直接利用平印分色软片、电子分色凹印网点图片等制取凹印版滚筒，并可用平印打样来校验其制版软片的正确性。

一、凹版印版的版面结构特点

1. 照相凹版的基本结构

照相凹版印版也只有两个元素，即印版的图文部分和印版的空白部分。其中，印版的图文部分下凹，网穴的开口相同，但网穴的深浅不同；印版的空白部分凸起，但必须保持在同一平面上或同一圆周上，如图 3-18 所示。

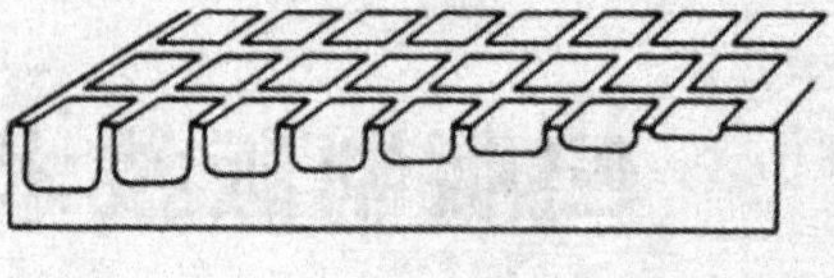

图 3-18 照相凹版的基本结构

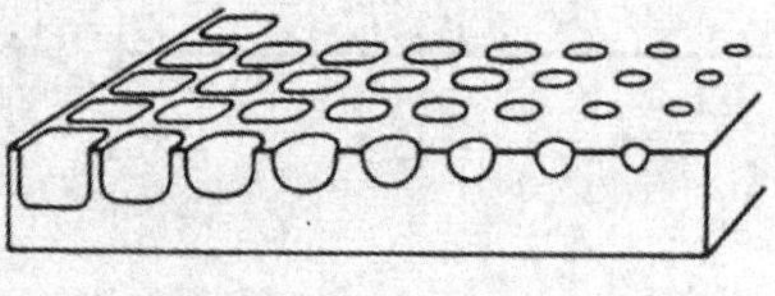

图 3-19 照相加网凹版的基本结构

2. 照相加网凹版的基本结构

照相加网凹版的印版图文部分下凹，网穴的开口不相同，但网穴的深浅相同；印版的空白部分凸起，但必须保持在同一平面上或同一圆周上，如图 3-19 所示。

3. 电子雕刻凹版的基本结构

电子雕刻凹版的印版图文部分下凹，网穴的开口不相同，网穴的深浅也不相同；印版的空白部分凸起，但必须保持在同一平面上或同一圆周上，如图 3-20 所示。

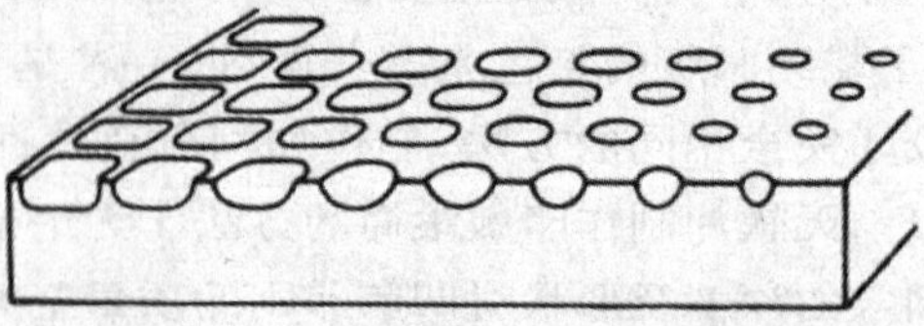

图 3-20 电子雕刻凹版的基本结构

二、现代凹版制版方法

1. 照相凹版

照相凹版也称影写版，是照相制版术应用于凹版制作的工艺技术。凹印制版方法中传统的方法是照相凹版制版法。该方法制成的印版网孔面积相同，以网穴深度不同来表达印刷品的层次。其原版无网点，为连续调软片。原版上的图像经紫外线照射成像于耐蚀膜（对印版滚筒镀层进行腐蚀所用的膜）或炭素纸上，再将此膜包裹于滚筒上，在温水中显影，通过氯化铁进行化学腐蚀，形成深浅不一的网孔。

2. 网点照相腐蚀凹版

采用凹印网点特型网屏作照相加网，或电子加网，制成加网阳（或阴）图片，在光聚合材料版滚筒或喷涂光刻胶的铜滚筒上直接晒版，前者只需冲洗显影，后者则再经腐蚀（或电解）即可制成凹印版，也称直接法涂布腐蚀凹版。制版程序简单，数据稳定，易于操作。

这种方法制取的凹印版，网穴深浅一致，但可统一变化其深度（15μm～35μm）。网点大小则随图像层次的不同而变化，网墙宽度与网点宽度的比可随原稿协调反差要求作不同变化（最高可达1 300%，但不耐印）。虽然只能表现56%～73%（最高79%）的网点阶调，但由于其印刷墨层厚，反差高，加上印刷网点阶调层次的扩大，其阶调层次再现仍然优于平版印刷。而且画面平服、均匀、柔和，适宜建筑材料与包装装潢的印刷。

网点照相腐蚀凹版的加网软片，可以用照相分色加网，采用电子分色加网制版则更为优越。现代多数的电子分色机，都存贮有凹版网点系统，有白十字线网点、蜂窝状六角形网点及其他异型网点。图像的电子分色复制调整灵活，数据准确，可直接记录凹版网点图片，并能用平印打样进行校验，图片还可再次修正更改，胶凹印数据可以转换，是现代常用的凹印制版工艺方法。

3. 电子雕刻凹版

近年来，各种性能的凹版电子雕刻机相继问世，可以用桌面系统分色或电子分色成连续调图片，或加网阴（阳）图片作扫描原稿，通过雕刻机扫描头光圈电子光栏部件遮去网点，由图像扫描信号带动电子机械（金刚石刻刀）作同步雕刻网点版（如 Helio K200、201、202、203 等）。还有将分色系统的图像输出信号直接输入电子雕刻机，雕刻凹版滚筒。

电子雕刻机使用的分色加网图版，可采用胶印打样或数字打样对分色版进行校验，实现精确的胶凹印转换。电子雕刻机都有不同网点系统与多套雕刻层次曲线，可以随意调整，雕刻出适于不同凹版印刷要求的精细层次图像。

电子雕刻的凹版网点随图像层次的变化而产生网点大小与网穴深浅的同时变化，层次分辨十分精细，图像协调层次与反差能获得优良的再现，更适于精致彩色图像的凹印制版。

三、凹版滚筒的制作

凹版滚筒印刷版主要组成部分，如图 3-21 所示。

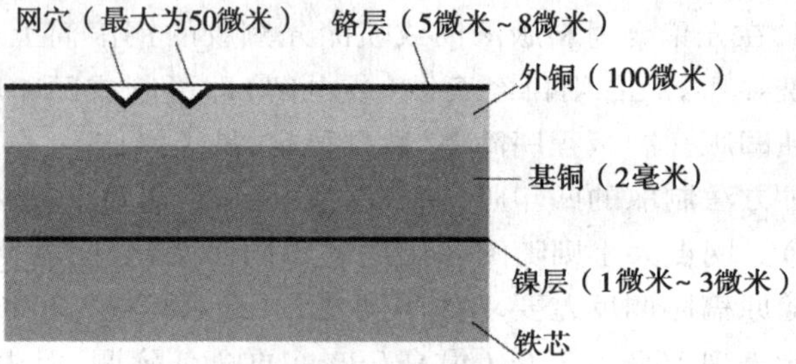

图 3-21　凹版滚筒印刷版的结构

① 辊体，也称为辊芯，是印版滚筒的支撑体。

② 电镀铜层，它对印版滚筒的使用寿命和使用性能具有很大的影响，也是印版上图文信息的记录载体。

③ 表面镀铬层，大大提高印版表面的硬度、耐磨性、化学稳定性等印刷适性，从而提高耐印力。否则，印版滚筒在印刷过程中容易引起损伤。

如果所用的油墨和刮墨刀与滚筒适合的话，印刷后就会得到预期的效果。在今天的凹版印刷行业中，采用的滚筒雕刻方法基本上有两种：化学腐蚀法和电子雕刻法。其中，在化学腐蚀法中最为常用的是直接转移方法，但是随着电子雕刻技术的发展，这种方法也已经逐步退出历史舞台了。不论采用上述哪种雕刻方法，所用的辊体都是相同的。

钢质或者铝合金辊体在磨平抛光之后，要先镀铜、镀铬，然后再抛光，并经磨削加工后达到预定的尺寸。人们总是希望同一批加工的滚筒的尺寸百分之百地一致,但事实上这是难以达到的,总会存在微小的误差。

四、照相凹版的制版工艺

照相凹版因早先使用由照相机拍摄的阳图底片晒版而得名。这种印版首先要在敏化处理过的炭素纸上晒网线,再晒连续调阳图。然后把炭素纸上的胶膜转移到镀铜的滚筒表面,通过显影和腐蚀而制成。

晒网线的目的是为了在印版表面形成支撑刮墨刀的“网墙”,防止网穴中的部分油墨被刮墨刀刮去,印张上得不到足够的墨量。晒网线时必须使用凹版网屏,如图 3-22 所示。

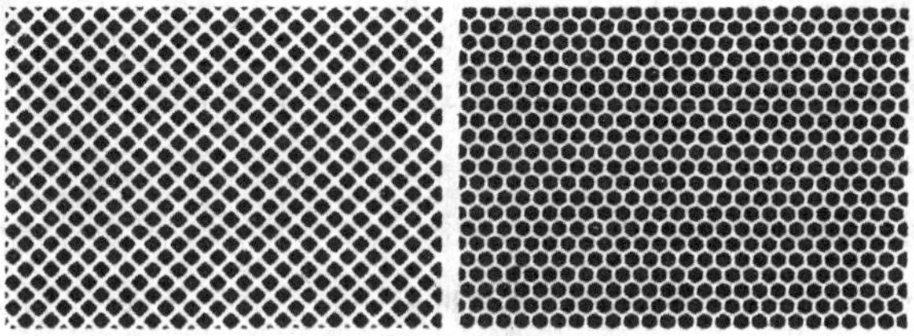

图 3-22　凹版网屏

影写版网穴腐蚀的深度与晒版阳图片的密度有关,凹版用的阳图片密度范围大多在 0.3 ~ 1.7 之间,网穴深度一般在 2μm ~ 40μm(有的印刷品因特殊需要,深度可达 60μm),网穴太深,印刷品暗调层次无法区别。

影写版的腐蚀操作,主要依靠操作者熟练的技能,利用不同浓度的三氯化铁溶液进行分步腐蚀,因而得到大小相同、深浅不一的盆状网穴。

照相凹版的制版工艺流程如图 3-23 所示。

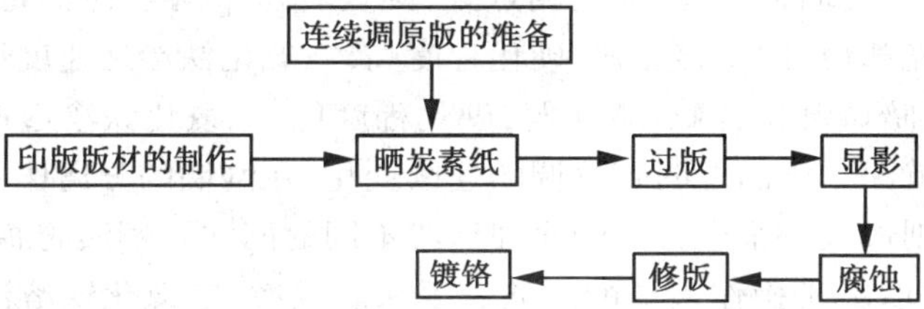

图 3-23　照相凹版的制版工艺流程

(1) 制取分色片　先利用照相分色法,制取原稿连续调分色阳片。

(2) 晒制炭素纸　在专用炭素纸基上涂布一层含有氧化铁的明胶溶液,干后贮存备用,这就是炭素纸。用时将明胶纸浸入重铬酸钾溶液,待重铬酸钾渗透到明胶层内部后，胶层就具有感光性能，人们称这一操作叫敏化处理。在暗室晾干后，同凹版网屏密附第一次曝光，目的是把网屏的十字透明网线晒印到炭素纸面上，形成感光硬化的十字网线。网屏上不透明的方孔在炭素纸上则成为一个个被十字网线分离开的未感光的网点。

拿阳图片连续调底片与炭素纸密附，进行第二次曝光。由于第一次曝光时十字线部位已经曝光硬化了，第二次曝光主要是在第一次未曝光的分离的网点上进行。由于原版上的阴暗阶调连续变化，透光强弱不等，所以第二次曝光后网点上明胶层的感光硬化的程度也强弱不一。原版上亮调部位透光多，网点感光强，明胶层硬化度高；原版上暗调部位透光少，网点感光弱，明胶层硬化度低。总之，对应原版上的明暗不同变化，经二次曝光之后在炭素纸明胶层上已产生与之对应的硬化程度不同的网点。

（3）炭素纸过版　照相腐蚀凹印版大多是镀铜滚筒式的。过版前清洁铜滚筒表面，然后将二次曝光的炭素纸胶膜面对铜面紧紧裹在铜滚筒上，从背面润湿纸基，使胶膜膨胀。经压力作用后，在温水中小心揭下纸基，明胶膜脱离纸基紧紧附着在铜滚筒表面。在水中显影时，由于水的溶解作用，没有感光的明胶被水溶解而除去。完全感光硬化的十字网线和网点，则不被水溶解而保留下来；部分感光的网点依感光量的不同，呈现出不同的硬化程度，在显影水中溶解一部分，也保留一部分。

（4）腐蚀版面　显影后铜滚筒表面附着一层硬化程度不同的明胶层，用三氯化铁溶液腐蚀铜滚筒。因为在铜滚筒表面的明胶层的感光硬化程度不同，所以三氯化铁对铜滚筒表面腐蚀的速度和深度也就不同。铜滚筒上对应网屏十字线的明胶层感光硬化程度最高，因而不被三氯化铁腐蚀，形成网墙；对应网屏上网点处，则要看这个网点的感光硬化程度而定。高光部位，网点感光强，硬化程度高，三氯化铁渗透速度慢，腐蚀的网穴就浅；暗调部位，网点感光弱，硬化程度低，三氯化铁渗透速度快，腐蚀的网穴就深。阳图上明暗阶调的连续变化，在网墙的分离作用下，在铜滚筒面上则形成一个个分离的腐蚀深浅不同的网穴。铜滚筒腐蚀质量的好坏，首先取决于操作人员的经验和手法。其次，三氯化铁溶液的浓度、温度、明胶层的感光硬化程度和湿度等因素对质量也有影响。腐蚀深浅的变化直接决定了印刷墨层阶调深浅的变化。由于影响腐蚀深浅变化的因素较多，所以说腐蚀凹版的技术难度也较大。

（5）修版　腐蚀完之后的印版，有些网穴的深浅达不到要求，或不平整，因此需要对印版加以修整。

（6）镀铬　为了提高印版在印刷过程中的耐印率，印版表面需要镀一层铬。

五、网点照相腐蚀凹版的制版工艺

目前，凹版制版主要采取电子雕刻凹版和腐蚀凹版两种制版方式。电子雕刻制版方法先进，但需要昂贵而复杂的成套设备，且不易掌握。网点照相腐蚀凹版在照相凹版的基础上发展而来，采用网点片（照相或电子分色）直接曝晒在涂布有感光胶的滚筒上，经腐蚀制成凹印版，去掉了晒炭素纸过版的不稳定因素，工艺简化；并可采取简便的胶印打样（或快速打样）来准确校验制版图片的质量，达到对应的胶凹印转换。所复制出的彩色图像，与电子雕刻凹版无多大差别，而且有利于凹版印刷的操作稳定。其制版的工艺如图 3-24 所示。

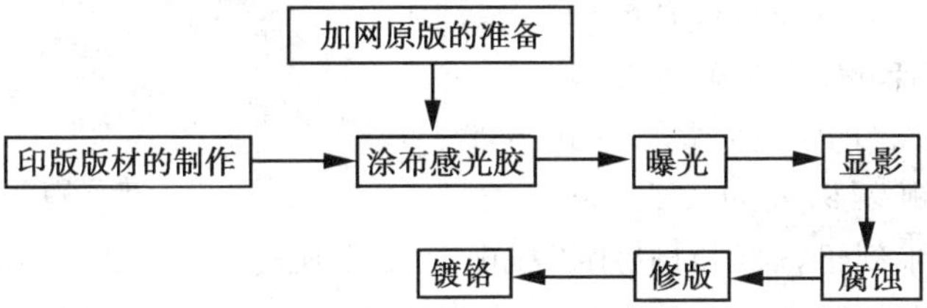

图 3-24　网点腐蚀凹版制版工艺

（1）印版版材的制作　根据凹版印版滚筒的制作工艺，准备好凹版滚筒。

（2）加网原稿的准备　彩色原稿由电子分色（也可由照相直接加网分色），直接加网出分色阴网图片；注意图片的方向；使用电子分色机的网点系统（或凹印网点接触网屏），视图像内容可采用方格子网点、蜂窝状六角形网点或砖形网点。

（3）涂布感光胶　凹印版滚筒上喷涂或浸流涂布感光胶层，以便转移分色片上的图文信息。

（4）曝光　将凹印阳图分色片原版密附于印版滚筒进行晒版（包晒或递晒）。控制感光胶性能、厚度及曝光量等操作数据稳定。感光胶见光的地方硬化，没有见光的地方维持原状。

（5）显影　将印版滚筒上没有见光的感光胶在显影液的作用下冲洗

掉,直接露出铜表面。

（6）腐蚀　利用三氯化铁腐蚀液对印版的表面进行化学腐蚀或电解腐蚀。控制腐蚀液浓度、温度及腐蚀时间等。

（7）镀铬　腐蚀完成之后,在印版滚筒的表面镀一层铬,以提高印版在印刷过程中的耐印力。

六、电子雕刻凹版

1. 电子雕刻凹版制版的组成及分类

（1）电子雕刻机的组成　电子雕刻机主要由输入、图文处理、输出三部分组成。电子雕刻机如图 3-25 所示。

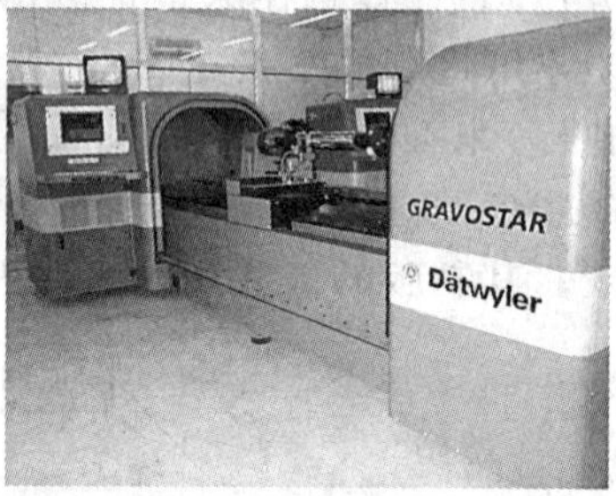

图 3-25　电子雕刻机

（2）电子雕刻机的分类　① 按输入方式分类：按输入方式分类,可将电子雕刻机分为有软片的电子雕刻机和无软片的电子雕刻机两类。② 按输出方式分类：按输出方式分类,可将电子雕刻机分为三类：第一类是电子机械雕刻机,雕刻时利用机械电磁振动方式驱动倒锥形的雕刻刀,根据信号产生的振幅大小雕刻出大小和深浅不同的网穴；第二类是电子激光束雕刻机,雕刻时利用激光束的能量,将滚筒表面的锌熔化或汽化,通过图像信号控制激光调制器以控制激光的强度,在印版表面形成大小相同、深浅不同的网穴；第三类是电子束雕刻机,雕刻时利用电子束的能量,将滚筒表面的铜熔化或汽化,通过图像信号控制电子束能量的大小,在印版表面形成大小不同、深浅也不同的网穴。

2. 电子机械雕刻凹版的工艺

20 世纪 90 年代以来,由于电子和计算机技术的发展,凹版印刷主要使用电子雕刻凹版（主要指电子机械雕刻）。这种印版是利用自动化程度高的精密电子雕刻机,在镀铜的滚筒表面雕刻出网穴,雕刻出的网穴形状受到雕刻刀的限制为倒锥形,其大小和深浅都在变化。暗调网穴最深可达 55μm ~ 60μm。版面上的网穴以交错排列的方式,形成连续的网墙,支撑刮墨刀。

六棱锥形的雕刻刀在印版滚筒表面雕刻出一个个倒金字塔形状的网穴，网穴开口度最大可达到200μm，最大深度可达到50μm。

电子雕刻机的工作原理是：扫描头对原稿进行扫描，从原稿上反射回来的强弱不同的光信号，经过光电转换器使光信号转换成电信号，再通过放大器和数据处理，使光的强弱转换为电流的大小，控制雕刻头在铜滚上进行雕刻。

电子雕刻机工作时，原稿滚筒和雕刻滚筒同步运转，同时，雕刻系统沿着滚筒轴向移动，用尖锐的钻石刀在雕刻滚筒上按信号雕刻出网穴。网穴的大小及深度由原稿的密度来决定。

电子雕刻凹版的制作工艺如下。

（1）制扫描软片　以往的扫描软片采用的是连续调的乳白片，但软片质量很难控制。目前大多使用分色加网的软片制版，或者进行无软片雕刻。

（2）安装印版滚筒　将印版安装在电子雕刻机上，雕刻前清除版面的油污、灰尘、氧化物，把扫描底片平服地粘贴在原稿滚筒上。

（3）测试　根据原稿（扫描片）的要求和油墨的色相，结合印刷产品制定试刻值。

（4）雕刻　扫描头对原稿进行扫描，雕刻头与扫描头同步运转，印版滚筒表面被雕刻成深浅不同的网穴。

新型的电子雕刻机有45度、30度、60度三种形状的网点角度，可以在操作时任意选择，以免发生因套印不准而产生龟纹。

同时，为了凹版网穴中油墨的释放，凹版上的网穴也有不同的形状，如四棱锥形、四棱台形、六棱锥形、六棱台形等。

在雕刻文字时，细微的笔道不能丢失，必须选用细网线雕刻，如果用100线/厘米，文字的雕刻可以达到十分理想的效果。

现在，电子雕刻凹版多采用分体式的电子雕刻系统制版，即扫描仪和电子雕刻机分离，分别和图像工作站的输入、输出接口相连。扫描仪能扫描阳图、阴图底片，也能扫描乳白片，还能进行胶凹转换。工作站具有多种图像处理功能，对图像可进行整体、局部的色彩修正，剪切、组合和缩放，色彩渐变，使黄、品、红、青图像与线条图合二为一等。

3. 胶凹转换电子雕刻

胶凹转换雕刻也可以说是有软片的电子雕刻方式，电子雕刻机是用分色加网平印网点分色片原稿或数字信号，进行扫描同步雕刻或雕刻凹版滚筒的，其扫描识别或读入的是经过平印打样校验准确后，分色网点分色片的反射密度信号或数字信号。由于凹版印刷同平印图片打样网点阶调扩大曲线的不同，其阶调层次与色彩的再复制演变也必然产生不同的变化。在平印图片与雕刻凹印之间也须经过合理而准确的数据转换，才能使电子雕刻凹印产品同平印样张有接近一致的复制再现效果。

第六节 丝网版制版技术

丝网印刷适用性非常广泛，不仅适合一般的纸张印刷，而且适合于印刷玻璃、陶瓷、织物、金属等。通常，人们按照承印物的不同，将丝网印刷划分为纸张类印刷、塑料类印刷、陶瓷类印刷、玻璃类印刷、金属类印刷、纺织类印刷等几大类。尽管各类丝网印刷因承印物质的不同各有其特殊性，但油墨转移的原理是相同的，即将丝织物、合成纤维织物或金属丝网绷在网框上，采用手工刻漆膜或利用感光材料通过光化学方法制成丝网印版。印刷时通过刮板的挤压，使油墨从图文部分的网孔漏印到承印物上，完成油墨的转移。

一、丝　网

丝网是丝网印刷的基础，丝网的材质、厚度、开口度、开口率等对丝网印刷的油墨转移都有很大影响。根据印刷品的要求，选择合适的丝网，是获得高质量印刷产品的关键。

1. 丝网的种类

丝网印刷用的丝网有蚕丝丝网、尼龙丝网、涤纶丝网和不锈钢丝网等，丝网印刷中使用的丝网如图 3-26 所示。

（1）蚕丝丝网　也叫绢网，由天然蚕丝编织而成，具有一定的吸湿性，易于绷网操作，和感光胶的结合性好。但是，耐磨性和耐化学性差，容易老化发脆。

（2）涤纶丝网　也叫聚酯丝网，具有耐溶剂、耐高温、耐水、耐化学药品等优点，而且拉伸性小、物理性能稳定。和尼龙丝网相比，不足之处是耐磨性差，适合于印刷尺寸精度高的印刷品。

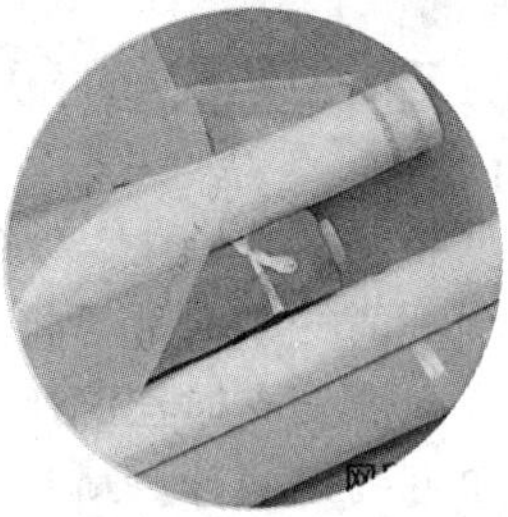

图3-26　丝网实物图

（3）不锈钢丝网　由不锈钢材料制作而成，不锈钢丝网耐磨性好，强度高，拉伸性小，丝径精细，油墨的透过率高，尺寸精度稳定；不足之处是弹性较差，价格较贵。

编织丝网的丝有单股（不锈钢网）、双股和多股（绢网）等。由单股丝编织的丝网表面没有毛刺，具有优良的油墨通过性能。由多股丝编织的丝网质地柔软，但因丝径较粗，对丝网厚薄影响较大，和单股丝网相比强度较高，透墨性较差一些。

2. 丝网的目数、开口度和开口率

（1）丝网目数　每平方厘米丝网所具有的网孔数目，叫做丝网的目数。通常丝网是由等径横线和竖线交织形成网孔，因而丝网的目数表示了丝与丝之间的疏密程度。目数愈高丝网愈密，网孔愈小，油墨通过的性能也愈差。为了区别于网点线数，丝网目数一般写成根/厘米。

（2）丝网的开口　丝网的开口度用以度量网孔的大小，表示的是网孔的宽度，用网的经纬两线围成的网孔面积的平方根来表示。若横、竖双向的网目一样，开口度则表示网孔一边的长度。因此，网孔一边长度愈长，开口度也愈大。

（3）丝网的开口率　丝网的开口率，也叫丝网通孔率、有效筛滤面积、网孔面积百分率等，即单位面积的丝网内，网孔面积所占的百分比。

丝网被绷在网框上后，受到张紧力的作用丝径伸长，数据表明丝网的目数愈高，相对张力伸长率愈大。

丝网在张紧力作用下伸长，丝径变细，则丝网的目数和开口度发生变化。

二、现代丝印制版工艺

在丝网印刷中，无论采取什么样的制版方法，绷网过程是不可或缺的。所谓的绷网就是将丝网固定在一个网框上。

网框是支撑丝网用的框架，由金属、木材或其他材料制成。分为固定式和可调式两种。最常用的则是用铝型材制作的网框。各种网框各具特点，在选取时，可根据不同的情况，选取不同材料的丝网框。制作网框的材料，应满足绷网张力的需要，坚固、耐用、轻便、价廉，在温度、湿度变化较大的情况下，其性能应保持稳定，并应具有一定的耐水、耐溶剂、耐化学药品、耐酸、耐碱等性能。网框的形状如图 3-27 所示。

图 3-27　铝网框

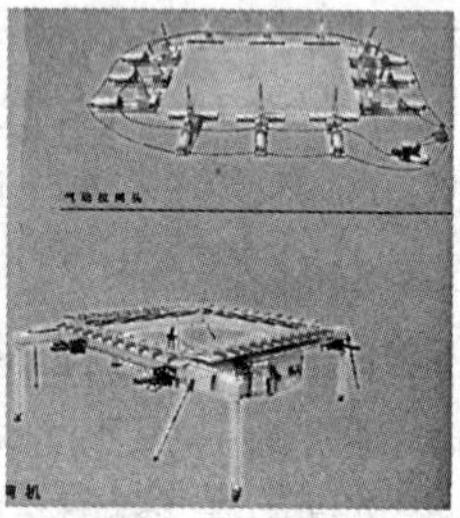

图 3-28　绷网设备

绷网时，用手工或机械绷网，丝网拉紧后使丝网与网框贴紧，并在丝网与网框接触部分再涂布粘合胶，然后干燥。注意粘合胶不宜涂得过厚或过薄。在干燥时，可用橡胶板或软布，边擦拭粘结部分，边施加一定的压力，使丝网与网框粘结得更牢固。待粘合胶干燥后，松开外部张紧力，剪断网框外边四周的丝网，然后用单面不干胶纸带贴在丝网与网框粘结的部位，这样可起到保护丝网与网框的作用，还可以防止印刷时溶剂或水对粘合胶的溶解，以保证丝网印版的有效使用。绷网设备如图 3-28 所示。

使用丝印制版方法的感光制版法，制版质量高，效果好，经济实用，所以这种制版方法是现代丝网印刷中最主要的制版方法。感光制版法分直接法、间接法、直间法三种，从本质上讲上述三种制版方法的技术要求是一样的，只是涂布感光胶或贴膜的工艺方法有所不同。由于这三种方法是当前使用最普遍的感光制版方法，为此对这三种方法分别作介绍。

1. 直接法

直接法是一种使用最为广泛的方法，这种制版法是把感光液直接涂布在丝网上形成感光膜，感光材料的成本低廉且工艺简便。这种方法的缺点是涂布、干燥需要反复进行，为得到所需的膜厚，需要一定的涂布、干燥作业时间，其制版工艺流程如图 3-29 所示。

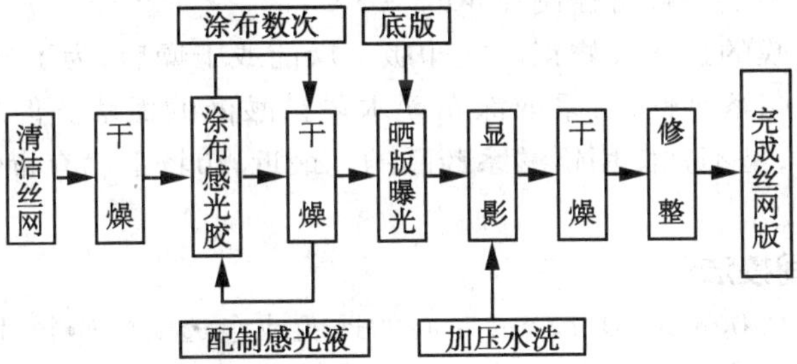

图 3-29　直接法制版工艺流程

（1）丝网前处理　为防止由于污物、灰尘、油脂等带来的感光膜的缩孔、砂眼、图像断线等现象，在进行感光液的涂布之前必须用洗净剂充分洗网。

（2）感光液的调制　直接制版用的感光胶有多种，其感光的时间、感光液的配方、解像力、耐溶剂性、耐水性均不同，应选择合适的使用。

重氮感光剂是国内使用较普遍的一种，是在聚乙烯醇与少量的醋酸乙烯酯乳剂中加入若干助剂制成的。在使用时，应依照不同乳剂的要求把一定浓度的重氮盐的水溶液加入乳剂中，使其具有感光性能。乳剂中加入重氮盐感光基后，应该充分混合、搅拌，在冷暗的地方放置 8 小时之后才能使用。

（3）感光液的涂布　往丝网上涂布感光液的方法有很多，最常用的是刮斗法和旋转法。

（4）感光膜的干燥　涂布和干燥感光膜工作在黄灯下进行最安全。如前所述，使用热风干燥感光，最重要的是要注意温度。

（5）晒版　感光膜完全干燥后要尽快晒版，晒版时要把阳图底版的膜面密合在感光膜面上曝光。在曝光前应对底版作进一步检查。底版的空白部分，其透明度越高越好，透明度高则光通量大，感光胶固化完全，显影后图像清晰，边缘整齐。

（6）显影　把曝过光的印版浸入水中一两分钟，要不停地晃动网框，等未感光部分吸收水分膨润后，用水冲洗即可显影。显影应尽量在短时间内完成。

（7）干燥　显影后的丝网版应放在无尘埃的干燥箱内，用温风吹干。丝网版烘干箱是制版专用设备，用于对丝网清洗和涂布感光胶后的低温烘干。烘干温度一般可控制在40℃ ±5℃。

（8）版膜的强化及修正　在印版干燥前或干燥后，为了强化版膜，提高耐水性及耐溶剂性，可采取涂布无水稀铬酸液的做法。但从防止公害的角度出发，是不宜使用铬酸系药品的。最近，市场上已有毒性比较小的坚膜剂出售。

2. 间接法

在厚度0.06mm～0.12mm左右的透明或半透明的塑料片基上，涂布上以明胶为主体的感光乳剂之后，在该软片上进行曝光显影形成明胶质的图像，并将之转贴到绷好的丝网上，这种制版方法就是间接法。间接法比直接法更容易得到精细的版，并不需要特殊的网框，具有操作简便、节省时间的长处。其缺点是版的寿命较直接法短，费用高，版膜容易伸缩。

间接制版法是把阳图底版与感光膜（菲林膜）密合在一起，经曝光、显影形成图像，再将图像转移到绷了框的丝网上，再经干燥，揭去片基制成版膜。间接法制版工艺流程如图3-30所示。

3. 直间法

把直接和间接两种制版方法混合使用，即先将感光膜用水、醇或感光胶贴到丝网上，干燥后撕掉感光膜上的聚酯片基，密合阳图底版，经曝光、冲洗、显影、干燥，制成印版，这种制版方法称为直间法。直间法的转贴膜是在曝光前，显影和直接法相同。直间法制版工艺流程，如图3-31所示。

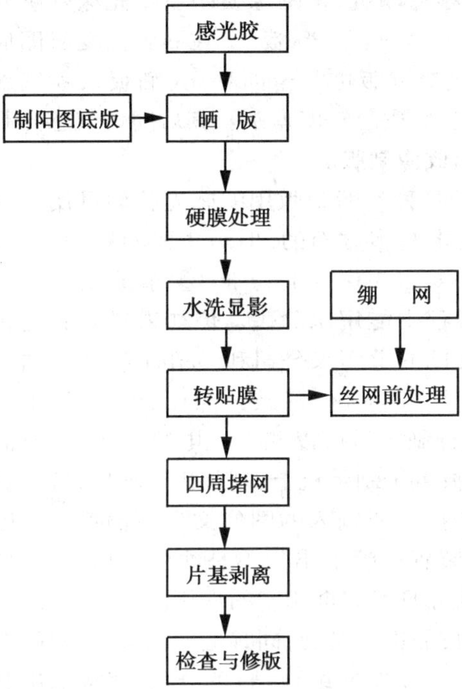

图 3-30　间接法制版工艺流程

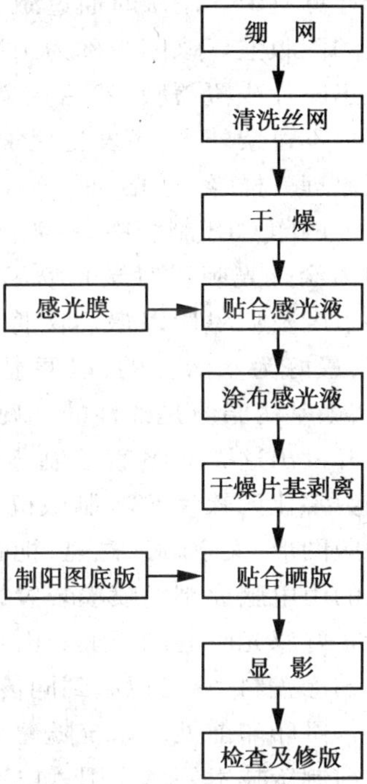

图 3-31　直间法制版工艺流程

三、计算机直接制丝网版(CTS)

20 世纪 90 年代末,随着计算机数字化处理技术的不断成熟,在网印制版技术方面正掀起一场重大的技术革命,这便是计算机无软片直接制版法 CTS(Computer To Screen),亦称数码化直接制版法。

丝网版喷涂系统是将喷墨 InkjetProcess 技术移植到网印 CTS 制版上。CTS 网印制版法具有如下特点:① 减少制版工序,达到快速制版的目的;② 节省软片,由于无需软片,进而避免因软片磨损及网点层次损失而产生质量问题;③ 对多色网印时,可以自动进行网版定位;④ 该喷墨涂料无需专用感光胶,通常用的感光胶都适用;⑤ 各种目数的丝网版都可以做;⑥ 各种网框、铝合金框、木框都可以用。网印 CTS 直接制版原理是利用电子计算机数码化处理技术所需的网印图像,经修改、定稿后存储于计算机中。制版时通过激光喷墨打印机，将图像喷印在事先涂好感光胶的网版上。该网版称为预涂感光版（网印 PS 版）。在网版上受墨图像充当胶片或覆盖膜，然后用紫外光对网版进行全面曝光（晒版），喷墨部分透不过紫外光，不发生化学反应，造成溶解度差别。其后同传统感光制版原理一样，经曝光、冲洗、显影而成像制版。

网印 CTS 制版中，一般传统的各种丝网制版用的感光胶均可用于网印预涂感光版。对激光喷墨的要求是多方面的，但最主要的有两点：①墨浓度及喷墨量以最后图像光密度在 3.0 以上为准；② 墨液用连接树脂，最好为水溶性的，以便显影过程中能用水除去。但如果感光胶是正胶，墨基树脂应是油性的。现在美国的宝丽来公司和 Gerber 科技公司均已开发出这类 CTS 直接制版机。美国 Gerber 科技公司还成功开发了电脑数字化无软片 CTS 制版机。这种制版机可以同个人电脑连接，将所需制版图形、文字输入磁盘，把磁盘放置于制版机上，制版机启动后，装在机上的由电脑控制的喷墨装置，就会按照所输入的图像文字自动喷涂在已涂布好感光胶的网版上。由喷墨装置所喷射出的不是油墨，而是一种特殊的涂盖料，它可以起到同传统软片晒版完全相同的作用。

网印印前处理系统随着高科技的迅速发展，同其他印刷方法一样，在印前制版技术领域中引入电脑技术，使图文组合、彩色分色、直接输出制版一次完成。近年来，由于丝网印刷的印前处理已同胶印一样，实现桌面系统以及印刷和印后加工快速化、无污染化，这就使得过去只能在具有相当规模的工厂才能制造加工的网印产品，现在在街头的店铺里就能完成。比如通过数码摄像机配合影印机就可以印出彩色图像，或者使用桌面电脑图像组合处理系统，把自然景观与任何照片组合成新的图像，再通过激光打印机打印后，便可以转印在 T 恤或其他器皿上，整个印制过程不到 10 分钟。通过这些电脑化、快速化和小型化的装备，把整个产品的制作过程，通过透明的橱窗，展现在消费者面前，以吸引更多的顾客。这种加工方式就像国内大中城市中目前已经兴起的快速印刷一样，将成为一种新兴的热门行业。

第四章
现代印刷技术

利用模拟或数字载体将媒质(如色料)转移至承印物上,从而完成对原稿的大量复制的工艺过程,称为印刷。依据印刷原理和印版结构的不同,现代印刷技术分为四大类:平版印刷技术、凸版印刷技术、凹版印刷技术和孔版印刷技术。

第一节 平版印刷技术

平版印刷有时也称胶版印刷。因为在印版滚筒和压印滚筒之间加入了一个橡皮滚筒,使金属印版上的图文先转移至橡皮滚筒的橡皮布上,然后再转移至承印物表面,完成一次印刷,因此,胶版印刷是一种间接印刷。

20世纪70年代中后期,随着PS版在平版印刷领域的全面应用,以及电子分色机、计算机排版等制版技术的采用,加之安装有气垫橡皮布的高速多色胶印机的使用,胶版印刷得到了长足的发展。近年来,随着彩色桌面出版技术(CDTP)和计算机直接制版技术(CTP)的普及和运用,胶版印刷适印的产品更为丰富,涉及的承印材料更为广泛,印刷的质量更为上乘,印刷的周期更短,成为名副其实的“第一大印刷技术”。

一、平版印刷原理*

平版印刷是利用了油、水不相溶的自然规律,在印版上形成的图文部分和空白部分几乎处于同一个平面(略差3μm左右),通过化学处理使图文部分具有亲油性,空白部分具有亲水性。为了进行印刷,要先用润湿液润湿印版的空白部分,使其形成具有一定厚度的、均匀的、抗拒油墨浸润

* 参考:俞慧芳,张燕飞.平版胶印工艺.印刷工业出版社,1999

的水膜;然后再用油墨润湿印版的图文部分,使其形成有一定厚度的均匀墨膜;在印刷压力的作用下,印版图文部分的油墨先被压印到橡皮滚筒上,然后经橡皮滚筒间接转印到承印物上,如图 4-1 所示。

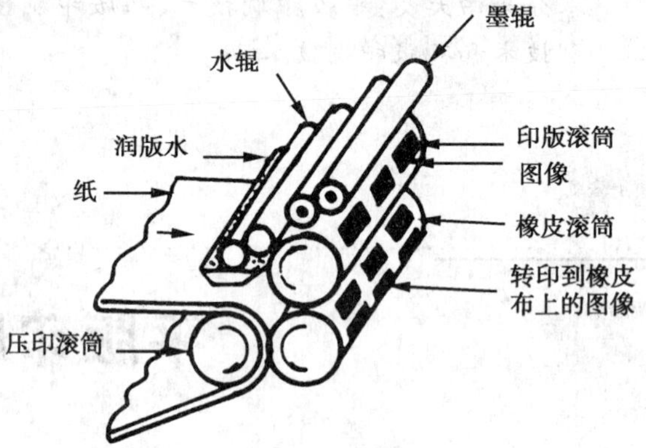

图 4-1　胶版印刷示意图

1. 油水不相溶原理

油水不相溶是由其分子结构决定的。水是极性分子,在水分子中,两个 O—H 键是有极性的,如图 4-2 所示。但由于水分子具有不对称的结构,两个 O—H 键的夹角为 104°45′,两个键的极性不能相互抵消,正负电荷中心不重合,因此,水分子是极性分子。

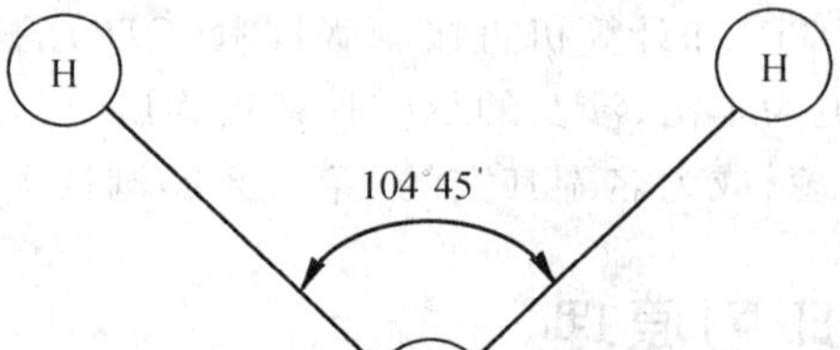

图 4-2　水分子结构示意图

油是液态有机物的泛称,包括植物油、动物油、矿物油等。狭义的油是指高级脂肪酸、甘油酸组成的混合物,其结构式如图 4-3 所示。

油具有有机物的基本性能,分子的极性很弱,基本上呈现出非极性物质的特性,易燃、难溶于水。

根据“相似相溶”原理，极性相同的分子互相吸引，极性不同的相互排斥。而水是极性物质，油是非极性物质，在绝对条件下，油水不相混合。胶印平版的图文部分和空白部分几乎处于同一平面上，印版滚筒运转一周，着水辊和着墨辊同时对印版上水、上墨（先上水、后上墨），空白部分因吸附水分而排斥油墨，图文部分只吸附油墨而排斥水分。根据油、水不相溶这一规律，水墨在印版上达到一定的平衡。

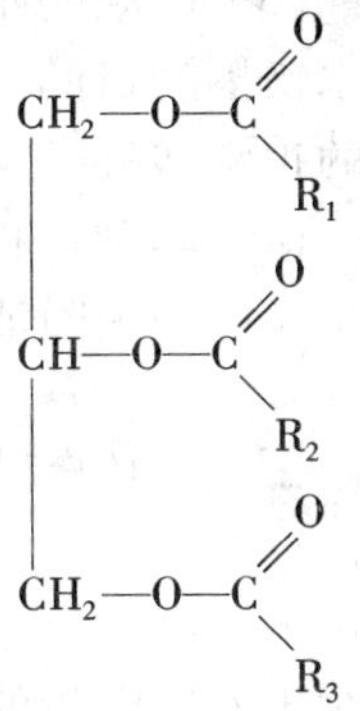

图 4-3　甘油三酸酯

2. 选择性吸附原理

同类的液体和固体（如非极性液体和非极性固体）相接触时，按其作用力的形式，存在两种吸附：物理吸附和化学吸附。

（1）物理吸附　主要是物质分子之间的引力，例如，印刷过程中传递油墨的印刷表面吸附油墨的过程，主要是物理吸附。

（2）化学吸附　主要是分子之间的化学键的力相互吸引，它们之间由于电子的得失、原子的重新排列、价键的增减而存在着吸附关系。

金属版面的表面，存在着一定的表面张力，存在着过剩的表面自由能，即表面力场的不饱和性，可以吸附能降低其表面自由能的液体等。金属版面（如铝、锌等）在晒版过程中，经过物理和化学处理，增强了金属版面的过剩自由能，产生了不饱和力场，使它们对被吸附物质存在一种强烈的吸附作用。

胶印是通过润湿液或油墨分别对印版空白部分和图文部分的选择性吸附来达到印刷效果的。对印版进行一系列的技术处理后，会使得印版表面的空白部分既吸附水又吸附油墨，即平版印版表面的空白部分对水和油墨而言无选择性吸附，而图文部分具有只吸附油墨的特性。为了实现平版的印刷过程，一般通过以下途径来达到印版表面各自的选择性吸附目的。

（1）版材的表面处理　印版的表面通过电解砂目，增加了版面表面面积的比，达到版面细密糙化，从而有利于润湿液均匀地分布。

（2）建立牢固的图文基础和空白基础　在晒版过程中，经过一系列的化学处理，使版面建立起亲油的图文基础（如 PS 版的感光膜层）和能吸附水分的空白基础（如 PS 版的氧化铝）。

（3）印版的水墨处理　通过对印版先上水，使得印版空白部分达到亲水憎墨的目的；然后对印版上墨，使得图文部分吸附油墨，从而完成印迹的正常转移。

（4）印刷过程中对印版进行有效的保护，使得印版的两大基础各自保持完好的吸附能力。

二、平版印刷机

平版印刷机有圆压平型和圆压圆型两类。所谓的圆压平和圆压圆是相对于安装印版的部件和印刷机上的压印部件而言的，它们有两种状态，要么是平面状态，要么是圆形状态，但不管如何称呼，都是指印刷机的压印部件、印刷机的安装印版的部件。圆压平型印刷机一般采用间接印刷的方式，如打样机。圆压圆型印刷机常用间接印刷的方式，如胶印机。胶印机按照承印物的形状或规格，又分为单张纸胶印机和卷筒纸胶印机；按印刷的面数分为单面印刷机和双面印刷机；按每台胶印机的印刷色数分为单色机、双色机、四色机、六色机和八色机等；按印刷幅面的大小分为八开机、四开机、对开机、全张机和双全张机。

平版胶印机一般由给纸机构、印刷机构、供墨机构、润湿机构和收纸机构五大部分组成。平版胶印机的结构如图4-4所示。

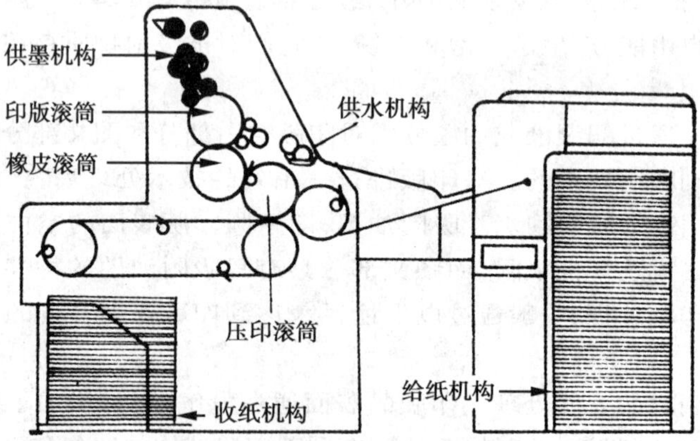

图4-4　平版胶印机的结构图

1. 单张纸圆压圆型印刷机*

给纸机构由自动升纸机构、纸张分离机构、纸张传递机构、纸张定位机构和自动控制机构组成。先把单张纸堆放在可保持一定高度的、能自动升降的纸台上，然后通过纸张分离机构将纸张一张一张地分开，并传送至输纸台。纸张分离的方法一般采用气动分离，依靠松纸吹嘴、分纸吸嘴、压脚吹嘴和送纸吸嘴的协调作用，使纸张分开并实现纸张的单张输送。为了保证纸张在输纸台上顺利通过，输纸台上都装有双张、缺张、歪斜等自动控制装置，一旦出现问题，输纸机构就自动停止输纸。套准装置由预挡规、前规和侧规组成。经输纸台传送来的纸张，先接触预挡规，使纸张减速，再达到侧规和前规，起到横向和纵向定位的作用。

印刷机构由交接、润湿、供墨、印刷（印版滚筒、橡皮滚筒、压印滚筒）四部分组成，它分为机组式、卫星式和 B-B 式等。纸张定位之后，由递纸牙或压印滚筒叼纸牙带入印刷部分。供墨机构由墨斗、墨量调节螺丝、墨斗辊、匀墨辊、串墨辊和靠版辊等组成，为振动式供墨系统。着墨辊有四根，前两根为上墨辊，后两根为收墨辊。平版胶印机的供墨机构如图4-5所示。现

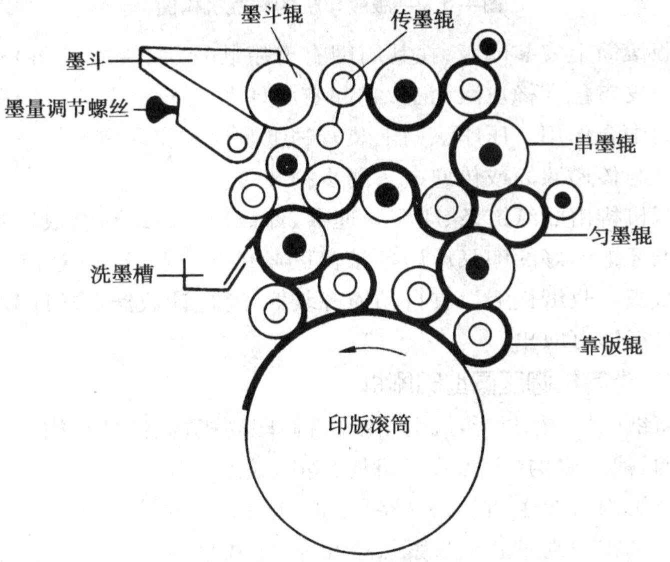

图 4-5　平版胶印机的供墨机构图

* 参考：万晓霞，邹毓俊. 印刷概论. 化学工业出版社，2001

代胶印机还配备了 CPC 给墨系统和自动加墨系统。

润湿机构由水斗、水斗辊、传水辊、匀墨辊和着水辊组成，有摆动式供水、连续式供水和非接触式供水（涡轮弹射式、毛刷弹射式、离心弹射式和喷射式）。为了保持润湿液温度、pH 和储量的恒定，在水斗辊附近安装了润湿液供液系统和循环系统以及 pH 检测装置。润版机构如图4-6所示。

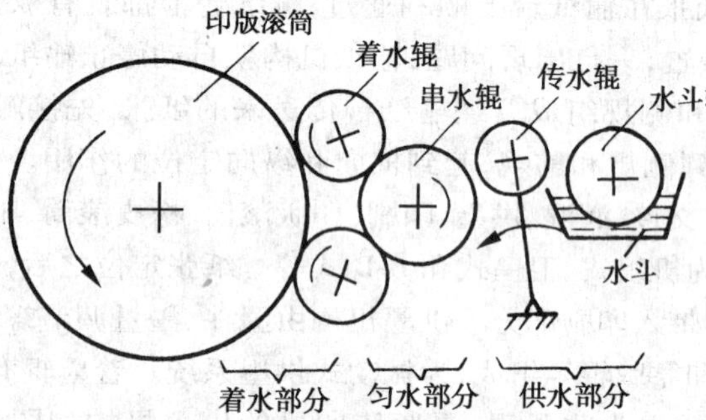

图 4-6　平版胶印机的润版机构图

印版滚筒上安装印版，在其周围有着墨装置、润版装置和 PS 版装版装置。橡皮布包在橡皮滚筒上，它起着将印版上的图文油墨转移至承印物表面的中介作用。压印滚筒上装有叼纸装置和将印完的纸张送至下一色而使之与传递滚筒或传递链条同步的装置。

收纸机构由收纸链条、印张减速器、计数器和收纸台组成。收纸链条上的咬纸牙把印好的印张从压印滚筒的咬纸牙上接出，通过链条传动输送至收纸板。收纸板上设有自动撞齐装置，通过计数器自动计数，堆积到一定数量后即可取出。

2. 卷筒纸圆压圆型印刷机

卷筒纸圆压圆型胶印机由给纸机构、印刷机构、供墨机构、润湿机构、干燥机构、裁折机构（即为收纸机构）等组成。

给纸机构由导送、制动和接纸三部分组成。卷筒纸制动机构的任务是保证纸带在印刷时处于张紧状态并保持一定张力不变。当纸带断裂或印刷速度变低时，防止纸带自动退卷。卷筒纸接纸装置的作用是在不停机的情况下完成卷筒纸的调换工作，主要有三角架接纸装置和自动接纸装置等两类。现代印刷机的给纸部分一般有高速纸卷拼接（单臂、双臂、三臂）和零速纸卷拼接装置（垂直式、水平式），以满足拼接前后印品墨色的一致性和高速印刷的要求。同时，有的印刷机还有自动穿纸装置和纸卷张力预测系统。

为了储存更多的墨量，卷筒纸印刷机的供墨路线较单张纸印刷机要长，为连续式供墨系统，其着墨辊有3根和2根的分别。还有一种B-B式的报纸印刷机，为短墨路系统，由墨斗、墨斗辊、网纹辊、刮墨刀和一根大的着墨辊组成，它的油墨粘度较低，因此网点扩大率偏大。

现代卷筒纸高速印刷机的橡皮滚筒换成了一种无缝橡皮套筒，不仅减轻了印刷机高速运转中的振动，而且提高了印刷质量，并能使印刷机的最高速度达到15米/秒。印版滚筒上的印版锁紧装置比传统印刷机的更简便、更实用，能在3～4分钟内完成印版的卸载和安装。另外，在墨辊、橡皮滚筒和压印滚筒上都配备有自动清洗装置，提高了生产效率。

卷筒纸印刷按其机构的组合方式可分为卫星式（全卫星式、半卫星式、三位式）、B-B式（含塔式和Y式）、H式和机组式。其结构如图4-7所示。

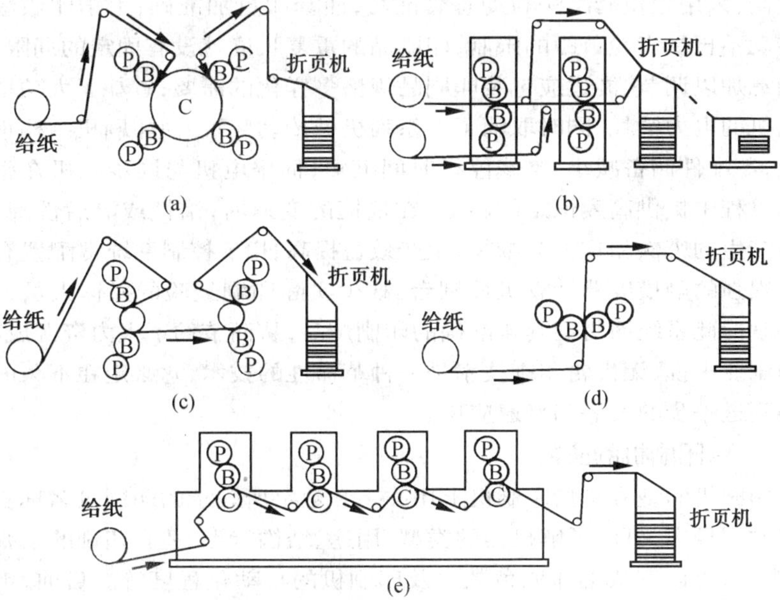

图4-7　卷筒纸印刷机的结构图

干燥机构设在印刷机构和收纸机构之间，目的是使印迹上的油墨尽快干燥固化。干燥方式有热风、红外线、微波、紫外线干燥及煤油、石油液化气加热等方式。由于干燥时纸张和油墨的最高温度可达130℃,这会影响到油墨的粘度、粘性,甚至影响油墨的转移和传递。因此,在干燥机构之后常设有冷却辊装置,使油墨的温度下降至印刷环境室温。

印刷机的收纸机构就是一个裁折收纸装置。当纸卷印刷完成后,裁折装置会按照出版要求将纸卷裁折成各种规格的书帖或报刊。连续裁折器主要有爪式、鼓式、夹子式等三种。

对于报纸印刷机和商业轮转印刷机,从纸张的输入到印刷品的成形输出,都是一个快速的流水过程。因此,其机组本身和附属设备较多、较复杂,还有一套较完备的控制系统,如张力控制、套准控制、纸边控制和印刷质量控制等装置。

近年来出现了一种无齿轮印刷技术(Gearless Printing Technology),即印刷机改用A/C伺服电机和同步驱动电机系统来取代原有的齿轮和轴杆传动系统,故也叫无轴(Shaftless)传动。它的优点是:机械传动的精确度高;采用定位套准法与动态套准法,使套印更加准确;由于印版滚筒的转动不再受齿轮节距的限制,印刷品的重复长度就没有固定的局限,可以随意加以调节,能适应包装印刷品规格多样化的需要;省却了大功率驱动电机的电力消耗,同时取消了一系列机械传动装置,使印刷机结构得到简化,零配件储备减小,维修停机时间缩短;伺服电机与同步电机在整个运行过程中提供高度恒定的转矩,在快捷的变速时,惰性或滞后性降低,因而产生的废次品也大为减少,生产效益提高;ELS控制系统常配置有直感性很强的触摸屏幕计算机控制台,缺少实际印刷经验的操作人员也能很快掌握此系统而得到套印准确的印刷产品,从而节约了人力资源成本。对印刷业来说,无齿轮印刷技术是一种革命性的技术,它必定在不久的将来得到进一步的发展和普遍应用。

3. 印刷机的命名

印刷机的型号是指印刷机上用文字和数字所表示的印刷机名称。从机器的型号中,可以了解机器的类型、用途、结构特点、适合印刷的纸张种类、规格、可以完成的印刷色数以及印刷机的自动化程度等。目前,市场上销售和使用的印刷设备主要分为国外印刷设备和国产印刷设备两大类。

国外印刷设备的命名主要是根据各国自行制定的命名原则进行的,一般用此种印刷设备的品牌名称与印刷机所能完成的最大印刷幅面表示，如 Printmaster 74 代表德国海德堡印霸系列印刷机，印刷机最大印刷幅宽为 740mm。有些国外印刷机的型号中还加有符号或数字，用来表示印刷色数、印刷机组数或印刷设备的特点，如 Lithrone 2-40SP，代表日本小森丽色龙印刷机，双色双面印刷机，最大印刷幅宽为 40 英寸（其中 SP 代表带超级翻转装置，可不通过翻转机构就能完成双面印刷）。

国产印刷设备的命名必须满足国家标准规定的印刷设备型号编制原则。印刷设备的型号编制原则随着生产的印刷设备种类越来越多在不断更新和完善，在新国家标准公布时，旧国家标准同时废止。但由于印刷市场上使用的印刷设备为各个不同时期的生产产品，并都是根据当时印刷机命名标准来编制印刷机型号的，因此我们能够看到各种各样印刷机的型号和名称。到目前为止，已使用过的型号编制标准有 JB/E106-73（1973 年 7 月 1 日实施，1983 年 1 月 1 日终止）、JB3090－82（1983 年 1 月 1 日实施，1989 年 1 月 1 日终止）、UDCZBJ87007·1～8（1989 年 1 月 1 日实施，1993 年 1 月 1 日终止）及 JB/T6530－92（1993 年 1 月 1 日实施）。如今市场上可以见到的各个厂家生产的各种不同型号的印刷机，均按上述几个标准之一来进行型号编制。现以 UDCZBJ87007.1～8 标准进行印刷机型号编制为例来说明。

从 1989 年到 1992 年之间生产的印刷机均采用此标准进行型号编制。此标准所规定的型号编制原则较系统和规范，对印刷机进行型号编制也较容易。

该标准的产品型号由 7 个方面组成。

（1）分类名称　如果是对印刷机进行型号编制，代号用印刷机 YIN 的第一个字母“Y”表示。

（2）印版种类　平版印刷机采用的是平版，用 PING 的第一个字母“P”表示。

（3）压印结构形式　平版印刷机采用圆压圆（印刷装置均采用滚筒滚压形式）的压印方式极具普遍性，故此位可以不表示。

（4）印刷面数　双面或可变双面印刷用“S”表示，单面印刷此位不标注。

（5）印刷色数　用数字 1、2、3、4…表示一次走纸单面印刷的色数，一面单色而另一面多色的印刷机用多色的色数代号表示。

（6）承印材料规格　表示印刷机所能印刷的最大承印材料尺寸，单

张纸用 A_0、A_1、A_2……或 B_0、B_1、B_2…表示，其中 A、B 代表 A、B 系列纸张，按 GB/T788-1987 规定，A 系列纸张规格为 890mm × 1 240mm，900mm × 1 280mm；B 系列纸张规格为1 000mm × 1 400mm；A、B 后面的数字 0、1、2…分别代表全张、对开、四开…纸张。卷筒纸用纸宽表示，依据国标 GB147-59，其宽度为1 575mm，1 092mm，880mm，787mm 等。

（7）设计序号　表示改进设计的先后顺序，用字母 A、B、C…表示，第一次设计的产品不表示。

用此标准对印刷机进行型号编制，可以对印刷机的主要特点描述得更加清楚、细致，也比较易于理解。

三、平版印刷生产流程

平版印刷的生产流程主要分以下几个步骤：

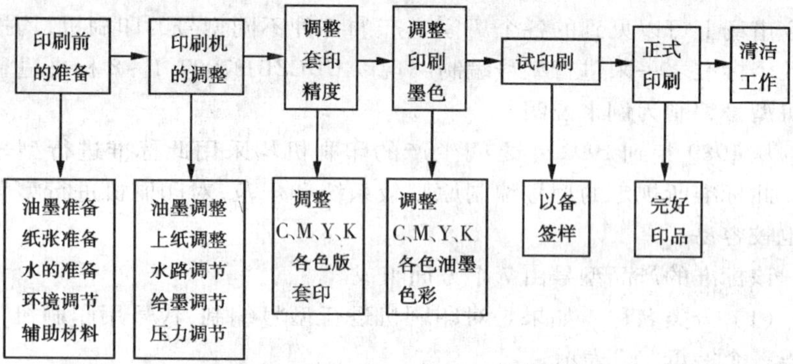

（一）印刷前的准备工作

平版胶印工艺复杂，在正式印刷生产之前，必须作好充分的准备。

1. 油墨的准备

（1）油墨的基本组成　印刷油墨由色料、连结料及辅助剂组成，将其混合后经轧制即成油墨。下面主要对油墨的组分加以介绍。

① 色料　印刷油墨的色料是由颜料或染料配制而成的。颜料是以微粒状态着色，均匀地分布在连结料中；染料在使用时需配制成溶液，呈

分子状态着色。目前,油墨中多使用颜料。颜料以微粒状态着色,因此,其颗粒的大小、形状、分布、表面性质等对油墨性能有直接影响。用于印刷油墨的色料,要求色泽鲜艳、着色力强,由于墨膜仅几微米厚,因此要求色料要有足够的色密度。另外,根据使用目的的不同,还要求色料具有不同的抗耐性。

② 连结料　连结料又称媒质,它是由少量的天然树脂、合成树脂、纤维素衍生物、橡胶衍生物溶在干性油或溶剂中制成的。连结料在油墨中的作用是使颜料颗粒均匀分散,使油墨具有一定的流动性,并使油墨能在印刷后形成均匀的薄层,干燥后形成一定强度的油墨膜。连结料应具有成膜作用,使颜料固着于承印物上,并使颜料不会从承印物上粉化脱落。此外,连结料还应有一定的粘度,使油墨能充分粘附于承印物上,并在短时间内干燥。

③ 填充料　油墨中常用的填充料有氢氧化铝、硫酸钡、碳酸镁、碳酸钙、铝钡白等。填充料是白色或无色透明的粉末状物质。它的作用是依照印刷的要求,把过于饱和的、遮盖力太大的颜料加以稀释,减少颜料的用量,降低油墨的成本。

(2) 油墨的印刷适性

① 颜色　油墨的颜色,不管色相与色调层次的程度如何,必须一致。油墨厂生产的同一编号油墨,因批数不同,往往颜色有所差异,在调配油墨时必须检查是否合乎要求。

② 着色力　着色力即油墨的浓度。油墨的着色力大小与油墨中颜料的分散度、颜料的多少以及颜料对光线波长的选择性反射有关。油墨着色力对印刷质量和成本都有密切的关系。着色力强的油墨印刷时用量少,印刷适应性好,可以印刷细网线的产品。

③ 遮盖力　遮盖力即油墨的透明度。油墨的透明性是油墨性能的标志之一,它决定产品的印刷色序。在多色套印中,所用的油墨如果透明度都较高,则对先印刷的油墨的颜色有较好的显色性,所以越透明的油墨就越需要放在最后印刷。透明度差的油墨,印刷时只能作为第一色,否则将影响产品的质量。

④ 油墨的流动度　一定温度下,一定体积的油墨,在一定的重力挤压下,经过一定的时间,油墨向外铺展的直径被称为油墨的流动度。

⑤ 油墨的干燥性　油墨的干燥性是油墨印到承印物上后干燥需要

的时间。干燥性是油墨的一个重要的质量指标，将油墨印刷在承印物上，能否按要求进行良好的干燥，直接关系到印刷效果的好坏。通常，印刷过程中出现的许多故障都是由于油墨的干燥不良造成的，比如背面蹭脏就是由于油墨干燥性不好所致。为此，油墨干燥性的测定是把好油墨质量关、取得好印刷效果的一个重要手段。

⑥ 油墨粘性　油墨的粘性是油墨抗分裂的能力，是表示墨性好坏的一项指标。油墨的粘性直接影响印刷品的质量，粘性过大，在印刷过程中会产生拉毛现象；粘性过小，会出现网点扩大等现象。

⑦ 油墨粘度　油墨粘度是指油墨分子之间流动时分子之间表现的内摩擦力。油墨的粘度对各种类型的油墨来说都是一项重要的指标，每一种类型的油墨都有一定的粘度范围，但是对于同一类油墨来说，要求是相同的，即印刷速度越快，要求油墨的粘度越低。

⑧ 油墨的光泽　油墨的光泽是指从油墨膜面有规则地反射出来的能感觉到的光量。油墨印品在固定的光源照射下，反射光量的多少是用反射率（百分比）表示的。

⑨ 油墨的耐光性　油墨的耐光性，是指油墨在阳光下颜色保持不变的性能。通常，油墨必须具有较好的耐光性，如果所用的油墨不耐光，其印品就会发生变色、褪色等现象。

⑩ 油墨的耐热性　油墨的耐热性是用来描述油墨在一定温度烘烤下变色的程度，其耐热性主要取决于颜料的性质。某些颜料的基团不耐热，那么在高温下其结构就会发生变化，造成变色。

⑪ 细度　细度是表示油墨中颜料、填充料颗粒的大小和颜料颗粒在连接料中分布的均匀程度的物理量。油墨的细度也是反映油墨主要性质的指标之一，在多色胶版印刷中，油墨颗粒越粗，越容易糊版，同时还会降低印版的耐印力。油墨颗粒越细，着色力越强，产品质量就越好。

⑫ 触变性　油墨的触变性是指油墨受外力作用时变稀，静置后又恢复原来状态的一种性能。触变性过强，会使油墨在墨斗中不易转动，并使轮转机难以输送油墨。但在油墨转移到纸张上之后，又希望油墨的触变性大一些，这样才有利于油墨的干燥。

（3）油墨的干燥形式

① 渗透干燥　油墨中的连结料，有一部分渗透到承印物里，另一部分与颜料一起固着在承印物表面而干燥。高速卷筒纸印刷机使用的非热

固性轮转油墨，一般以渗透干燥为主，主要印刷报纸、期刊。

② 氧化结膜干燥　油墨中的连结料和空气中的氧气发生聚合反应，在承印物表面成膜而干燥。胶印亮光树脂油墨，颜色鲜艳，光泽性好，主要以氧化聚合干燥为主，用于印刷高档精细的胶印产品。

③ 渗透氧化结膜干燥　渗透氧化结膜干燥是树脂型连结料（由合成树脂、干性植物油、高沸点矿物油炼制而成）典型的干燥方法。树脂型连结料干燥的机理是：油墨印到纸张上后由于油墨中的油墨油与树脂或植物油混溶在一起，而油墨向纸张内作选择性的渗透，也即纸张对油墨作选择性吸收。混溶在体系中的油墨油表面张力比较小，由于纸张的吸收作用而立即离开油墨体系深入纸张纤维中，又由于这个过程是在油墨印到纸张上后立即发生的，故而速度很快，加之留在表面的高分子成膜物质，印刷品的光泽很大，所以叫做亮光快干油墨。而氧化结膜干燥则是在以后才慢慢完成的，因此树脂型连结料干燥机理也叫做亮光快干油墨的干燥机理。

④ 光聚合干燥　光聚合干燥可分为红外线干燥法和紫外线干燥法。这里以紫外线干燥为例，加以说明。紫外线干燥的机理是由于紫外光的照射使光敏材料分子分解成活性基团（光聚合引发剂），这些基团与其他含有不饱和基团的预聚物发生一系列链式反应，其反应过程仅需几秒或零点几秒，从而变成交联聚合状态，这样也就达到了固化干燥的目的。

⑤ 挥发干燥　油墨的干燥是通过溶剂脱离膜层的挥发作用来完成的，称为挥发干燥。

（4）油墨的配色*　由于印刷品的不同，油墨厂生产的原色墨不能满足有些文字、线条或大色块的色相要求，这时就必须调配出相应的专色墨。油墨的调配包括：色相符合原稿的色样标准；油墨的印刷适性（粘度、粘性等）符合印刷的客观条件；燥油的加放量正确；油墨调配量符合印数要求。

确定油墨的色相，首先要分析印件的色彩，分析和综合原样在三原色中的含量，确定出主色和辅色及其配比。同时要考虑套印的色序、印刷用纸、原色墨和辅料的性质等。在调配色相时，辅色油墨必须少量逐渐加入到主色墨中，直到色样符合要求为止。

油墨的调配量主要根据单色版面图文的面积、印刷墨层的厚度、纸张

---

* 参考：万晓霞，邹毓俊. 印刷概论. 化学工业出版社，2001

吸墨性能的强弱、油墨的着色力、油墨的比重、印品的尺寸和印数来估计。少量的油墨墨色调配正确之后,可正式地按比例调配印刷所需要的墨量。印刷所需的墨量是根据产品的印数来决定的。印数少的油墨可一次性调配,印数多的可分批调配,但每批调配必须做好记录,并做到色相统一。一般调配的墨量比印刷实际所需要的墨量多些,保持墨斗内墨量均衡,使印刷品墨色前后一致。

(5) 燥油对油墨的影响　燥油的用量取决于印刷环境温湿度、纸张的性质、油墨层的厚薄、辅助料加入量和油墨本身的性能。燥油的用量过少,油墨不能在要求的时间内干燥,印品会产生粘脏;用量过多,会产生油墨堆版,堆橡皮布,加速油墨乳化,造成糊版等故障。一般燥油用量的原则是:铜版纸、胶版纸用量比新闻纸多,冬天比夏天多,冲淡墨比深色墨多,色序在后的油墨比色序在前的油墨用量多。

调配出的油墨应能在各墨辊间正常地转移,传递到承印物表面后应具有良好的附着性、干燥性、显色性、耐摩擦性和光泽感。

2. 纸张的准备

(1) 印刷前考虑纸张的印刷适性

① 考虑纸张的正反面　由于造纸工艺的原因,常规的纸张总有正反两面,尤其对于非涂布纸,其正反两面的性能各有不同。

纸的正面:平滑度高,施胶多,细纤维多,纸面较紧密,印刷性能较好,但易掉粉,易起毛(杂质多)。纸的反面(造纸工艺中滤去水分的一面):细纤维、填料、胶料保持少,表面较疏松,有网印,平滑度、施胶度小于纸的正面,但比较清洁,拉毛速度高于纸的正面,在同样条件下印刷品的密度低于正面(表面粗糙,与印刷版不能较好接触,对油墨的接墨不良)。

② 纸张表面的酸碱性与印刷工艺的关系　纸张一般应该是中性的,但由于制浆和造纸过程中处理不当,可能使纸张呈酸性或者呈碱性。例如,在造纸过程中进行施胶时,浆料存在着残氯与有机酸,若处理不适当,造出的纸张呈酸性。又如,造纸时用的碱性填料和色料,浆料中存在残碱液等,造出的纸则呈碱性。纸张的酸碱性一般均用 pH 来表示。

当采用普通的氧化结膜干燥型的胶印油墨时,印刷工艺中,纸张酸碱性对印迹的氧化干燥结膜速度有着直接的影响。酸性纸张将起着抑制墨迹氧化结膜的作用;纸张呈碱性,则会加快墨迹氧化结膜的速度。纸张的酸碱性对润版液的 pH 也有影响；纸张的酸碱性，还能加速油墨的乳化，在印刷版面的空白区域造成浮脏。另外，纸张中如果含有游离酸，印刷品在存放的过程中，因为有空气中湿度的影响，长年累月纸张就会逐渐被侵蚀，降低了印刷品的耐久性。

③ 纸张平滑度与印刷的关系　纸张平滑度是指纸张表面是否均匀、平整与光滑的一种综合特性。平滑度的测定，是通过在一定的真空度下使一定容积的空气在一定压力下透过纸张与玻璃之间缝隙所需要的时间来表示的。平滑度一般用秒来表示。

纸张平滑度与印刷的关系有下列几点：平滑度较高的纸张在压印时，纸张与橡皮布全面接触，使橡皮布从印版转移来的墨迹全部转移到纸面上，这时印刷品上字迹、图像轮廓清晰，网点印得齐全圆实，层次丰富，墨迹饱满，看起来很醒目，进而提高了印品质量。平滑度较低的纸张，由于表面存在着大小不等的凹洼，显得纸面凸凹不平而不均匀，压印时纸张表面与橡皮布就不能全面接触，印出的产品网点干、无力、空虚，图像轮廓模糊不清，面积大的网点破碎不齐，细小网点印不齐全，印迹的转移率大幅度下降，画面的色调层次受到极大的影响和损失，还原原稿达不到要求，印品质量大大下降。

④ 纸张的含水量对印刷性能的影响　纸张含水量是指一定重量的纸张所含有的水分重量与该纸张总重量之比。一般以百分数表示。

纸张是一种复杂的、多元的材料，它具有三种不同的结合形式来保持水分。第一种是化学结合水分。它是与纸中纤维结合最牢固的水分；第二种是物理化学结合的水分，它以吸附结合的水分和渗透结合的水分而存在于纸张中；第三种是物理结合水分，它以毛细管水分和浸润水两种形式存在于纸张中。

又因纸张主要是由纤维素组成的，而纤维素又是亲水性很强的物质，而且纸张中由纤维和填料形成的毛细管具有随时和周围空气交换水分的特性，在潮湿的空气中能吸收水分，在干燥的空气中能散发水分，所以，纸张随时随地含有不稳定量的水分。

纸张水分的变化，直接与环境的温湿度有关。据试验，空气的相对湿度升高或下降 10%，则相当于纸中的含水量平均改变 ±1%。在一定相对湿度条件下，温度每变化 ±5℃，则纸张含水量变化为 ±0.15%。因此，印刷车间的温度一般控制在 18℃ ~24℃，相对湿度一般控制在 45% ~

65%。纸张的标准含水量(适应印刷生产的)为6% ~7%。

纸张中含有水分的大小与印刷产品的质量有直接的关系,也给工艺操作带来了较大的难度。

首先因纸张含水量的变化会引起纸张的变形,纸张的变形被称为"纸病"。纸张的纸病主要以"荷叶边"、"紧边"、"卷曲"的形式表现出来。荷叶边是因纸张吸湿导致的,紧边是纸张的脱湿导致的,卷曲是因纸张正反面的含水量不同而导致的。纸张产生的纸病如图4-8所示。

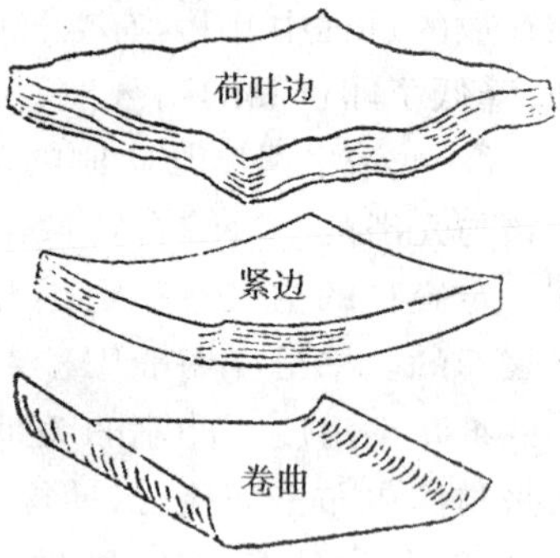

图4-8 纸张的纸病

正是因为纸张的吸水和脱水造成纸张伸缩变形(包括局部变形),造成印刷过程中纸张套印不准等弊病,从而影响印刷品的印刷质量。

纸张中水分含量过高时,纸张的抗张能力、表面强度就会降低,塑性增强,印迹干燥速度变慢。

纸张水分含量过少时,纸张脆硬,易产生静电现象,纸面掉粉、掉毛现象随之加重,给工艺操作带来困难。

(2) 纸张印前适应性调湿处理的意义与方法　调湿处理是纸张印前很重要的处理过程。因为印刷纸张是以植物纤维为主交织的薄膜层,在植物纤维中以纤维素为主要成分,它是由许多β葡萄糖基通过氧桥(—O—)结合的键状高分子化合物组成的。在每个葡萄糖基上都含有三个具有良好亲水性能的羟基(—OH),同时在纤维交织中纤维间又形成许多毛细孔隙,因此羟基的极性吸附和毛细现象造成了纸张很敏感的吸水性和脱水性。这样就造成了纸张含水量的不稳定性。纸张含水量变化是纸张产生自然伸缩和压力变形引起套印不准、纸张静电、纸张压印起折皱的主要因素。为避免这些工艺上的故障,根据纸张与环境温度、湿度变化的关系,胶印用纸在印刷前,应进行适当的适应性调湿处理。其目的有两个。一是使纸张与车间相对湿度(吸水或脱水)平衡。一方面使每张纸的含水量分布均匀,并与车间的环境温度和湿度相适应,避免纸张的变形;另一方面确保套准精度,避免印刷中折皱变形的发生。二是使湿平衡后的纸张对环境湿度及版面水分的敏感程度大大降低,使含水量不产生过大的波动而趋于稳定,减少纸张的伸缩变形。

纸张的调湿处理方法主要有吸湿调湿法和解湿调湿法。

吸湿调湿法是指将纸张直接在车间环境或晾纸室的温度和相对湿度条件下,进行吸水和脱水平衡的适应性调湿处理的方法。

吸湿调湿法在具体工艺处理上,又分两种方法。

第一种方法,是在印刷车间或晾纸室内进行,在常温、常压和一定相对湿度条件下,把纸张按一定的厚度在晾纸机上夹挂起来,下面用鼓风机吹风,使纸张含水量与车间相对湿度相平衡。

吊晾时为使纸张含水量分布均匀,通常在吊晾时间过半时,将纸张调头吹晾。鼓风吊晾不但在短时间内能提高适应效果,而且能达到除尘、除砂子、除杂物等清洁纸张的目的。

第二种方法,是将纸张在晾纸室比印刷车间相对湿度高5%~8%的条件下进行吸水或脱水平衡,使含水量相适应。

纸张吸湿处理的这两种方法,在效果上是不太理想的。

按第一种吸湿法,假如在车间相对湿度为45%的情况下进行纸张调湿处理,结果含水量为5%。但是,这种纸张由开始印刷直到印完(如1~9色)为止,始终处于吸收水分的状态(原来纸张就比较潮湿的例外)。因此,在整个印刷过程中纸张不断地在吸水膨胀,套印精度要受到较大的影响。

若按照第二种吸湿法,在晾纸室比车间相对湿度高6%的情况下,也就是在50%~53%的相对湿度条件下调湿,这时纸张的含水量为5.4%左右,这种纸张送车间印刷,由开始到印完(1~9色)为止,也是始终处在吸收水分的状态,也在不断膨胀,也存在一定的套准误差。

这两种方法比较的结果:第二种方法比在车间自然相对湿度下所调湿的纸张要好得多,纸张从开始时的含水量与印完后的含水量相差比较小,膨胀系数较低,套准误差较第一种小,显得比较稳定。

解湿调湿法是指纸张吸足水分后,再脱去水分的平衡适应性的调湿处理方法。处理时分两个变化过程。

第一步为吸水过程。事先将纸张放在比车间或晾纸室水汽密度较高的空气中预调湿,使纸张吸足水分。

第二步为脱水过程。将吸足水分的纸张在与印刷车间或晾纸室相等的自然相对湿度中脱水平衡。

解湿调湿法所得纸张含水量为6.5%,处于解湿平衡点,此时纸张不会再吸收过多的水分,而且放出的水分也是有限的,纸张处于吸湿平衡的解湿平衡状态。因此,在印刷过程中从开始印刷到印完为止(1~9色),纸张含水量几乎不变,对湿度的敏感程度降低。所以,纸张伸缩稳定,套准误差也处于最小值。

(3)纸张的强度与印刷工艺的关系　纸张表面强度是指纸张纤维、填料、胶料三者的结合程度。纸张表面强度的强弱,是纸张在印刷工艺中产生掉粉、掉毛及剥纸等现象的关键所在。因为纸张的掉粉、掉毛及剥纸现象不仅给印刷操作带来极大的困难,同时还对印刷产品的质量造成不利的影响。

产生纸张掉粉、掉毛的主要原因是:在油墨从橡皮布向纸面转移的过程中,纸张在印刷压力的作用下,与附着有油墨的橡皮布瞬间接触,纸张受到油墨对纸张的粘着力 F_a、因滚筒高速旋转而产生的油墨对纸张的剥离力 F_Q、橡皮布对纸张的粘附力 F_s的影响。当纸张本身的纤维、填料、胶料之间的结合力,即纸张的表面强度 T 小于前面三个力的合力时,即 $T < F_a + F_Q + F_s$时,纸张就会出现掉粉、掉毛现象。因此,纸张的掉粉、掉毛取决于纸张的表面强度和印刷条件。

3. 润湿液的准备

在平版胶印中,印版空白部分的水膜始终要维持在一定的水平上,既不能太薄,也不能太厚,而且空白部分的水膜要十分均匀。为了保证印版空白部分能充分得到润湿,就必须保证润湿液具有良好的润湿性能,即保证润湿液具有较低的表面张力。润湿液表面张力的大小,完全取决于润湿液的化学组分。

由于橡皮滚筒、着水辊、着墨辊与印版之间的摩擦会造成印版的磨损,且纸张在润湿液的作用下,纸张掉下的纸粉、纸毛又加剧了这一过程,所以,随着印刷数量的增加,印版上的亲水层便会受到一定程度的破坏。因此,为了使印刷过程顺利进行,常需要在水中加入有关的电解质和亲水胶体,从而使印版的亲水性能得到保证。

(1)润湿液在平版印刷中的作用　由于平版印刷中印版的图文部分与印版的空白部分几乎处于同一平面上,所以,平版印刷中必须使用润湿液。平版印刷中润湿液的作用主要表现在以下三个方面。

第一,在印版的空白部分形成均匀的水膜,以抵制图文部分的油墨向印版的空白部分的浸润,防止脏版。

第二,主要由于印版空白部分的磨损,印版上的亲水层便会受到一定程度的破坏，所以润湿液还能在印刷过程中形成新的亲水层，从而维持印版空白部分的亲水性。

第三，利用润湿液来控制印版表面的温度。在印刷过程中，由于印刷机的高速运转与摩擦，会使印版表面的温度升高，而印刷油墨在高温的作用下，影响油墨的粘度、流动性，从而导致网点扩大，致使印刷过程无法进行下去。

（2）润湿液的组成　润湿液主要由水、化学添加剂和表面活性剂三部分组成，其中水是润湿液的主要成分，其主要作用是在印版的空白部分形成均匀的水膜；化学添加剂的主要作用是维持平版印版在印刷过程中的亲水性能，以及保持润湿液在印刷过程中性能的稳定；表面活性剂的作用是用来降低水的表面张力，以保证平版印刷过程中的水墨平衡。

也正是润湿液中表面活性剂的不同，才派生出了不同种类的润湿液。不管是何种润湿液，水和化学添加剂是基本相同的。

润湿液中的化学添加剂的主要成分有以下几种。

磷酸　用来维持润湿液的酸性，目的是使印版的空白部位重新生成磷酸锌或磷酸铝，以保持印版空白部分的润湿性能。

重铬酸铵　去除气泡，即去除磷酸与印版版基金属铝或锌反应时生成的氢气。

磷酸二氢铵　由于磷酸与锌或铝反应生成的磷酸锌或磷酸铝对酸、碱的耐受性能较差，也即生成的磷酸锌或磷酸铝既可以与酸发生化学反应，又可以与碱发生化学反应，因此，对润湿液来说，要保持一定的酸碱度。在润湿液中加入磷酸二氢铵就是用来控制润湿液的酸碱度的，它与磷酸共同构成润湿液中控制酸碱性的缓冲剂。

阿拉伯树胶　也称桃胶，是一种亲水性可逆胶体，不仅对印版的空白部分有保护作用，而且还能改善润湿液对印版的润湿性。目前，用 CMC 物质来替代润湿液中的阿拉伯树胶。润湿液中的 CMC 是亲水性合成胶体羧酸甲基纤维素的缩写。润湿液中一般采用羧酸甲基纤维素钠，其功能与阿拉伯树胶相似，但不感脂性比阿拉伯树胶强，不会腐败变质，作为印版的亲水性保护胶体，完全可取代阿拉伯树胶。

柠檬酸　柠檬酸是无色晶体或粉末，为有机弱酸，是一种良好的金属清洗剂，价格低廉，副作用小，在 PS 版润湿液中，加入适量的柠檬酸，可提高润湿液去除印版油污的效果。

（3）润湿液的种类　在平版印刷中，根据润湿液的表面活性剂的有无和表面活性剂种类的不同，可将平版印刷中常用的润湿液分为三种，它们分别是普通润湿液、酒精润湿液、非离子表面活性剂润湿液。

① 普通润湿液　凡是只由水和化学添加剂组成的润湿液，基本称之为普通润湿液。由于普通润湿液中所有的化学物质都是非表面活性物质，这些物质加入水中以后，不会使水的表面张力下降，反而会使水的表面张力上升。这类润湿液完全是靠印版上的无机盐层与水的亲合作用来起润湿作用的，因而这类润湿液的用量大，在版面上的润湿液膜较厚。这样就有过多的水分转到印刷品上，使纸张变形、起皱、掉粉、掉毛，给印刷品带来一定的危害。同时版面和墨辊表面带有的水分过多，还会影响油墨的传递，造成油墨的严重乳化，影响正常生产。但是由于普通润湿液容易配制，成本低，至今仍有不少厂家用于单色和双色胶版印刷。

② 酒精润湿液　酒精润湿液由水、化学添加剂和酒精表面活性剂组成，是一种低表面张力的润湿液。表面活性物质是酒精（乙醇），作为表面活性物质的酒精能起到降低润湿液表面张力的作用，液体表面张力与酒精浓度之间的关系如图 4-9 所示。一般情况下，润湿液中酒精的浓度在 10% ~12% 之间。酒精改善了润湿液在印版上的铺展性能，大大减少了润湿液的用量，降低了纸张的吸湿性，减轻了油墨的过分乳化。低级醇类挥发速度快，带走大量的热量，使版面油墨温度降低，导致了印版空白部分的上脏。目前采用的醇类有乙醇、异丙醇、丙三醇、聚乙二醇等。又由于醇类的挥发易造成润湿液中醇类浓度的不稳定，因而需要配备冷冻

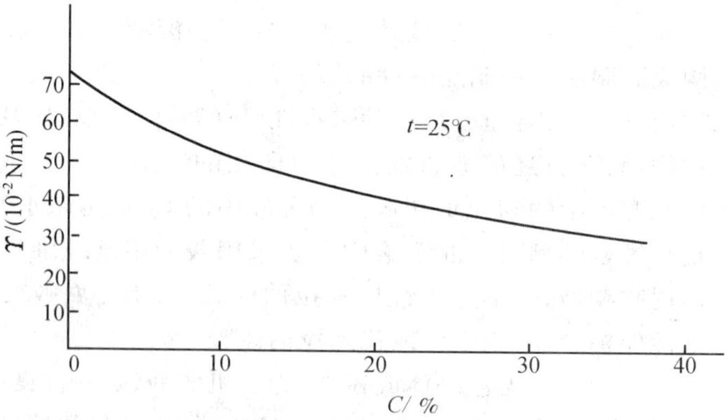

图 4-9　液体表面张力与酒精浓度之间的关系

器,使润湿液的温度保持在10℃～11℃左右。

③ 非离子表面活性剂润湿液* 非离子表面活性剂润湿液是由水、化学添加剂和非离子表面活性剂等组成的润湿液,是一种新型润湿液,它用非离子表面活性剂代替酒精。非离子表面活性剂在水溶液中不电离,其亲水基主要由一定数量的含氧基团构成,常见的有聚氧乙烯、羧基等。由于它在水溶液中不是离子状态,所以稳定性高,不受润湿液中强电解质、无机盐类和酸碱的影响,也不和它们发生反应,产生沉淀。目前,非离子表面活性剂润湿液已成为高速多色胶印中最理想的润湿液。

不同的平印油墨因油墨颜料的亲水性的不同,乳化能力也有差异。一般地,在润湿液表面张力固定的情况下,青墨的摄水量最大,乳化能力最高;黑墨的摄水量最小,乳化能力最低。为了防止油墨的严重乳化,不同摄水量的油墨需选用不同表面张力的润湿液。例如,青墨用表面张力较高的润湿液,黑墨用表面张力较低的润湿液。

(4) 润湿液的性能要求 润湿液必须具有稳定印版图文部分和空白部分相对位置的作用,保证印刷过程中图文油墨既不扩散,也不变小,乳化程度适当;润湿液应该在印刷过程中保持稳定的性能和对印版、金属构件的无腐蚀性。

(5) 润湿液的调整 一般将润湿液配成原液,使用时予以冲淡。润湿液呈弱酸性(pH 为5～6),印刷时必须控制其酸碱度。酸性太弱,在版面上不能形成无机盐层,抗油亲水性差,图文部分易扩大,造成糊版;酸性太强,生成的无机盐层会被溶解,版面砂目被破坏,降低了耐印力,加速了油墨乳化。另外,还要根据油墨的性质、印品墨层的厚度、油墨燥油的用量、印版的类型、版面图文面积、作业环境的温湿度、纸张的性质等来确定润湿液的用量。

4. 印刷车间的温湿度控制

印刷车间不同季节的温湿度要求范围参考如下:

季节	夏季	冬季	春秋二季
温度	26℃～30℃	16℃～20℃	21℃～25℃
相对湿度	60%～65%	45%～50%	53%～58%

印刷车间对温度和相对湿度的控制,目前一般有两种方法,即:机械

---

* 参考:金银河.印刷工艺.中国轻工业出版社,2001

空气调节法和自然调节法。

第一种是机械空气调节法，即在机械作用下，对空气的温度和相对湿度，按照生产工艺条件要求作任意调节。

空调装置是实现恒温恒湿的可靠手段，它由空调室、冷冻室或地下水井、水泵、空气冷却净化室、鼓风机、冷（热）风调节器、散冷（热）器、排风器以及管道等组成。可按照生产车间温度计和湿度计反应的变化，对室内温度的升温、降温和空气干湿度的脱湿、调湿等作任意的调节。这是当今提高和稳定平版胶印产品质量很重要的科学手段。

第二种是自然调节法，是指在无温湿度调节设备的情况下，随自然气候的变化而相应变化，达到与自然空气相适应的办法。

自然气候变化较大，自然调节只能采取防御性措施，特别是初春、深秋和雷雨季节的温度、湿度变化幅度较大，一般采取下列措施来控制室内温湿度。

（1）紧闭门窗，出口处挂棉帘或弯门道，防止车间与外界空气直接对流；

（2）一般情况下禁止在工作地洒水，以防止增加车间室内的水汽密度；

（3）印完的半成品用纸包封或套罩塑料薄膜口袋，与空气隔绝，保持一定的温湿度。

（二）印刷机的调整

1. 印刷压力的来源

印刷压力是油墨向承印物表面转移的基础。印刷压力不仅是实现印刷过程的根本保证，而且在很大程度上决定着印刷的质量。平版印刷中印刷压力是印版滚筒、橡皮滚筒和压印滚筒之间相互作用产生的。

平版印刷机上的橡皮布滚筒上包覆有橡皮布，在橡皮布和筒体之间还衬有纸张、纸板、塑料薄膜、毛织品等材料制成的衬垫，橡皮布和衬垫一起组成了平版印刷机橡皮布滚筒的包衬。胶印机的印版滚筒的筒体和印版之间也有衬垫，这个衬垫有时也叫做印版滚筒的包衬。平版印刷机的压印滚筒没有包衬。

在平版印刷的过程中，印版滚筒和橡皮滚筒的接触压力，主要是印版滚筒包衬（即衬垫）的压缩变形和橡皮布滚筒包衬（即衬垫加橡皮布）的压缩变形形成的；而压印滚筒和橡皮布滚筒的接触压力，主要是橡皮布滚筒包衬的压缩变形形成的。可见，滚筒包衬是印刷压力的基本来源，对印刷压力的影响很大。

平版印刷使用的印版、纸张表面在微观上都有明显的不平度,若它们直接接触印刷,便会造成印刷表面接触不良,致使油墨转移量降低,印张上的印迹发虚。为使印刷面在印刷时充分接触,则要使用包衬。利用包衬的弹性变形克服印刷面的不平度,增加印刷面的接触面积,产生接触压力,提高油墨的转移性能。要求包衬的压缩量必须不小于由印版、橡皮布、滚筒、包衬、纸张等因厚度不均一或表面不平所引起的所有偏差量的总和。因此,包衬在印刷中起着至关重要的作用,而这一作用是通过包衬本身的变形,影响印刷压力的大小和分布来实现的。

平版印刷中使用的包衬分为三类,一类是硬性包衬,一类是中性包衬,一类是软性包衬。硬性包衬的弹性模量大,压缩量和压印面宽度都比较小,网点再现性好,适合于印刷网点线数高的印刷品,但是,如果机器陈旧、精度低,印刷时容易出"墨杠",因此,硬性包衬对印刷机的精度要求较高;软性包衬的弹性模量小,压缩量和压印面宽度都比较大,网点再现性差,使用软性包衬可以缓和出"墨杠"的情况;中性包衬性能介于硬性包衬和软性包衬之间。

近年来,胶印机的印刷速度越来越快,随着印刷速度的提高,印版表面的接触时间将减少,为使油墨能充分地转移,要适当地增大高速胶印机的印刷压力,以减少印刷面不完全接触的程度;并且,高速胶印机的滚筒直径较小,滚筒直径愈小,压印面宽度愈窄,而硬性包衬可以提供较大的印刷压力和较窄的压印面宽度,随着印刷机的精度的提高,包衬向硬性包衬的方向发展。

2. 印刷压力与油墨转移率的关系

就印刷而言,印刷品质量的好坏完全取决于给墨量的多少,而印刷压力就是决定承印物上墨量多少的主要因素,从图4-10所示的油墨转移率与印刷压力的关系曲线便可以了解这一点。

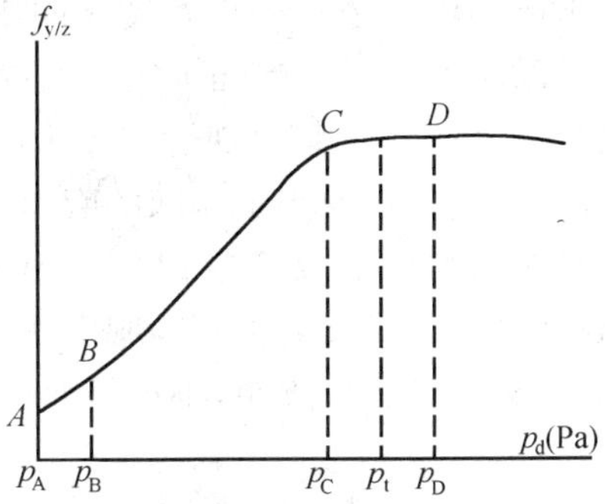

图4-10 印刷压力与油墨转移率的关系图

在印刷速度和印刷条件一定,纸张平滑度、油墨塑性粘度等印刷适性一定的情形下,油墨转移率 f 与印刷压力 p_d 的关系，大致如图 4-10 所示。f-p_d 曲线的 AB 段上升缓慢，由于印刷压力过低，印刷压力过小，油墨与纸面不能充分接触，致使印迹空虚不完整；BC 段 f 与 p_d 几乎成线性关系，随着 f 的增大，印品的墨色也逐渐改善；到了 C 点，就可以得到墨色满意的印品了，p_c 就是印刷工艺必需的压力；过了 C 点，曲线几乎平直，即印刷压力再有升高，油墨转移率也基本保持不变了；然而，如果压力过大到了曲线的 D 点，就会出现网点严重扩大的现象，而且，压力过大还会带来“滑动”、“摩擦”等一系列问题，因此，合适的印刷压力在印刷中是非常必要的。

印刷机上，印刷压力完全是由于压印体之间的充分接触而提供的，因此，若印刷机上的压印体的表面粗糙不平，或制造、装配中存在不可避免的误差，也只有在印刷压力的作用下，使压印体表面充分接触，从而完成印刷的油墨顺利转移。所以，从根本上说，印刷压力的功能，就是强制地使压印体之间充分接触，以利于油墨的转移。但印刷压力并非愈大愈好，而是要适中。印刷压力过大，会加剧印版的磨损，增加印刷机的负荷，若用网线版印刷，还会因油墨的过分铺展而影响印刷品的阶调和颜色的再现，如图 4-11 所示；印刷压力过小，会引起承印材料与油墨接触不良，转移墨量不足，印刷品墨迹浅淡不清；若是网线版印刷，甚至会造成印刷品高光部位的网点因着墨不良而丢失。

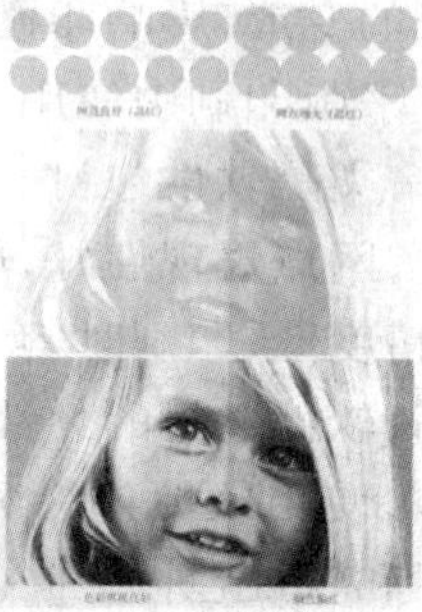

图 4-11　印刷压力对印刷质量的影响

3. 橡皮布的安装*

平版印刷是依靠橡皮布转移印刷图文的，具有良好弹性的橡皮布能在较小的压力下使滚筒处于完全接触的滚压状态，从而使印刷出的网点清晰度高，阶调、色彩再现性好。中间橡皮滚筒的使用，使印版没有直接与承印物相接触，减小了印版的磨损，提高了印版的耐印力。平版印刷要求橡皮布的弹性恢复率应保持在 80% ~90%，还应具有良好的表面特性、较强的抗张强度。平版印刷中使用的橡皮布有两类，一类为普通橡皮布，另一类为气垫橡皮布，不过目前使用气垫橡皮布的占绝大多数。

---

* 参考：金银河. 印刷工艺. 中国轻工业出版社，2001

普通橡皮布主要由耐油性好的表面橡胶层、底布（棉布骨架）和弹性胶层组成，其结构如图 4-12 所示。橡皮布的厚度有 1.6mm ~ 1.7mm 和 1.8mm ~ 1.9mm 两种类型。它具有良好的吸墨、传墨以及耐酸、耐溶剂性，其瞬时复原性较好，但在动态压缩下，被压缩部分的表面胶层会向两端伸展，从而产生弹性变形，出现“凸包”现象，如图 4-13 所示。橡皮布的这种“凸包”易导致图文印迹的伸长或网点位移。

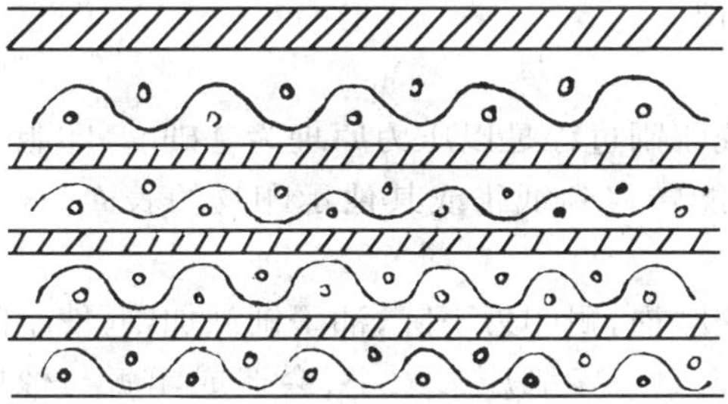

图 4-12　普通橡皮布的结构

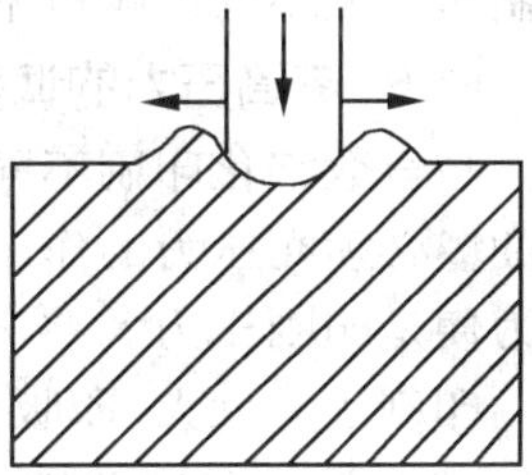

图 4-13　普通橡皮布受压后的情形

气垫橡皮布在普通橡皮布表面胶层下增加了一层微孔海绵状的胶层，其间分布着无数封闭的充气球体，其结构如图 4-14 所示。与普通橡皮布相比，气垫橡皮布有较高的可压缩性和瞬时复原性，很大程度上避免了“凸包”现象的产生，其受压后的情形如图 4-15 所示，提高了印刷的作业适性和质量适性，适合于高速印刷。采用气垫橡皮布印刷，印品网点扩大率小，阶调柔和，色彩再现性好。

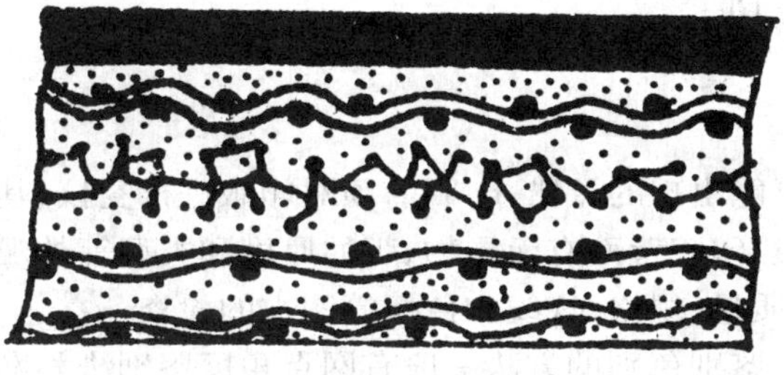

图 4-14　气垫橡皮布的结构

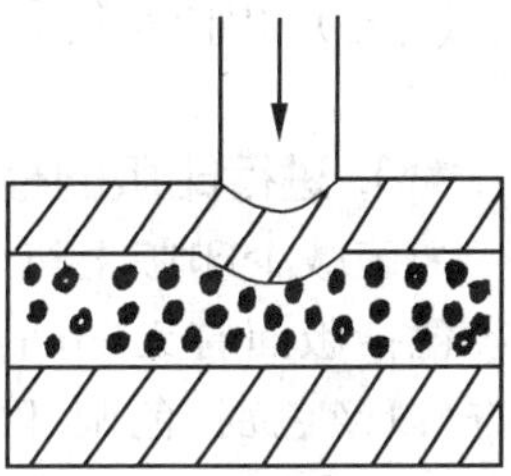

图 4-15　气垫橡皮布受压后的情形

安装橡皮布时，要求它均匀紧密地包围在衬垫的外表面，表面平整且各处的张力一致。橡皮布不能歪斜地包裹在滚筒表面，插入两边板夹的橡皮布尺寸应相等。固定橡皮布时，应两边同时用力，先固定橡皮布的中间部分，然后对称地往两侧进行。

4. 影响印刷压力的因素

为了确定适当的印刷压力，必须明确影响其大小的有哪些因素。影响印刷压力大小的因素很多，在不同的条件下对印刷压力大小的影响程度也有所不同，其中，最直接的影响因素自然是包衬的组成及其性质。此外，在印刷条件中的印刷速度、纸张印刷适性中的纸张平滑度对印刷压力的大小都有很大的影响。另外，印版的类型、印刷的数量和质量等因素对印刷压力大小的影响也不容忽视。

5. 滚筒压力的调整

与全数字化印刷不同，传统印刷过程是以压力原理为基础的，印版上的油墨必须在压力的作用下才能转移到纸张或其他承印物的表面，这个压力便是印刷压力。

印刷压力太大，印版会很快磨损，耐印力下降，油墨铺展加剧，使中间调到暗调部分层次并级，图像失真。印刷压力太小，会造成印版与橡皮布、橡皮布与纸张的密附不良，油墨转移量偏少，印张上墨迹浅淡，高光区域网点残缺不全。根据油墨、纸张、印刷机和印刷品的类别，选择适当的印刷压力，并在印刷过程中保持印刷压力的恒定，才能正常地印刷，从而获得优质的印刷品。

此外，通常所说印刷机的调节包括输纸机构各部件的调节，各滚筒相对位置的调节，着水辊、着墨辊压力的调节，印刷机规矩的调节，油墨的调节，水路的调节等。

（三）调整套印精度

1. 进行印版的检查

为了减少印版上机后可能出现的差错，印刷前须对印版进行复核，其内容包括版面有无凹凸伤痕、印版背面有无异物、版的厚度和类型等外观检查，以及色别、色调、网点质量、规格、规线和色标等图文的检查。

（1）印版色别的鉴别　鉴别色别的方法一般有网点角度鉴别法和网点面积覆盖率鉴别法，两种方法经常结合起来使用。

① 网点角度鉴别法　每一个色版都对应有一个相对较为固定的网点角度，如黄版常采用90°，主色版采用45°，其他两色版为75°或15°，能较方便地鉴别出来。

② 网点面积覆盖率鉴别法　将单色印版与付印样（或原稿）在同一

部位对照区别，利用网点覆盖率的大小来判别印版的版色，如一幅人物图像，头发和眉毛部分层次较深者即为黑版，嘴唇部位层次较深者为品红版，脸部层次较深者则为黄版。

（2）规线、色标的检查　印版上的规线有角线、刀线、套晒线、十字线等，这些线是调整印版在滚筒上的位置和满足套印要求的依据，也是下道工序裁切的依据。在检查第一色印版时，这些规线一定要齐全，否则必须加补或重新晒制。色标是检查印刷质量时的依据，它可表明漏色、颠倒等，还作为晒版操作时的记号。各色的色标不能重叠，两边的色标应在纸边边缘露出纸边，色标一定要齐全、完整。印版上的规线如图 4-16 所示。

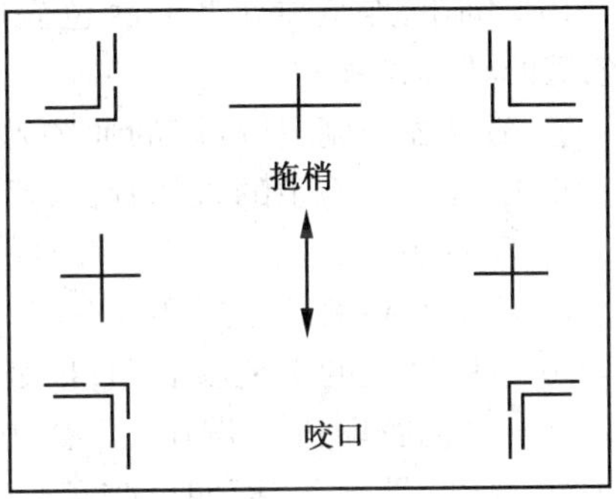

图 4-16　印版上的规线

（3）规格的检查　印版中图文部分占有的位置应在一定的范围内，一般把咬口到起印线的距离称为咬口尺寸，它是规格检查的主要内容。不同印刷机械，版滚筒直径不一样，所用的印版尺寸就不一样，因而咬口尺寸也不同。机台人员应按本机器的咬口尺寸，检查印版两边咬口大小是否相同，同时看图文是否居中。

（4）网点质量的检查　网点是印版上组织图像的最小感光单位，也是实现彩色还原的基本因素，因此，网点的虚实、光洁与否、完整和清晰程度都是检查的主要内容。在原版没有问题的情况下，如果网点残缺、发毛、有白心，文字、线条断笔缺画或有多余部分而无法修正，就必须重新晒制印版。

（5）印版色调层次检查　检查印版的色调深浅主要是看印版的亮调、中间调和暗调的网点百分比是否合适。过深和过浅的印版都不能使印刷品上的调子和色彩得到良好的再现，需要对印版的网点百分比进行修正或重新晒版。

（6）印刷色序的安排　印刷品的色彩是由不同色相的油墨叠印而成的，叠印中的印色次序称为色序。胶印色序是个很复杂的问题，要根据印刷机、油墨、纸张的性能和印刷工艺的要求来综合考虑色序。安排色序一般遵循以下原则：

① 次色调先印，主色调后印，以突出画面的主体色调；

② 印刷网点覆盖率低的颜色先印，网点覆盖率高的后印，以此提高主色墨的转移性能；

③ 湿压湿印刷，粘度高的油墨先印；

④ 以暖色调为主的人物画面，后印品红、黄色；以冷色调为主的风景画面，后印青色、黄色；

⑤ 透明度高的油墨后印；

⑥ 用墨量大的专色墨后印；报纸印刷时，黑墨后印。

对于单色胶印机（“湿压干”叠印状态），色序一般采用黄、品红、青、黑或黄、品红、黑、青。而四色胶印机（“湿压湿”叠印状态），一般采用黑、青、品红、黄或者黑、品红、青、黄。实际印刷生产中，还要根据不同的原稿性质进行调整，以达到满意的色彩效果。

2. 调整印刷品的套印精度

完成好以上工作之后，把印版按印刷色序相对应地安装到各自的印刷机组上，然后，开机走过版纸，确定黄、品红、青、黑四块色版的套印精度。

（四）调整印刷品的墨色

大致地调整各印刷机组的油墨量，使印刷品的墨色基本达到要求。

（五）试印刷

做好印刷前纸张、油墨、润湿液等各项准备工作，上水打墨，安装印版，并在校版、校色完成后，即可由试印刷逐渐进入正式印刷。这个转入阶段，由于水墨尚未完全处于平衡状态，输纸部分也未完全正常，输纸故障造成的短暂停机或水分大小不均都会使印品墨色前后深浅不一，印品质量不稳定。因此，一般要用过版纸（20 张～30 张）进行试印，直至印刷条件稳定。

通过试印样张，在试印刷过程中主要注意以下几个方面。

（1）墨色和水分的检查　刚开始印刷时，操作者应频繁地抽取样张，观察整个版面墨色深浅、均匀度和水量大小，并适当作出调整，使水墨逐步平衡。

（2）核对规格尺寸　检查墨色后，应迅速观察印样图文套版十字线是否一致，规格是否正确；尤其是正反面都印图文的印品，应同时观察正反面咬口大小是否相一致。

（3）对网点和图文的检查　借助放大镜对比印样和打样张、付印样之间的网点差别。同时还应检查版面是否干净，图文的转移是否完整，并及时作出修正。

若是书刊印刷品，还要明确印刷品的折叠和装订方法，检查页码是否正确，画面有无倾斜、颠倒等，折页后内图是否居中。

经过对水、墨量进行适当的调整，一般印到 20 张～30 张左右，墨色达到打样要求后，签准付印样并按付印样进行大量印刷。

（六）正式印刷

印刷过程中，试印时确定下来的供水、供墨量总会有些变化，应经常通过抽样检查来进行再调整。主要是观察套印是否准确、墨色深浅是否符合样张、图文的清晰度是否能满足要求、网点是否发虚、空白部分是否洁净等，同时，要注意机器在运转中有无异常，发生故障应及时排除。

（七）印刷后的清洁工作

每天印刷结束后或改印另一批印件时，都要进行印刷后的处理工作。

（1）墨辊、墨斗的清洗　胶印机为长墨路的输墨系统，其墨辊是所有印刷机中最多的，墨辊的传墨性能好坏直接影响印品的质量，因此，墨辊的保养十分重要。胶印机上的墨辊清洗装置利用油包水型清洗剂可以去除墨辊上的残余墨皮和杂质。为了彻底清洗墨辊，还需定期拆下它，进行手工清洗。墨斗内的残存油墨可以铲出，保存于墨罐内，并同时清洗墨斗和墨斗辊。

（2）水辊和橡皮布的清洗　清洗水辊时，往其上浇洒洗净油，一边用刷子刷洗，使粘附的油墨充分溶解，再用清水冲洗，并挤干水分。橡皮布除了要清洗干净外，还要定期用浮石粉彻底擦拭，以保持原有的润湿状态和传墨性能。

（3）印版和印张的处理　印版若还需留作以后印刷，则在版面涂胶以保护不被氧化；若要再生 PS 版，则除去版面的油墨后，送交有关部门处理。印张在收纸部分输出后,应放置3小时以上,待油墨干燥后再行整理。

(4) 印刷机的保养和作业环境的清理　对印刷机要执行交接班检查、运转中检查、分工逐天检查和按时全面检查,重在预防。同时,为了减少机件摩擦阻力,降低其磨损速度,提高胶印机的使用寿命,确保机器正常运转,还要对印刷机定时、定量加油润滑。

四、平版印刷常见的故障及其排除*

胶印过程涉及到机械、化工、电子、材料等许多技术领域。胶印机结构复杂精密,制造和使用要求都很高。在实际胶印生产中,出现印刷故障的原因也十分复杂,并与诸多因素相关联,排除起来也相当困难。

(1) 纸张的掉粉、拉毛　纸张表面细小的纤维、涂料粒子等脱落的现象,叫做纸张的掉粉、拉毛。这些脱落下来的纤维、粒子易堵塞印版的网纹,造成印刷品的脏污,并会摩擦印版,使之耐印力下降。

为了防止或减轻纸张的掉粉、拉毛,应采取如下措施:选择表面强度高的纸张印刷;在油墨中加入撤粘剂,降低油墨的粘着性;在油墨中加入稀释剂或低粘度的调墨油,降低油墨的粘度;适当地减慢印刷速度,降低印刷压力。

(2) 油墨的叠印不良　后印的油墨不能很好地附着在先印的油墨上,或者后一色的油墨把先印的油墨带走,使印刷品的色彩饱和度下降的现象,称为油墨的叠印不良。

为了防止这种故障的产生,在进行四色或多色胶印时,使用油墨的粘着性和粘度均应按照印刷色序的方向而依次减少。印版上的墨层厚度或图文面积随印刷色序的方向依次增大。

(3) 套印不准　指印张上的图像发生纵向(即纸张的走纸方向)、横向或局部的偏移现象,一般是由纸张和印刷机引起的,这在胶印中尤为常见。

排除的方法是:(纸张方面)检查纸张的裁切精度,使之达到规格要求;印刷前须吊晾纸张,使之与印刷环境温湿度一致,消除纸病;减少印版的供水量,防止纸张吸水过量而变形;采用丝缕相同的纸张印刷。(印刷机方面)调整前挡规和侧挡规至正确的位置;调整摆动牙的位置;调整套

---

* 参考:冯瑞乾.印刷概论.印刷工业出版社,2001

印控制机构;更换被磨损的叼纸牙等。

(4) 背面蹭脏　刚印好的印张叠放在一块,下面一张印张上的油墨因未完全干固而蹭到上面一张印张的背面,造成对印张的污染,这种现象称为背面蹭脏。

排除的措施有:使用快固着的油墨或在油墨中加入少量的防粘剂;适当提高润湿液的 pH,减少供水量,加速油墨的干燥;调节喷粉装置,使其运转良好;在印刷机上安装静电消除器;降低印张的叠放高度,或在印张之间夹入吸墨性好的隔纸。

(5) 印品空白部分上脏　印品上空白部分出现墨污的现象。

排除方法有:适当增加印版的供水量,使之达到一个合理值;增大润湿液的酸性;对版面进行亲水性处理等。

当然,在平版胶印中,还会碰到诸如印品花版、糊版、掉版、墨杠等现象,必须逐一排查,保证印刷质量。

五、平版胶印技术的新发展

平版胶印技术的发展可以说就是印刷速度的发展,目前单张纸胶印机印刷速度已由每小时 1. 5 万印提高到 1. 8 万印甚至 2 万印;卷筒纸胶印印刷机已由每小时 5 万转 ~6 万转提高到 10 万转。在车速提高的同时,印刷机自动化程度也在提高。印版自动装卸、自动套准,墨量预设定及自动调节,润湿系统自动调节,滚筒及胶辊自动清洗,双张自动监控,印张质量自动跟踪监察等,均已成为印刷机上常备的装置;在卷筒式印刷机方面还包括张力自动调节、卷筒纸进给、接纸、折页及裁切的自动调节等。只有高度自动化,才能充分发挥高速化的效能。

由于车速大幅度提高,滚筒间隙对机器平衡运转的妨碍就更显突出,于是,橡皮布滚筒及印版滚筒向无隙缝式方向发展,套筒式橡皮布及套筒式印版应运而生。机组的传动也由同轴传动改为由独立电机分机组驱动的方式。这些技术改进均有利于在高速下保证印品的质量。

橡皮布的无接缝技术　这种独特的印刷机橡皮布无缝技术是胶印机历史上最伟大的进步之一。这种无接缝设计,消除了传统印刷机上辊缝相遇时导致的振动和墨杠条纹。因此,现在的印刷机,特别是商业轮转印刷机和印报胶印机具有更宽的滚筒幅面、更快的运转速度和更高的印刷质量。无缝橡皮布还可以显著地减少纸张浪费。因为圆筒形橡皮布没有接缝,因此,与同样周长的传统橡皮布相比,有效印刷面积更大。其结果是,当与传统印刷机生产相同规格的印刷品时,无接缝技术的印刷机使有效裁切幅面扩大,因而滚筒的每一转都能够节约纸张。这种无缝橡皮布可以在不到一分钟之内进行更换。

无折针技术　在今天的轮转印报印刷机上还开发了先进的无折针折页装置,来匹配印刷单元的更高速度,并且与无缝橡皮布所提供的节约纸张的性能特点珠联璧合。无折针技术显然具有节约纸张的特点,由于无须在纸张上打针孔,然后再裁掉,所以可以将非印刷部分减至最小,这样就补足了无缝橡皮布所提供的增大印刷面积的特点。这些新技术相互组合,与三角板折页装置的设计,为用户提供了更为灵活多样的产品来满足各种需求。

无主轴技术　代替传统的印刷单元主传动轴,这种数字式无主轴系统通过将每个印刷单元安装独立的驱动马达来对印刷速度和卷筒纸张力进行更为精确的数字化控制。这种装置使影响印刷质量的扭转振动减至最小,从而极大地减小了断纸的可能性,因此具有更高的生产率。

自动换版系统　自动换版系统,是印刷准备过程中的一大突破。这种系统在 1996 年开发成功,可以在印刷机上实现百分之一百的全自动更换印版,在不到 3 分钟内即可完成全部工作,并且无需断开卷筒纸,操作者只需在机器运转时将新印版放入版盒内。当印刷任务完成后,自动换版系统自动卸下旧印版,同时装上新印版——全部过程只需按动一个按钮即可自动完成。这项技术显著提高了机器的生产率,并且能够将准备时间从 25 分钟减少到 5 分钟。

远程遥控诊断系统　海德堡利用所拥有的最先进的遥控诊断系统,为用户提供快捷、优先的技术服务。这个系统通过计算机、调制解调器,将海德堡技术人员与生产现场的印刷机连接起来,使他们在问题发生之前就能够探测到潜在的问题,并解决 90% 以上的电器和电子方面的故障,从而省去了用户既费工、又费时的电话服务求助。当需要现场技术支持或部件时,专家们可以在全球范围内 24 小时随时作好准备并提供服务。

六、平版印刷品的质量要求

平版印刷按照印刷工艺的特点，其印刷品应达到以下的质量要求。

（1）阶调再现　亮、中、暗调分明，层次清晰。

① 亮调　精细印刷品亮调可再现2% ~4%的网点面积；一般印刷品的亮调处可再现3% ~5%的网点面积。

② 暗调　暗调及实地的密度范围见下表。

印刷品的实地密度范围

色别	精细印刷品实地密度	一般印刷品实地密度
黄色（Y）	0.85 ~ 1.10	0.80 ~ 1.05
品红色（M）	1.25 ~ 1.50	1.15 ~ 1.40
青色（C）	1.30 ~ 1.55	1.25 ~ 1.50
黑色（K）	1.40 ~ 1.70	1.20 ~ 1.50

（2）颜色再现　符合原稿，复制真实、自然。符合付印样的同批产品不同印张的颜色基本一致。同批产品不同印张的实地密度允许误差为：青（C）、品红（M）≤0.15；黑（K）≤0.20；黄（Y）≤0.10。

（3）网点　网点清晰，网点角度准确，不出重影，不出龟纹。精细印刷品50%网点的增大值范围是8% ~20%（黑色为8% ~25%）；一般印刷品50%网点的增大值范围是10% ~25%。

（4）相对反差值　相对反差值简称K值，是控制图像阶调的指标，计算公式为：

$$K = (D_s - D_i)/D_s$$

式中，D_s为测定的实地密度值

D_i为测定的网点密度值

平版印刷品的K值范围见下表。

相对反差值（K）的范围

色别	精细印刷品	一般印刷品
黄色（Y）	0.25 ~ 0.35	0.20 ~ 0.30
品红色（M）、青色（C）	0.35 ~ 0.45	0.30 ~ 0.40
黑（K）	0.35 ~ 0.50	0.30 ~ 0.45

（5）套印　多色版图像轮廓清晰，套印位置准确，套印允许误差如下表所示。

胶印套印误差　　单位：mm

部位	精细印刷品			一般印刷品		
	四开	对开	全开	四开	对开	全开
主体部位	<0.10	<0.15	<0.20	<0.20	<0.30	<0.50
一般部位	<0.15	<0.20	<0.30	<0.30	<0.40	<0.60

（6）外观要求　版面干净，无明显脏迹；文字完整、清晰、位置正确；印刷接版色调基本一致，精细产品的尺寸误差<0.5mm，一般产品的尺寸误差<1mm，图像位置准确。

七、平版印刷的质量控制

在实际印刷生产中，常借助40倍的放大镜、分光光度计、反射（或透射）密度计等仪器，并利用信号条、测控条和CPC系统等方法来控制胶印质量。

（1）GATF星标　它是供视觉检查用的信号条。通常在网点没有变形、重影的情况下，星标的中心如图4-17所示；当印刷中供墨量过大，网点发生变形，星标的中心将有明显的变化，从而判别出印刷的质量问题。

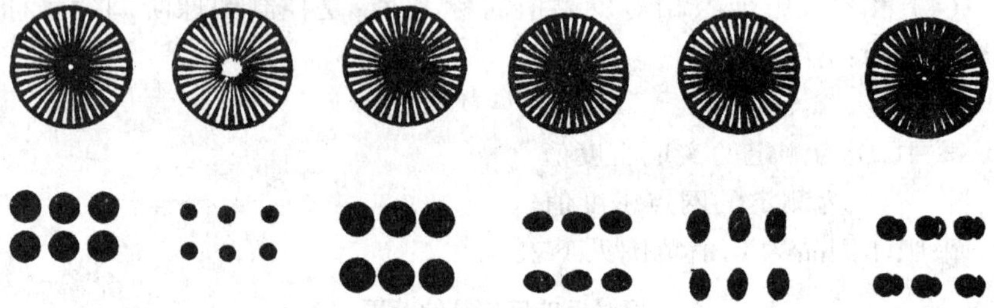

图4-17　GATF星标

（2）布鲁纳尔测试条　该测试条是配合密度计来检查油墨的实地密度、网点扩大值、相对反差值等主要质量技术指标的，由实地色块、50%粗网（10lpc）和50%的细网（60lpc）的网点块组成，如图4-18所示。根据超精细段的点形变化,用肉眼判断并检查重影和网点的变形等。

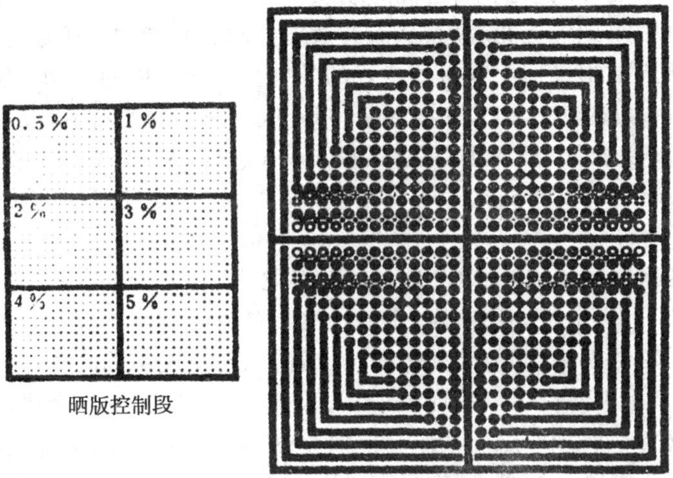

图 4-18　布鲁纳尔测试条

(3) FOGRA 测试条　FOGRA PMS 色彩控制条是德国印刷与复制技术协会设计的。它由实地块、网点块、叠印块及控制印版和软片曝光用的微线块组成,如图 4-19 所示。

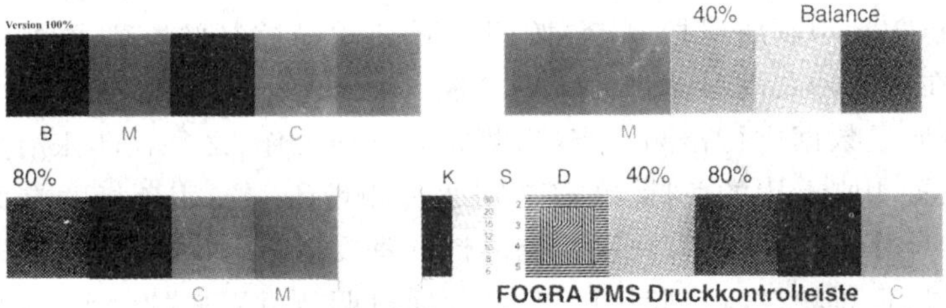

图 4-19　FOGRA 测试条

控制条规格为 8mm×530mm,在长度方向上无规律地重复安排各种各样的元素,它所包括的元素有实地块、实地叠印块、为了控制网点增大的网点块(网点百分比为 2%、3%、4%、5%、40% 和 80%)、网点变形块、灰平衡块和为了控制印版曝光的微线块(6μm~30μm)。

(4) 印刷质量自动检测及控制系统　随着电子技术和计算机技术的飞速发展,印刷生产过程中的质量管理已经摆脱了长期以来靠人的视觉和经验操作的落后局面，逐步实现了印刷过程的自动化。

利用密度计测量技术，检测印刷质量、自动控制印刷质量的系统已在胶版印刷中得到广泛的应用，从而有效地控制了胶版印刷质量，并在胶版印刷的质量控制过程中取得了良好的效果。目前常用的自动控制印刷质量系统有：海德堡的 CPC（Computer Printing Control）系统，以及比较常用的 CP2000 系统等；日本小森的 PQC（Printing Quality Control）系统；罗兰的 CPI（Computer Printing Ink）系统等。下面我们仅对德国海德堡 CPC 系统作简要介绍。

CPC 系统是由 CPC1、CPC2、CPC3 组成。

CPC1 是一个中心控制台，主要控制多色胶版印刷机每一个机组的各个供墨区的供墨量，调节印版滚筒的位置，以便实现精确的套印。

CPC1 采用遥控装置的计量墨斗，即将胶版印刷机的一个供墨区分成 32 个供墨区，每个供墨区均有一套独立的调节装置，当中心控制台需要调节某一个供墨区的墨量时，只需按下中心控制台的增墨或减墨按钮，将增墨或减墨的信号通过伺服电机调节墨斗辊与墨斗刀片之间的间隙，从而控制供墨量的多少。

CPC1 中心控制台安装的套准装置和墨量控制的原理相同，用控制印刷端部的电机，并通过一定的机构使印版滚筒在轴向或周向产生位移，以适应套印精度的要求。印版滚筒的调节精度可达 0.01mm。

CPC2 是印刷质量控制台，按照印刷品质量控制的基本数据设计而成，能在数秒钟之内对印张的实地密度、网点增大值、印刷相对反差和其他印刷质量数据进行检测。当然，要完成这项工作，必须在印张沿宽度方向上设置印刷专用的色标。CPC2 则通过测量印刷专用色标的有关信号传送给计算机，并与计算机中存储的标准密度值进行比较，或与输入的控制信号进行比较，经过判断、校正，从而通过调节供墨量的大小，控制印刷品的墨层厚度。

CPC3 是专用的印版图像识读器。首先由 CPC3 识读印版的图像，确定印版对应的每一个输墨区的油墨的网点百分比，并将所得的结果存储在 CPC 盒式磁带上。若将磁带的数据输入 CPC1 中心控制台，由 CPC3 记录的数据便自动转换成墨斗提供墨区的供墨量，印刷机很快进入正常的印刷状态。

在整个 CPC 系统中，CPC1 用于控制一台印刷机，CPC2 进行集中控制，把所控制的以及印张经检测和计算的数据输入到 CPC1 中，对印刷机的供墨系统作修正和调整，CPC3 则是对印版图像进行识读，从而决定各供墨区的供墨量，并存储在磁带中，此磁带作为 CPC1 的输入数据。

八、现代无水印刷技术

无水印刷也是一种平版印刷技术，只是它不使用传统平版胶印中所必需的润湿液，而是使用一种特殊的硅橡胶涂层印版、特殊油墨以及一套严格的温度控制系统。在无水印刷中，印刷过程从使用异丙醇或其他润湿液的化学过程变成了简单的机械过程。印刷操作者也无需调节水墨平衡关系，所有的无水印刷系统只需在一个合适的温度范围内把油墨转移到印版上去就可以了。

无水印刷可以实现快速翻面印刷，减少了印刷前的准备时间及纸张的浪费，也消除了传统印刷中润湿液的化学污染用水。无水印版可以达到较高的加网线数，向印品上传递更多的油墨。在彩色印刷中，可以生成更大的色彩范围。无水印版是一种平凹版，图文部分略低于印版的表面（即空白部分）。由于没有了润湿部分，油墨也就不存在乳化问题了，水墨平衡的问题也不存在。所以，无水印刷可以印出更加清晰、亮丽的图像。

1. 无水印刷系统

无水印刷系统主要由三部分组成：无水印版、无水油墨以及印刷机上的温度控制系统。

无水印版，其结构可分为三层：支持层（底层）、中间层、斥墨层。支持层一般为铝基、聚酯片基。无水胶印版的结构如图 4-20 所示。在支持层上涂布高分子树脂作为中间层，它是用来吸附油墨的。最上面的斥墨层是硅树脂橡胶（约 2μm 厚）。硅树脂橡胶的表面张力很小，一般在 0.02N/m 左右，比油墨的表面张力要小，油墨是不能润湿硅树脂橡胶层的。为了使二者更加排斥，常要增加无水印刷油墨的粘度，所以其连结料与普通油墨的连结料有所区别。

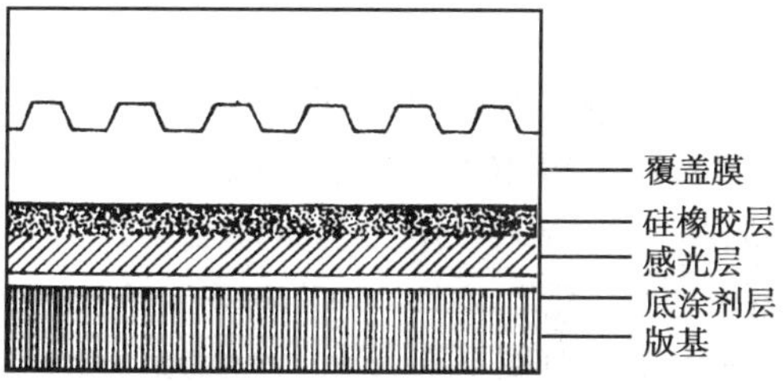

图 4-20　无水胶印版的结构

目前的无水印版有两种：一种是由日本的 Toray 公司生产的感光无水印版。它需用胶片曝光、晒版处理，空白部分的硅橡胶层见光发生光聚交联反应，而用化学显影剂（聚乙二醇）除去印版图文部分的硅橡胶层，露出微微下凹的感光树脂层，此为传统无水印版，如图 4-21 所示。另一种是美国 Presstek 公司推出的计算机直接制版产品。它可用于 DI 印刷机上，为在机成像制版（不需曝光、晒版处理），它采用激光烧蚀技术除去印版图文部分的硅橡胶层，为数字无水印版。

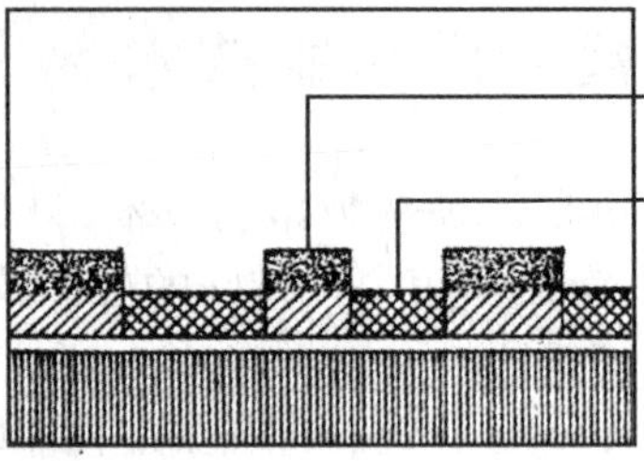

图 4-21　无水胶印版的制版

传统无水印版是用阳图底片曝光，其晒版装置、光源与普通 PS 版制版一样，曝光时间也没有太大的差异。曝光结束后，还必须采用特殊的化学和机械方法对印版进行加工处理。处理好的无水印版上的非图文区域是斥墨的硅橡胶层，而图文区域上，硅橡胶层被除去，留下吸墨的感光树脂层。这种印版设计可以保证印版不使用水、酒精等润湿液，同样达到有选择性地吸墨或斥墨，从而避免了由润湿液引起的许多印刷故障。无水印版上非图文部分的硅橡胶层有时会被轻易划伤，而露出其下吸墨的感光树脂层，这时需用特制的修版液（一种液体硅橡胶）来修复划伤的部分。

无水印版可用于单张纸印刷机和卷筒纸印刷机。根据无水印版类型的不同，其耐印力可从 15 万印到 60 万印不等。印版耐印力的大小还取决于所用纸张的类型。表面强度越高的纸张（如胶版纸或铜版纸），不易拉毛、掉粉，对印版的磨损就越小，因此印版的耐印力相对会高些。像传统 PS 版一样，无水印版也可以再生。

无水印刷油墨与传统印刷油墨之间最大的不同是所用树脂或连结料的不同，它一般为无硅型油墨（含超高分子树脂和 α-烯烃类溶剂）。无水印刷油墨的连结料，应符合其流变特性，而且比传统印刷油墨中的连结料的粘度大。因此，无水印刷油墨比传统有水印刷油墨的粘度高、粘着性低，其主要成分是高粘度的改性酚醛树脂及高沸点的非芳香族溶剂，遇热易分解，故在印刷时，作业环境温度一般保持在 23℃ ~25℃。

影响粘度的一个重要因素是温度。墨辊的转动和印版的摩擦很容易使印版表面的温度升高,从而引起油墨的粘度下降,进一步影响到印刷过程和印品质量。相对于有水胶印过程,无水印刷没有了润湿液,这必将降低系统对印版表面的冷却效果,为此必须在印刷机上安装温度控制系统,以便精确地控制温度。一般的控制方法有串墨辊中通冷水、橡胶辊内通冷水、吹冷风等三种。最常用、效果最好的温控系统是冷却串墨辊,冷却液在中空的串墨辊内循环,从而带走印刷单元的机械摩擦作用所产生的热量,使油墨温度保持恒定,油墨粘度大小基本不变。这种温度控制系统在高速卷筒纸印刷机上已使用多年。目前,这项技术经过改进,也应用在单张纸印刷机上。

无水印刷的打样,不能在传统的打样机进行。因为在传统打样机上,网点扩大比无水印刷要大。所以,许多无水印刷厂家常采用数码打样系统进行打样。

2. 无水印刷的优点

(1) 保护环境　由于不使用润湿液,不向空气中排放挥发性有机物,因此对环保十分有利。

(2) 颜色一致性好、饱和度高　没有了润湿系统,不存在油墨乳化的现象,印品上的颜色变化小,墨色均匀;硅橡胶印版具有凹进的蜂窝结构,可以在印版上保持更多的油墨,因此四色印刷的油墨密度比 SWOP 标准(卷筒纸胶印规范)高 20% 左右,有较高的饱和度;印品反差大,层次丰富,细节表现能力更强。

(3) 印刷准备时间短　可比传统印刷的准备时间缩短 40% 左右;不用调节水墨平衡,一般过版 5 张纸即可进入正式印刷,耗纸率低,生产效率较高。

(4) 网点扩大小　无水印版中下凹的图文区域(井状结构)使油墨受压时不易扩散;无水印刷油墨的高粘度使得油墨从橡皮布向纸张表面转移时,其网点扩大很小;无水印刷油墨在纸面多被氧化干燥而不是被吸收,所以网点形状和大小不会有多大改变,一般其网点扩大值可控制在 3% 以内。

(5) 印刷精度高　较低的网点扩大率以及使用硅橡胶层组成空白部分,促使无水印刷能采用较高的加网线数(300dpi 以上),并能印出较精美的产品。

(6) 色域空间更大　因为无水印刷可以印刷出更高的油墨密度(比传统印刷油墨密度高20%左右),故无水印刷的色彩空间比传统印刷的色彩空间大。使用高加网线数印刷,可以向纸张上转移更多油墨,亦可增大色域空间。

(7) 承印范围广　由于没有润湿液,纸张变形小,套准精度高,所以无水印刷在胶版纸和再生纸上都可以印刷出高质量的印品。对于非吸收性的承印物(如塑料薄膜、金属、合成纸等),无水印刷也能较好地保证印刷质量。

随着印刷技术、计算机技术和激光技术的发展,已经开发出了一种更为先进的无水数字印刷技术,在不久的将来,它可能替代传统的有水印刷。

第二节　柔性版印刷技术

柔性版印刷技术起源于20世纪上半叶,由于版材质地差及使用有毒的苯胺油墨,其发展速度一直受到限制。随着新型高弹性、高分辨率柔性版的研制成功以及水性或UV油墨的应用,柔性版印刷成为21世纪的“绿色环保印刷”,其印刷图像质量大大提高,经济效益显著。在商品包装方面,高质量的柔印产品随处可见,如烟标、啤酒标、不干胶标签、药盒、食品盒、瓦楞纸箱等,还有很多塑料软包装产品。柔性版印刷已逐渐成为与平版印刷、凹版印刷并立的三大印刷技术之一。

一、柔性版印刷原理

柔性版印刷也属于凸版印刷中的一类,由于其印刷方式的特殊性,目前一般把柔性版印刷单独作为一种印刷方式。

现代柔性版印刷的油墨转移原理较为简单,其印刷原理为:低粘度、高流动性的液体油墨从墨槽传递到网纹辊上,高线数的网纹辊表面刻有许多细小的凹槽以吸附油墨,多余的油墨则被刮墨刀刮除。网纹辊与印版滚筒相接触，凹槽内的油墨便滚过柔性版表面凸起的图文部分，在印版滚筒与压印滚筒的轻压力作用下，印版上的油墨便转移到了承印物表面上，如图 4-22 所示。

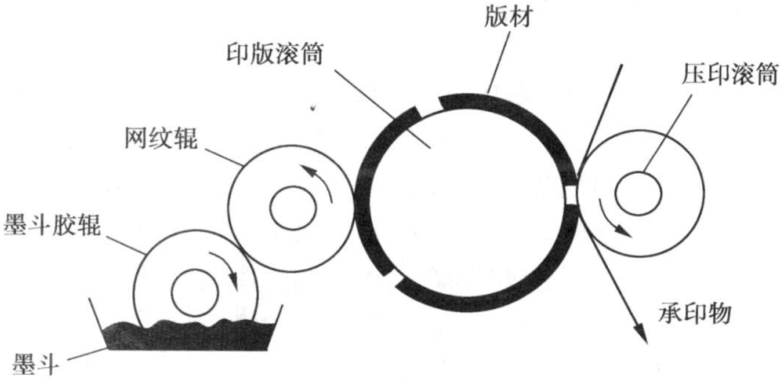

图 4-22　柔性版印刷原理

柔性版印刷与其他印刷方式相比，具有其独有的特征。

① 使用柔软的高分子树脂版材（如美国杜邦公司生产的 Cyrel 版），既降低了制版成本，又缩短了制版周期。

② 使用网纹辊传墨。由于网纹辊既是油墨的传递辊又是油墨的计量辊，故能按工艺要求准确供墨。目前，采用激光雕刻的金属陶瓷网纹辊已可达到 1600 线/英寸的水平，为精确控制墨色和墨层厚度，提供了有利的手段。

③ 零压力印刷。既减少了对机械的震动与磨损以及版材的磨损，也扩展了印刷介质的范围，特别是有利于柔性材料的印刷。

④ 采用无毒的水性油墨印刷。柔印水墨是目前所有印刷油墨中唯一经美国食品、药品协会认可的无毒环保油墨。因而，柔版印刷又被人们称之为绿色印刷，被广泛地应用于食品和药品包装，这是其他印刷方式可望而不可及的。

⑤ 适印材质广泛。柔版印刷机可印刷各类纸张、纸板，并且还可以印刷铝箔、塑料薄膜、不干胶纸、不干胶膜、玻璃纸及纺织品。

⑥ 设备综合加工能力强。几乎所有的窄幅机组式柔性版印刷机都可以在同一台设备上进行印刷后加工，如反面印刷、上光、覆膜、烫金、模切、横断、分切、打孔、自动排废等，甚至可以在印刷机组上增加打号码设备或丝网印刷单元。因此，有人将柔性版印刷机称为集印刷、印后加工于一体的生产线。

⑦ 生产投资小。柔性版印刷机由于结构相对简单，因此设备投资低于相同规模的胶印机或凹印机，一般可节省30%至40%。

二、柔性版印刷机

柔性版印刷设备通常采用卷筒型材料，可从双面或单面印刷到上光、覆膜、烫金、模切、排废、收卷或分切等印后加工作业一次完成，提高了生产效率，大大缩短了印刷周期，降低了印刷成本。目前，柔性版印刷机的自动化程度很高，一般配置有张力控制、自动套准、自动控制（控制网纹辊、印版滚筒的离合）、质量监控等多种系统，其机型分为窄幅和宽幅两种。窄幅柔印机主要印刷商标、标签等产品，而宽幅柔印机则用来印刷包装装潢和报纸之类的印刷品。另外，也出现了一些单张纸柔印机组，如用于胶印机后置的涂布上光单元。还有一类多色单张纸柔印机，常用于包装材料表面的金属油墨的高质量印刷。

1. 柔性版印刷机的基本结构

无论哪一种柔性版印刷机，一般都由开卷部分、印刷部分、干燥部分及复卷部分等组成。

（1）开卷部分　它是柔性版印刷机的输纸机构，其作用是使卷筒料开卷、平整地进入印刷机，并在印刷机转速减慢或停机时，消除纸张上的皱纹并防止卷筒料拖到地面上。柔性版印刷机的印刷速度一般可达到150m/min，有的柔性版印刷机的印刷速度可以达到500m/min。在正常运转情况下，为了减少停机换卷次数和卷筒料的浪费，必须安装开卷给料装置。开卷给料装置的作用是将成卷的承印材料展开并连续、稳定地将其送入印刷部件，在承印材料到达第一个印刷部件之前，控制其速度、张力和横向位置。

（2）印刷部分　柔性版印刷机的印刷部分是柔性版印刷机的核心部分，每一个单色印刷机组都由供墨系统、印版滚筒和压印滚筒组成。该印刷部分可分为三墨辊油墨系统和双墨辊油墨系统。三墨辊油墨系统有一个墨斗辊（多是用橡胶制成），负责把油墨输送至网纹辊上。在这个系统中，墨斗辊的速度保持不变，网纹辊的速度则会变化。这样墨斗辊不仅仅是把油墨输送至网纹辊表面，还通过有效利用二者的速度差去碰擦网纹辊，把多余的油墨抹去。三墨辊油墨系统是以控制网纹辊的转速来调节墨量的。双墨辊油墨系统则没有墨斗辊。网纹辊直接在墨槽上转动，而用刮墨刀把墨辊上多余的油墨刮去。刮墨刀与网纹辊轴在接触处切线方向呈锐角。刮墨刀使油墨量的供应更精确,但对网纹辊的磨损比较大,其供墨方式如图4-23所示。

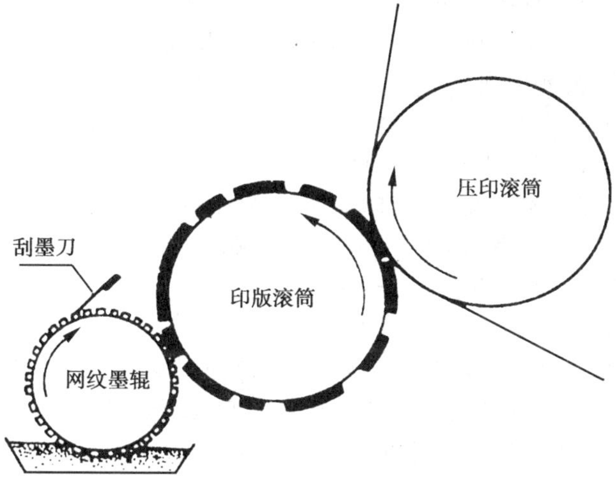

图4-23 柔性版印刷机的供墨方式

柔性版印刷机的供墨系统与平版印刷机不同,它没有许多墨辊,通常由陶瓷网纹辊(或金属网纹辊)与反向角不锈钢刮墨刀(0.15mm)组成(三墨辊油墨系统用墨斗辊取代刮墨刀),是一种短墨路的供墨系统,其传墨路线短,供墨量准确。随着柔印产品质量的不断提高和网目调印刷在柔印领域的广泛应用,一种由陶瓷网纹辊和双刮墨刀组成的供墨系统成为现代印刷机的标准配置。由双刮墨刀组成的油墨腔不仅能充分准确地向网纹辊供墨,且供墨量不受印刷速度的影响,而且还可把刮墨刀对印版的磨损降到最低。供墨时,油墨只在两刮墨刀之间的运动区域内填补网纹辊网穴,减轻了网纹辊的运转负荷,整个系统也显得洁净。

印版滚筒上的柔性版是使用双面胶粘着固定的。与胶印印版不同,柔性版的大小因所要印刷的印品大小而异,因此选用的印版滚筒的圆周也应与印刷品的尺码相吻合。一般而言,多个重复的图像会以多个印版附在同一印版滚筒上连续印刷,因此印版滚筒的圆周尺寸必须与重复图像的尺寸大小相匹配。如一个要印刷的图像长度是六寸,可用一个十二寸的印版滚筒来印两个重复图像。但不可用一个十寸的印版滚筒来印六寸的图像。由于印版滚筒要与印版相匹配,网纹辊要与印刷工件相匹配,因此,柔性版印刷机经常要根据实际情况进行新的组合安装。在光滑的金属压印滚筒及印版滚筒之间的压力,可调校至所谓的“适压”。由于一些薄胶卷膜及裱胶物料都很薄,用柔性版印刷时,其印版图像的大小和位置易发生变形弯曲,因此要用最轻的印刷压力印刷图文。若压力过大,图文会严重扩大,若印刷瓦楞纸时还易压溃瓦楞,不仅影响印刷质量,还会损坏印版和承印材料。柔性版印刷的压印力约为 $10N/cm^2 \sim 50N/cm^2$,因此,柔性版印刷被认为是一种“轻印压”系统。

(3) 干燥部分　柔性版印刷机上两印刷色组之间的走带长度为 250mm ~ 400mm,而柔印的速度一般为 150m/min,这意味着印件上某点经过干燥装置的时间仅为几分之一到十几分之一秒,因此要求柔印机的干燥装置有良好的干燥效率。柔印机的干燥装置分为两种:一种是间色干燥,即在进入下一印刷单元之前,使前色墨层尽可能完全干燥;另一种是最终干燥,即在各色油墨全部印刷完毕后,要彻底排除墨层中的溶剂,以免复卷或堆叠时造成油墨的背面蹭脏等故障。干燥方式有冷风或热风干燥、红外线干燥、紫外线干燥以及紫外线与红外线混合干燥等多种形式。对于采用水性油墨的柔印,其干燥方式为热风干燥和红外线干燥;而对于采用 UV 或 UV/EB(电子束)油墨的柔印,其干燥方式为紫外线干燥(如高压水银灯)。

(4) 复卷部分　它是柔性版印刷机的收纸部分,是在普通的轴承上装有一根轴,通过铁心夹盘固定住卷料辊,复卷印刷后的物料。为了保证印刷套准精度,获得松紧均匀、端面整齐、外圆轮廓规矩的印刷料卷,复卷部件也都配备有张力调节和控制装置。为了缩短停机时间,有的柔印机设有多个复卷部件,用以不停机换卷。

2. 柔性版印刷机的基本形式

柔性版印刷机是使用卷筒纸印刷的轮转机。印刷部分一般由 2 至 8 个机组组成,多的可达到十几个机组,每一个机组是一个印刷单元。按照机组的排列方式,柔性版印刷机分卫星式、层叠式、并列式(水平联动式)三种。

(1) 卫星式　卫星式(CI 型)柔印机是压印滚筒共用型,即只有一个大的中央压印滚筒(最大直径有 2m 以上),几个印刷单元排列在其周围,如图 4-24。这种印刷机适合于宽幅和张力难以控制的薄型印刷基材,其套印准确(<1μm),印刷精度高,但由于承印材料经过各个印刷单元的走纸路线是不能改变的,所以只能进行单面印刷。另外,它的色组数受限制(最多 10 个色组),机器造价高,连线生产能力差。各印刷单元之间距离太短,油墨干燥不良时容易蹭脏,因此每一个色组都附有干燥装置。标准的卫星式柔印机印刷宽度为1 300mm,最大印刷长度1 000mm,最高印刷速度为 6.7m/s。现代卫星式柔印机自动化程度很高,如有自动滚筒换装系统、不停机换卷系统、计算机控制油墨循环供应和切断系统等。

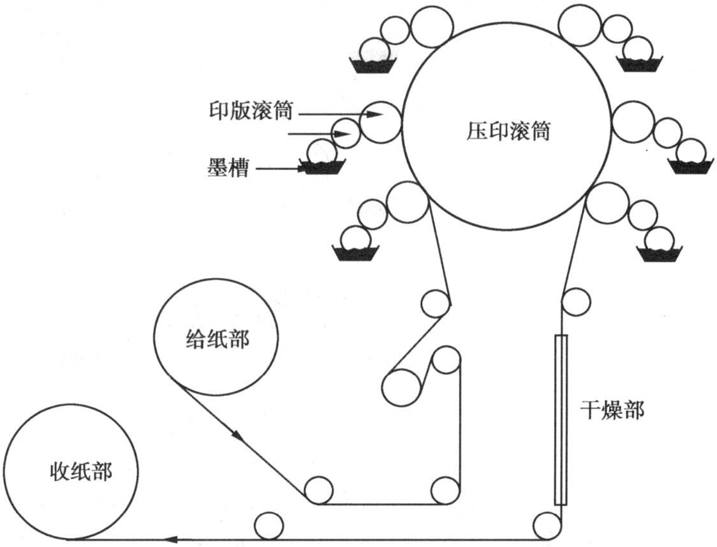

图 4-24　卫星式柔性版印刷机示意图

(2) 层叠式　层叠式柔印机是在主机的两侧,将单色机组相互重叠起来,每一个单色印刷机组均有独立的压印滚筒,各机组都由主机齿轮链条传动,如图 4-25 所示。由于机组间相互独立,在设计时可将机组之间的间距拉开,便于安装干燥装置,以实现高速印刷。若有翻转装置,还可进行正、反面印刷。因为每一个印刷单元都可以自由啮合或离合,间距又可调整,所以机器能部分使用,单色机组检测时,不需要停机,部件的调换和清洗都很方便。层叠式柔性版印刷机造价低,其机组是上下排列,结构紧凑,因而安装占地面积少,容易和纸制品的各种加工作业如制袋、裁切、层压复合等设备配合,但齿轮间隙点多,色组组合难度较大,套印精度差。

层叠式柔印机适合于大多数承印物，但不适合印刷伸缩性较大或较薄易起褶的承印材料，因此常作为一种辅助性的印刷设备，一般用于简单的包装盒的印刷。有时也可作为涂布机使用，进行涂布印刷。

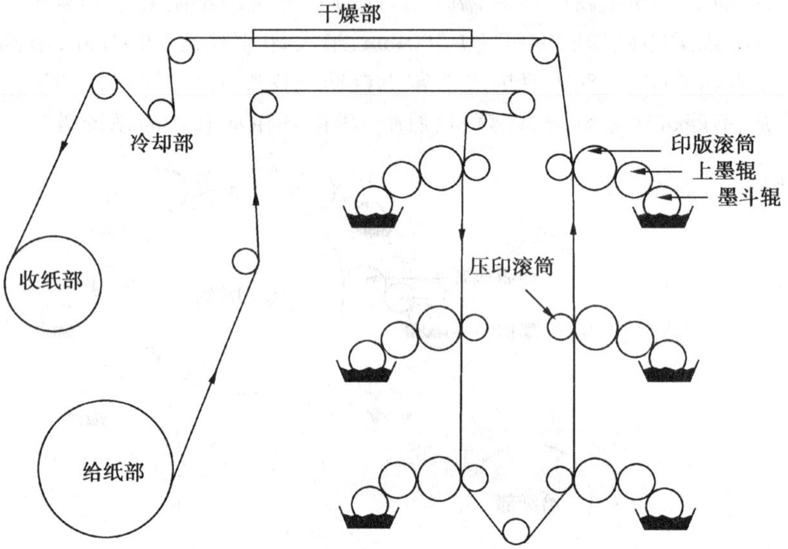

图 4-25　层叠式柔性版印刷机示意图

(3) 并列式　并列式柔印机各单色机组独立分开，机组间按水平的直线排列，由一根公用轴驱动，能进行双面印刷，其承印材料既可以是单张，也可以是卷筒式的，适合于纸张（不干胶商标、报纸等）和纸板（如瓦楞纸板）的印刷，也能印刷一些柔软的薄膜。并列式柔印机结构如图 4-26所示。短距离并列式柔印机的各压印机组间距较小，便于多色套印，且印刷精度较高。其传动简单可靠，操作维护方便，色组组合便捷，便于安装辅助设备（如自动裁切装置），后续连线性能好，适宜短版活印刷，为多见的机型。其最大印刷宽度为1 500mm，最高印刷速度为 4m/s。现代机组型柔性版印刷机通常采用模块式结构，可按用户需求配置印刷单元，并随需求变化而添加单元机组（最多时可增加至 14 个色组）。每一个印刷机组自成一体，有单独的控制系统、干燥系统、印刷机组控制盘等。除了标准配置外，柔印机还配备有多种任选装置，如流动的 UV 干燥组件、可升降放卷单元、反向刮墨刀、卷带翻转单元、导孔冲压、分条装置、平板/滚筒模切单元等。不同的厂家生产的印刷机有不同的标准配置和自选配置,使设备灵活多变,从而组合成不同用途的印刷机,为扩大生产范围提供了便利条件。另外,并列式柔印机还能与胶版印刷或凹版印刷单元拼接起来,形成一个组合印刷系统,从而把各自印刷方法的优势集中起来发挥作用。柔性版印刷在报业中的运用相当广泛,例如,高宝公司一种现代的多色报纸柔印机也是并列式的机组,但它具有多层的塔式结构,共有 144 个印刷单元,采用水基油墨印刷。

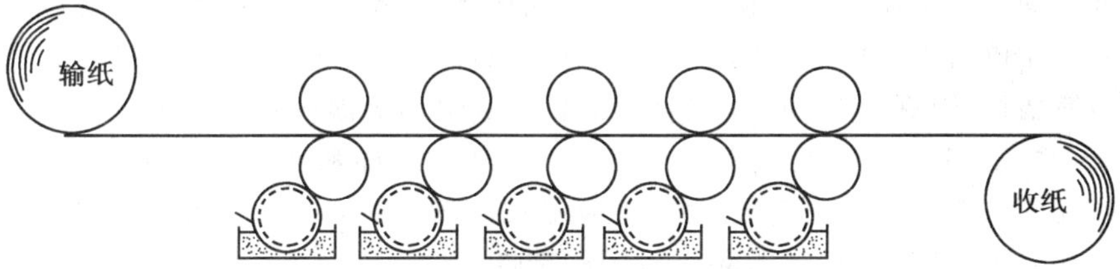

图 4-26 并列式柔性版印刷机的结构

3. 柔性版印刷机的发展

从 2000 年德国 Drupa 所展示的卫星式、并列式柔印机来看,欧美一些知名柔印制造商在近几年开发新设备时,大都采用了套筒技术、封闭式刮墨刀、数控印版滚筒、数字(无齿轮)传动技术、UV 技术、不停机换卷装置以及张力控制技术、计算机控制技术、预测诊断技术,成功地研制了高质量、高水平的柔性版印刷机。使用薄版工艺、计算机直接制版、UV 油墨和高网线陶瓷网纹辊,可使柔印印品的质量接近或达到胶印、凹印的水平。

现以 W&H 公司八色卫星式柔印机为例,说明柔性版印刷机的发展概况。W&H 公司生产的 Novoflex 八色卫星式柔印机是实现柔印高灵活性、高质量和经济效益的新起点。Novoflex 系列卫星式柔印机主要用于软包装印刷,印刷幅宽为1 000mm,重复印刷长度在 300mm ~ 760mm 之间,重复印刷长度可无级变化,最高印刷速度为 300m/min,并且可与其他印后加工单元在线配套使用。其主要特点如下。

① 采用直接驱动技术。W&H 公司采用直接驱动印版滚筒和网纹辊技术,将无级任选重复印刷长度技术应用到卫星式柔印机上。印版滚筒直接驱动装置使得印刷长度可无级连续任选;集中式网纹辊直接驱动装置可以单独关闭,网纹辊的移动速度可调。在清洗网纹辊时,其速度可以单独控制。由于采用数字控制,无需重复进行变速调节,省去了改变速度大小和调节齿轮啮合工作的麻烦,提高了效率。同时,随着直接控制技术

与 CI 设计的结合,以及印刷长度的可改变性和机器调试时间的减少,改变了柔印过去难以进行可变化的大幅面印刷的状况。承印材料表面和印版表面线速度一致,印版滚筒和网纹辊的精确匹配,提高了网点清晰度,减少了网点的扩大,保证了印刷质量。

② 采用套筒技术。W&H 新开发的套筒系统可用于所有规格的印版滚筒和激光雕刻的陶瓷网纹辊,印完一种产品后,所有需要更换的规格件可由操作人员快速地在机器内更换,而印版滚筒芯轴和网纹辊芯辊则始终留在机器上。印版套筒上有参照标记,印刷机上装有纵向和横向套色调整装置,以保证准确套印,消除安装印版滚筒的误差。

③ 采用封闭式刮墨刀系统,可以确保网纹辊和印版得到最佳墨量。高线数陶瓷网纹辊的激光雕刻和封闭式刮墨刀的应用,提高了短墨路系统的传墨性能,提高了印品质量的稳定性。

④ 配有不停机换卷式收放卷装置、张力测量调节装置和牵引装置。压辊装置和断带装置以气动方式工作,采用气电式张力测量和调节装置,确保张力恒定。

⑤ 使用 Procontrol 模块式自动化操作系统,既可预选菜单、集中操作收放卷单元、印刷单元、烘干单元,又可选用摄像方式观察模块,在显示屏幕上监视整个印刷过程。采用 CAN 通信技术,将功能模块连成网络以交换信息。借助调制解调器选择远程故障诊断装置,为客户提供帮助。

⑥ 使用 Flexorex CCI 计算机控制快进系统,保证设备在停机状态下进行套准设置时不会产生废料。高效率的伺服步进电机具有自动转速监测功能,确保高度精确地设置印刷压力、印刷长度、印版及承印材料厚度等参数。

⑦ 采用具有双层壁结构的温控式压印滚筒和高功率烘干/冷却系统。色间烘干装置以及桥式烘干装置均采用双回路循环空气,减少了对新鲜空气的需求量,从而降低了对加热能源的消耗。

以上虽然只是 W&H 公司生产的八色卫星式柔印机所具有的新技术,但从中也能看出柔性版印刷机一些新的动向和柔性版印刷机发展的新趋势。

三、柔性版印刷生产流程

因为柔性版印刷使用高弹性、高分辨率的柔性版感光树脂凸版，并采用了带小网穴的网纹辊定量供墨，其印刷油墨流动性好，粘度较低，印刷质量可以与平印相媲美，所以它具有凸印、凹印和平印等三种印刷工艺的特点，适合于印刷各种纸张（包括纸板）、塑料薄膜、不干胶标签等承印物。在柔印生产流程中，包括以下一些操作规程。

（一）印刷前的准备

1. 网纹辊的选用

（1）网纹辊概述　网纹传墨辊是保证短墨路传墨、匀墨质量和印刷质量的关键部件。网纹辊的作用是向印版滚筒上的图文部分定量均匀地传递其所需要的油墨。高速印刷时，还可以防止油墨的飞溅现象。现代柔性版印刷机所采用的网纹辊发明于1939年，当时使用机械方法雕刻的镀铬辊。近年来，电子雕刻、激光雕刻、超细颗粒陶瓷材料及喷涂工艺的研究与应用不断取得进展，高线数和多种异形网孔网纹辊加工技术的应用，使网纹辊的工作性能迅速提高，为精细印品和彩色印品的柔性版印刷创造了条件。

最常用的网纹传墨辊是金属材料的，在其表面雕刻有形状一致、分布均匀的微小凹孔，称之为着墨孔、网穴，其形状有尖锥形、格子形、斜线形

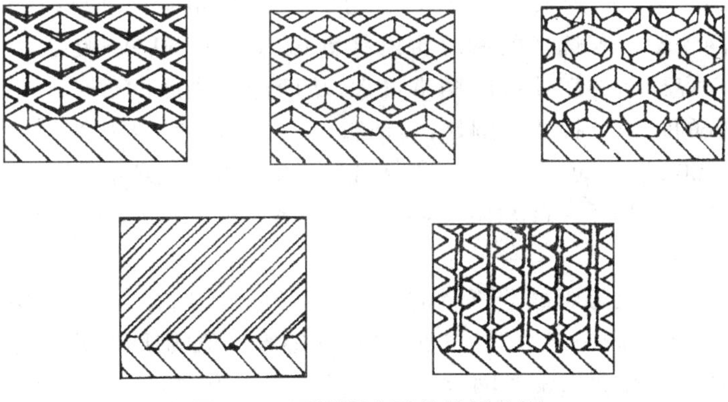

图 4-27　不同网穴形状的网纹辊

和蜂窝形等。不同网穴形状的网纹辊如图4-27所示。现在用得较多的是蜂窝状网穴。单位面积内的着墨孔数，叫网纹线数（线/英寸，线/厘米）。着墨孔的结构和线数决定了网纹辊的传墨性能和使用范围。着墨孔的均匀一致程度又决定了匀墨质量。其表面的镀层对网纹辊的传墨性能也有影响。

（2）网纹辊的种类　按照表面镀层来分，网纹辊可分为镀铬辊和陶瓷辊，二者皆有较好的传墨性能。镀铬网纹辊造价低，耐印力一般为1 000万次～3 000万次，网纹线数可达500线/英寸以上。由于有镀层，其墨穴不易堵塞，但使用寿命不如陶瓷辊。陶瓷网纹辊具有更强的耐磨、耐热性，其耐印力可达4亿次左右，网纹线数可达到1 500线/英寸以上，能使供墨量得到精确控制，适合于印刷精细的彩色印品。但陶瓷辊的墨穴易堵塞，使用时应注意及时清洗和保养。

（3）网纹辊线数的选择　网纹辊是柔印机的"心脏"，网纹辊和刮墨刀的合理匹配，可以精确、稳定地传递油墨，在油墨传递中网纹辊能使柔印墨层始终保持在选定的范围内。在柔性版印刷工艺中，为了确保油墨能稳定地传递，网纹辊线数的选择是非常重要的。

网纹辊线数的选择，首先根据印刷品的各色图文着墨面积，凭日常经验估计选用每英寸多少线数的网纹辊才能满足印迹的墨量。其次是按照承印材料的吸墨量，在初步校版套印过程中，观察每色印迹的色相、墨量的饱和程度，再来调换不同线数的网纹辊，直到符合印迹墨层要求为止。理论上认为：柔性版的加网线数与网纹辊的网纹线数之比一般为1:4（最高可达1:7）。如使用150线/英寸的柔性版印刷，则应选用600线/英寸的网纹辊。若选择的网纹辊网线数偏低（如360线/英寸），则会因整体网穴容积增加而导致供墨量过大，从而产生糊版的现象。实际生产中网纹辊的线数选择的范围是：实地版，250线/英寸～400线/英寸；文字线条版，400线/英寸～600线/英寸；网线版，550线/英寸～800线/英寸（适合133线/英寸～150网线/英寸）、700线/英寸～1 000线/英寸（适合175网线/英寸）。

若为某一色印版的着墨量需求而进行网纹辊选择，不但要挑选线数的匹配，还要在同一线数网纹辊中进行油墨容量值的比较，这样才会做到选择合理。一般要求配备网纹辊的数量以多为好，以便适应不同产品及印迹墨量大小变化的需求。切不可采用调配水墨色相来凑合，否则，墨量、墨层难以达到最佳用量，而且色相也难以达到最佳效果。它不仅浪费时间和油墨，也会造成印迹质量不合格。长此以往，它所带来的损失将会远远超出多购几支陶瓷网纹辊的价格。

网纹辊的保养也是非常要紧的工作。网纹辊的价格目前还是比较昂贵的，认真爱护网纹辊不但是使用寿命的问题，更主要的是它直接影响油墨的传递和印迹的质量。微小的网穴极易被干固的油墨堵塞。因此，每次印刷完毕后，均要将网纹辊清洗干净。对于已被油墨堵塞的网纹辊只要使用专业清洗剂进行清洗，还是可以恢复原来的油墨容量值的传墨效果的。

(4) 网纹辊的传墨性能　现代网纹辊一般采用激光雕刻陶瓷辊。网纹辊传墨性能与墨穴雕刻角度、雕刻形状、墨穴深度与宽度（以微米计量）、网纹辊网线数和网线角度等有关。

墨穴作为传递油墨的载体，具有储墨和匀墨的作用，在高速运转的情况下，能有效地克服飞墨现象。最新发展的激光雕刻网纹辊技术，墨穴角度主要有30°、45°、60°和90°等四种网穴角度，墨穴排列可相互交错或相互平行。由于雕刻过程由计算机控制，因此网纹辊及其墨穴可以反复复制。墨穴一般有斜齿形、棱锥形、棱台形等形状。现代激光雕刻网纹辊多采用正六边形开口，它可以有效地避免莫尔条纹的产生。一般不采用对称的圆形墨穴开口，因为该开口形式的墨穴之间网墙面积增大，不仅降低了供墨量，而且传墨的均匀性会下降。

油墨从墨穴中向印版上转移的墨量，除了与油墨的性能、印刷速度等因素有关外，还与墨穴的深度与宽度的比值有关。如果墨穴开口窄而深，那么墨穴底部的油墨就无法转移，不仅降低了墨穴中的油墨向印版的转移率，而且也不利于网纹辊的清洗，由此造成墨穴的永久堵塞，网纹辊的报废。通常的，墨穴深度 h 与墨穴开口宽度 b 的比值 R（$R = h/b$，也称之为开口率）约在28%～32%之间时，油墨转移较流畅。一般讲，网纹辊的供墨量随网线数的增加而降低。对于实地印刷，如果网纹辊的网线数过低，则供墨量太大，印版边缘因积墨而造成印品边缘重影；如果网线数过高，供墨量不足，印品会因实地密度不够而发花。实际工作中，必须根据供墨量，合理选择网线数。网纹辊的网线角度目前尚无统一规定，较为理想的网线角度为30°和60°，但是目前应用较多的是45°，确定网线角度时应以最大程度地减轻莫尔条纹（龟纹）为基本原则。总之，应根据图文结构、承印物、油墨、印版的网目线数和不同的输墨系统等来选择合适的网纹传墨辊。

若长时间停机或是更换印件时，应对网纹辊进行彻底清洗，绝不允许油墨干固在墨穴内，以免影响网纹辊传墨的准确性。

2. 油墨的选择

柔性版印刷油墨具有两个显著的特征，即低粘度和快速干燥，因此柔印可采用短墨路的输墨系统，实现高速印刷。柔印油墨一般分为水基油墨和 UV 油墨。水基油墨的主要成分是颜料、水基连结料和辅助剂，它色浓度高、干燥速度快，且不含有机溶剂，不会对环境造成污染。UV 油墨与普通油墨不同，它不含溶剂，其主要成分是颜料、预聚物、活性单体、光引发剂和助剂，依靠紫外光照射瞬间干燥，无溶剂挥发，固化后 100% 成膜，是一种环保油墨。UV 油墨墨层较厚，有立体感，适合于包装装潢印刷品的印刷。

由于柔性版印刷的承印材料应用范围广泛，选择合适的水性油墨与承印材料相匹配是非常重要的。吸收性材料和非吸收性材料所用的水性油墨是完全不同的。即使吸收性材料，根据印刷品的用途，也要选用相适应的水性油墨，因为承印材料表面的物理性能各有所不同。选择水性油墨还要考虑产品的实际用途，其中包含印刷适性、粘度、附着力、干燥性、抗水性、耐磨性、耐酸碱性等指标。例如，啤酒标要经受贴标过程的摩擦、销售中冰水的浸泡及洗瓶的分离，不干胶标贴在包装流水线上的耐摩擦性，薄膜类印刷品的附着力和剥离强度等，这些都对水性油墨提出了不同的要求。

因此，选配水性油墨，需要注意以下几点：

① 区分承印材料的种类和品质；

② 明白印刷产品的实用要求；

③ 稳定水性油墨的 pH 和粘度；

④ 控制助剂的用量；

⑤ 不同品牌的水墨，不能混合调配。

3. 刮墨刀的选择与调整

刮墨刀起到刮除网纹辊表面多余油墨的作用，它有常规角度（正向角度）刮墨刀和反向角度刮墨刀两种。常规角度刮墨刀沿网纹辊的转动方向刮墨，刀直接安装在网纹辊上，刀刃与网纹辊在接触处与切线方向成锐角，与印版滚筒分别安装在网纹辊的两侧，如图4-28所示。刮墨刀可

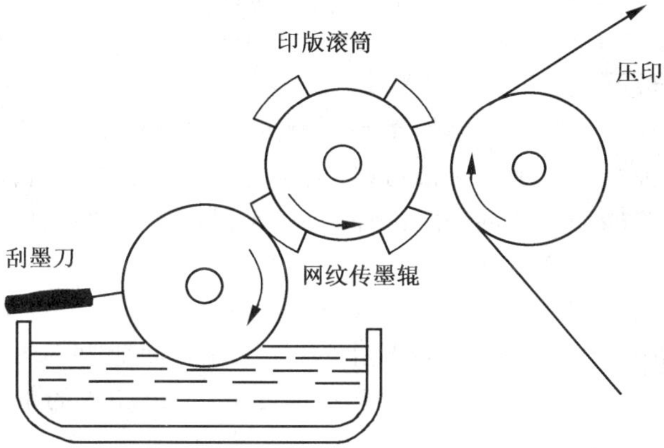

图 4-28 正向角度刮墨装置

以左右移动,其作用是防止印墨中的杂质堆积影响印墨的均匀。反向角度刮墨刀的安装方向与网纹辊的转动方向相反,两者之间的压力较轻,磨损较小,其传墨量不受印刷速度的影响,能更准确地传递和控制油墨以满足高质量印刷的要求。反向刮墨的结构如图 4-29 所示。为了保证供墨效果和提高网纹辊、刮墨刀的使用寿命,要调整好刮墨刀与网纹辊之间形成的角度,其大小取决于网线数的高低和刮刀的压力,一般在 30° ~40°之间。刮墨刀的压力调节以网纹辊表面多余油墨全部清除干净为准,压力不宜过大,以免损伤陶瓷网纹辊。另外,由于颜料颗粒在油墨中的粘结作用而使其颗粒变大(最大可达 25μm),导致颜料分散不均匀,从而直接

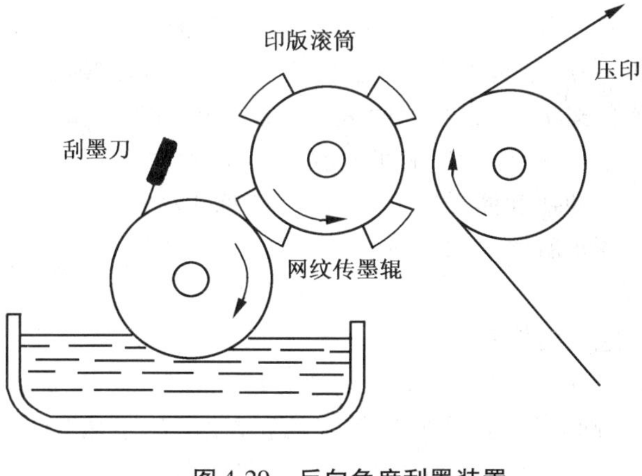

图 4-29 反向角度刮墨装置

加剧刮墨刀的磨损，影响刮墨性能。所以，油墨在使用前，必须充分均匀分散。

4. 双面胶带的选择

柔性版是靠双面胶带的贴附作用紧固在印版滚筒上的。柔印双面胶带是一种具有弹性的压敏性粘接材料，主体为聚乙烯发泡材料，两面涂有不同粘性的丙烯酸酯胶粘剂，并有单面或双面剥离纸保护，其质量好坏直接影响到印刷品的印迹质量。

柔版双面胶带有严格的性能要求，具体是：

① 保证印版与印版辊之间粘接牢固，而又能方便地取下来；

② 在 150m/min ~ 250m/min 的印刷速度下，保证印版的牢度和套印精度；

③ 厚度一致，弹性均匀，受压后不易变形，保证印迹质量。

柔性版常用的双面胶厚度为 0.38mm、0.50 mm 两种规格；以基材密度的种类划分为四种（以 3M 双面胶为例）：

低密度 1115 型，适合网线版和细线条印刷；

中密度 1015 型，适合文字、线条和实地印刷；

高密度 411DL 型，适合实地印刷；

新产品 1815M 型，介于 1015 与 411DL 之间，可替代 411DL 使用。

印刷厂家一般都要准备三种不同密度的双面胶带，以适合不同印版图文的印刷需要。

柔性版产品选择何种型号的双面胶，先要分析产品图文中网线、文字线条、实地是以哪一种为主；再要知道承印材料是什么，并根据日常经验进行选择。在同一产品印刷中，只能用一种型号的双面胶，不管这套印版图文中有无网线、文字线条、实地的区别。这是因为不同型号的双面胶的密度不同，弹性也有明显差别；有的虽然厚度相同，粘贴在同样直径的印版辊筒上，作为一种弹性体受压后，其压印在承印材料上的印迹长度不一样，从而会造成各印版之间的印迹长度变化，这就无法做到各色之间的套印准确。

5. 印刷色序的确定

柔性版印刷色序不同于平版印刷的色序。在确定印刷色序时，对于四色网线版的印刷原稿，要分析其图案色彩，常用色序是黄、品红、青、黑或者黄、黑、品红、青，这是因为水性油墨色密度高，遮盖率强，墨层厚实，色彩明亮而透光性较低。四色网线版的色序不可随意调换。对于专色版印刷，一般采用先浅后深的次序，浅色墨先印，可以使深色墨叠印后呈色效果明亮。对于采用叠色方法印刷的专色，主色、副色的色序是副色先印，而主色后印。一般来讲，要确定好印刷色序，需考虑如下因素：印刷机的种类、印刷品上颜色的重要性、套印精度的要求、纸张的性质、油墨的性质、油墨叠印的方式（柔印主要以湿压干式叠印为主）、颜色的深浅以及印版上图文面积的大小等。柔印产品主要是包装装潢印刷品，印张上有文字、图像、网线、实地等，有的还需印金、印银或上光。因此，柔印色序比较灵活，应综合考虑众多相关因素，确定最终印刷色序。

（二）正式印刷

印刷操作将体现印刷设备、材料选配、工艺制定、操作水平在实际生产过程中的真实水准。通常的柔印工艺操作流程为：上卷料→走纸→调整纠偏→安装网纹辊→上版辊→调节三辊压力→用墨→合压试印→压印→套准→张力控制→干燥→模切→分切→收卷。其中，走纸、调节压力、控制张力、调节油墨的 pH 和粘度、模切成品是操作要点。

1. 走纸

上卷料之后，卷料的中心位置也就是印刷的中心轴位置，这点很重要，因为制版、贴版、上卷料、纠偏、模切、分切等都是按中心轴为基准的。承印材料按印刷走纸线路穿过各导纸辊、纠偏器、张力辊、印刷压印辊、干燥箱、模切辊、分切辊等，由收卷轴卷料。穿纸后可开动机器，让承印材料走纸平稳，同时应调整张力，使承印材料承受一定的张力控制。调整纠偏，让承印材料边缘经过探头传感器的中心部位，调整时应该使纠偏器保持其处于左右摆动的中间位置，以确保纠偏动作准确无误。

2. 调节三滚筒的压力

柔性版印刷压力的调节是保证产品质量的关键步骤，三辊筒压力调节可以确保三辊筒之间的平行度，又可达到三辊筒之间的二端压力相等。每一次新产品印刷都必须调整三辊筒之间的压力。最主要的是两个方面的压力调节：一是网纹辊与印版滚筒之间的压力调节，二是印版滚筒与压印滚筒之间的压力调节。

首先，调节三滚筒之间的间距。在合压的状态下，网纹辊与印版滚筒之间的间距以及印版辊与压印辊之间的间距是一样的，均为 0.38 + 1.70

=2.08mm(双面胶厚度为0.38mm,柔性版印刷一般采用1.70mm的印版厚度)。因此,可以选用两根2.08mm厚度的标准塞尺,在印刷机组合压的情况下,将标准厚度的塞尺置于两滚筒之间的两端(无印版或承印物处),手工调节网纹辊与印版滚筒以及印版滚筒与压印滚筒之间的间距,直至它们各自两端的标准塞尺拉动阻力相同为止。此时的间距就是印刷中的理想压力值,但与实际使用压印力有微小差别,需要操作人员在正常印刷中作微调。

在柔印机慢速运转中,从第一色组开始合压,首先观察网纹辊对印版辊图文表面的传墨情况。可从两端分别进行微调,来达到最佳传墨效果。网纹辊对印版的传墨压力以轻为好,这有利于正确传递油墨,保证图文印迹质量和保护印版。

其次,观察印迹转印情况。承印材料表面的印迹的清晰程度,是转印压力正确与否的印证。通过印版辊微调螺杆进行压印力调节,两端由轻到重逐渐进行,直至印迹完全清晰为止。

柔性版印刷是一种轻压力印刷工艺,压印力远远小于平版印刷、凹版印刷的压印力。无论网纹辊对印版的油墨转移力还是印版对承印材料的压印力,一般都要求以小为主,即"点到为止"。这样才能保证印迹质量,尤其是网线版印刷的网点质量。柔性版印刷压力不宜过大,否则会造成图文的严重变形。

3. 张力控制

承印材料在印刷过程中受到的外来的拉力和阻力可称为印刷张力。张力控制是任何卷筒印刷机一个很重要的机构,张力控制的准确,在很大程度上决定着印刷品的套印质量。而同样,柔性版印刷除需要由各色印版制作的精确、各印版辊筒机械定位的精确之外,在印刷过程中由张力控制装置来确保印刷张力的恒定,是确保套印准确的关键所在。

张力控制装置主要设置于放卷部分、印刷部分和收卷部分。卷料输出需要拉力,卷料转动有惯性,卷料本身内部也有卷紧张力,加上印刷速度的拉力,印刷过程中各色套印对承印材料的阻力使得放卷、印刷、收卷部分的张力控制显得非常重要。

张力控制值的大小应视承印材料的厚薄、质地来决定。承印材料越厚,张力值越大;质地偏硬,张力值更大。反之,承印材料越薄,张力值就越小。例如,对超薄型材料,张力控制要求更高,因为它要顾及承印材料起皱、拉伸等问题。

印刷张力控制的适合点，是以多色印刷套印十字线全部套准，并不会来回“移动”为标准的。如果发现在印刷过程中十字线套印不稳定，可适当调整放卷或收卷部分的张力，到各色十字线套准、稳定为止。当然，印刷速度也是影响张力稳定的因素，低速、中速、高速情况下的张力控制是不完全相同的，故而建议在正常印刷速度的前提下，调整张力控制。

印刷过程中经常会发生套印不准，或者常常“走位”的现象。人们习惯去调节印版辊，或去寻找设备、配件、材料等原因，这是不得要领的。其实，如果先从张力控制着手，稍稍细心调整一下，套印不准的问题就会迎刃而解。

4. 油墨的 pH 和粘度

在印刷过程中，有效地控制水性油墨的 pH 和粘度是保证印迹质量的主要操作步骤之一。

水性油墨的 pH 由专用测试表测定，一般要求 pH 在 8 ~9 左右，在此值内水性油墨相对比较稳定。在使用过程中，随着温度的上升，及水墨中氨类的挥发，pH 会发生变化，影响水性油墨的印刷适性，对此可添加少量稳定剂来控制 pH。在正常印刷中，通常要求每半小时加 5ml 的稳定剂，并将其搅拌均匀，以使水性油墨保持较稳定的印刷适性。然而切不可随意添加稳定剂，否则会影响印迹质量，各种印刷故障也会随之而产生。

水性油墨的粘度由 2 号 Zhan 杯来测定为好。不同品牌的水性油墨使用粘度略有不同，通常在 25 秒 ~30 秒左右，印刷网点时粘度可稍高一点。当粘度偏高时，可用少量净水进行调节。当然，添加稳定剂也可以起到降低粘度的作用。在印刷过程中，随着温度的上升、印刷速度的变化，水性油墨的粘度会改变，操作人员应经常检查墨斗中水性油墨的粘度状况，并给以适当调整。

5. 模切

在柔性版印刷机上，一般都配置模切工位，经印刷后联机进行压痕、模切，并得到所需的印刷成品。可用于不干胶、电脑表格、吊牌、药盒、烟标等的成品加工。模切刀具采用圆压圆压痕辊、外形刀辊组合进行压痕模切成型。它与平压平、圆压平模切压痕刀具不同，后者是由刀片、刀线分别嵌入同一块模版锯缝中组成的模具；前者由整体金属辊加工而成。模切刀具的压痕与模切有分体式、整体式之分：分体式由压痕辊（凹模辊、凸模辊）一对和外形刀辊一支组合而成；整体式是压痕线、刀线做在同一对模切辊上，组成模切刀具。

有一种磁性辊模切刀具，在整体金属辊中嵌入高强度永磁材料，一张经精密加工的薄型金属片形刀可以吸附在磁性辊表面组成一个外形刀具，主要用于不干胶产品的模切成型。柔性版印刷联机模切如选用磁性辊的话，须配备几种规格的磁性辊，组成系列化规格，以满足大部分不同尺寸大小的不干胶产品的模切加工要求。另一种模切刀，称裁单张辊。它是镶入模切刀片的刀辊，可按需要开出一条、二条、四条或更多刀槽的刀辊，主要用于裁切单张成品。它的刀片是可以经常调换的。裁单张辊可与印刷版辊一般大小，或大一倍。

模切刀具的订制须在专业技术人员的指导下进行设计、排版，确定刀具周长。由专业技术人员绘制刀具加工图纸，并交使用厂商校对正确无误后，方能投入制造。

外型刀辊在使用前须贴上专用包刀海绵布，以确保模切质量和保护刀口。使用压力以正好切断承印材料为最佳压力，可延长模切刀的使用寿命。

四、常见的印刷故障

1. 脏版、糊版、印迹边缘有毛刺

油墨的传递性能差或干燥过快，使油墨有一部分干固在印版上，造成脏版；网纹辊与印版滚筒间的压力过大，致使图文往外扩展，在暗调处极易产生糊版现象，而在图文印迹的边缘有毛刺或扫尾的故障。

2. 墨杠

在印张上产生与墨辊方向平行的墨色条痕的现象，称为墨杠。停机时，着墨辊仍在印版上未离开，压印滚筒的齿轮与版台两边的齿条有磨损，印版位置装得不正确等，都会产生墨杠。只有采取相应的措施，对症下药，才能避免墨杠的产生。

3. 线条文字变粗、网点增大

印版滚筒与承印物之间压力过大，印版严重变形，会导致网点增大、线条变粗，这是柔印最常见的弊病。应在正式印刷前调整两滚筒间的压力到适宜值。

4. 网点中心有针孔

印刷品的网点中央有白色空心点、网点不实的现象，称为网点中心有针孔。这可能是由印版滚筒与压印滚筒之间的压力过小，制版时溶剂未彻底挥发，干燥时间短，印版放置时间不够，油墨的粘度小等原因造成的。

5. 印品卷曲

采用水性油墨印刷薄纸时，纸张的一面吸收水分后，使其正、反两面的含水量不一致，从而导致印刷品沿纸张丝缕的方向卷曲，严重时呈筒状。采用吸墨性小的纸张印刷或提高柔印产品的挥发干燥性能，可以避免印品卷曲现象的产生。

五、柔性版印刷品的质量要求

1. 外观

① 印刷成品整洁，无明显脏迹、残缺。

② 文字印刷清晰完整，无缺笔掉画现象，小于5号的字不糊字。

③ 无糊版，不允许出现明显的条杠。

④ 画面色泽鲜艳，版面均匀、整洁，网点清晰完整，与原稿无明显差别。

2. 阶调层次

彩色层次版印刷的实地密度值如下：

对于精细印刷品，（纸张、塑料、包装箱）黄色：1.00～1.20；品红：1.20～1.50；青色：1.30～1.60；黑色：1.40～1.80；叠印色：1.50。

对于一般印刷品，（纸张、塑料、包装箱）黄色：0.80～1.10；品红：1.10～1.40；青色：1.20～1.50；黑色：1.20～1.60；叠印色：1.30。

3. 套印精度

图像轮廓清楚，套印允差如下：

对于精细印刷品，（纸张、塑料）主体部位：<0.2mm，次要部位：<0.3mm；（包装箱）主体部位：<0.8mm；次要部位：<1.5mm。

对于一般印刷品，（纸张、塑料）主体部位：<0.3mm；次要部位：<0.5mm；（包装箱）主体部位：<1.2mm；次要部位：<2.0mm。

4. 网点扩大值

网点清晰，角度正确，不出重影，70%网点的增大值见下表：

产品分类 / 产品级别	纸张印品	塑料印品	包装箱印品
精细印刷品	<14%	<17.5%	<17.5%
一般印刷品	<17.5%	<21%	<21%

5. 印刷墨层结合牢度

纸张、塑料、包装箱印刷品的印刷墨层结合牢度是指印刷墨层在纸张、塑料、包装箱基材上的结合牢度。塑料印品的印刷墨层结合牢度应大于95%；印刷墨层在纸张、包装箱基材上的耐磨性应大于70%。

六、数字式柔印的发展

长期以来，柔性版印刷一直采用胶片制版的方式，这种制版方式的确具有很多的优点，比如，成本比较低，适应的承印物材料十分广泛，油墨选择范围大，印刷机结构简单以及印刷品质量较高，等等。但是柔印本身网点扩大相当严重，在高光区域形成断点，而且在印刷时稳定性比较差。数字式柔印的出现彻底改变了这种局面。数字式柔印方式的网点扩大十分稳定，而且网点扩大率比较小，与胶印相差无几。不论是细小的阳文文字（或者线条），还是阴文文字（或者线条），印刷之后都能十分清晰、不糊死；在一定的条件下，印版上2%的网点在成像制版及印刷之后仍然保持2%的大小不变，使图像层次变得更加丰富。事实上，数字柔印方式同传统的模拟制版方式相比，两者印前制版的生产成本差不多。在国内，数字式柔印所用版材的价格可能要比普通的柔印版材稍贵一些，但随着柔印版材及其他耗材的逐步国产化，这些问题都将得到解决。

世界上第一台数字式柔性版成像设备——CDI出现在Drupa95展会上，这之后数字式柔印有了较大的发展。目前，柔印制版有两种成像系统：一种是氩离子激光成像系统（如巴可公司的设备）；另一种是激光二极管成像系统（如克里奥公司的设备）。后者是典型的胶印CTP设备在柔印中的应用。

数字式柔性版的制作工艺流程如下：

印版准备 ⟶ 直接激光雕刻 ⟶ 数字柔印版

从上可以看出数字式柔印制版大大简化了工艺步骤，从而在这一过程中节省了大量的劳动生产力和印前耗材，节约了生产成本；由于该制作工艺中省去了溶剂显影步骤，符合当前保护环境的要求；使用LEP技术后，制版周期明显地缩短；由于整个工作流程是基于全数字式的，因此也就减少了错误的发生；使用LEP技术直接制出的印版，印刷时套准更加准确。

在包装或装饰性印刷品中，常遇到一些花样设计满版重复一致，又可随意裁切下来，而且两端对接看不出接缝的现象。若采用单块式柔印版装到印版滚筒上去印刷，很难做到使印品看不出接缝，只有应用无接缝套筒式印版才能解决这个问题，因而出现了数字套筒技术。它是将印版粘在套筒上（与滚筒套合时，套筒充当印版衬垫的作用），通过计算机控制激光器对印版进行数字化扫描，使套筒版上的黑涂层受激光烧蚀，然后再按常规方法进行UV曝光，冲洗吹干即可。随着印前领域数字化程度的逐步提高，颜色管理和激光技术的不断发展，套筒技术也逐渐走向成熟。套筒技术实质上是在机CTP技术在柔性版印刷中的一次延伸，它可以实现激光束的准确定位，从而实现良好的套印。

七、柔性版印刷工艺的技术发展

今天的柔版印刷工艺技术已经是今非昔比了，它已发展成为继凸印、胶印和凹印之后又一大印刷工艺。柔性版印刷工艺技术的发展，主要体现在以下几个方面。

1. 网纹辊技术一路领先

随着网纹辊加工技术和精度的提高，柔版印刷工艺的质量水平也在不断地提升。10年以前，网纹辊的网线数一般还仅限于360线/英寸～440线/英寸的标准，而今天已经达到了800线/英寸，而且有可能还会更高。网纹辊网线数越高，则转移的油墨层也就越薄，所以就需要用遮盖力更高、更强的油墨才行，而且还不能在如此精细的网纹辊上发生脏版现象，否则就会造成糊版。

此外，柔版印刷也促进了高速柔版印刷机的发展，但是，这对采用水基油墨印刷的柔版印刷系统有一些困难，因为，高速印刷机要求油墨中颜料的浓度要高，而且还要求油墨具有良好的转移性能。

2. 柔性版数字制版技术潜力巨大

CTP 技术的出现和发展给柔版印刷行业带来了巨大的变革，大大提高了柔版印刷品的质量。采用激光技术直接在感光聚合物版材上成像、制版，并配合封闭式刮墨刀和陶瓷网纹辊的使用，这已经成了柔版印刷工艺的一大主要发展方向和潮流，而且主要应用于中心压印型（卫星式）印刷机。

3. UV 油墨技术一枝独秀

在柔版印刷中，UV 紫外线干燥油墨始于 20 世纪中期，但是直到近 20 年才有了长足的发展，而且仍将继续保持惊人的增长速度。在商标和标签的柔版印刷中，几乎四分之一的业务是采用 UV 油墨印刷的。

UV 油墨无污染，而且根本不存在水和溶剂的挥发问题，由于在印刷过程中没有溶剂的挥发，所以印刷品的色泽鲜艳，网点扩大率小，还原性好，印刷品质量可以与胶印产品相媲美。因此，UV 技术的应用，使得柔版印刷完全有实力同胶印进行竞争和抗衡。

4. 水基油墨应用广泛

在柔版印刷中，水基油墨的应用范围最广，而且占绝对优势。比如，在瓦楞纸箱、纸袋、纸制品、牛奶盒等的印刷中，水基油墨都有应用。但是，在塑料薄膜的印刷中，尽管水基油墨的增长速度比较缓慢，但是仍然保持着一定的增长趋势。此外，在折叠纸盒印刷及目前一些凹印业务中，水基油墨都可望出现新的增长点。

在印刷行业近些年来的发展历史中，柔版印刷工艺的兴起是最引人注目的事件之一。在面临种种挑战（比如生产成本、政府的行政法规等）的情况下，必须采用新技术，根据需求寻找自己的出路，而且还要随着新技术的采用，不断地提高和发展。柔版印刷就是一个典型的例子。柔版印刷以前存在的干燥慢、光泽差等弊端，已经随着新材料、新技术的应用逐步得到了圆满的解决，今天的柔版印刷跟从前相比已经有了天壤之别。因为柔版印刷有高质量、高效率、低成本、无污染等优点，所以其应用前景是十分广阔的。

第三节

凹版印刷技术

作为主要印刷方式之一的凹版印刷，多年以来在印刷业中一直占有一个比较稳定的比例（10% ~20%），仅次于胶印，这是由其具有的特长即大批量、高质量和高速度所决定的。凹印根据其印品来分，可分为用于包装建材产品印刷的“包装凹印”和用于高档次、大批量出版物及邮递广告印品的“出版凹印” 两大类，就我国的凹版印刷而言，主要是“包装凹印”，“出版凹印”极少，这与我国的国情有关。凹印的强项是塑料包装印刷品的印刷。目前，采用手工和机械的方法雕刻出印版，进行钞券、票据等有价证券的印刷，也是凹版印刷，在本节中我们不谈论这一类的凹版印刷，因为这种凹版印刷技术与商业包装的凹版印刷技术有很大的差别，而且很多技术都是保密的。由于凹版印刷图像质量高，印版耐印力好，在发行量巨大的刊物、有很大消费市场的包装用品以及特殊的装潢材料的印制上，仍是首选的印刷方式之一。

一、凹版印刷原理

与柔性版印刷、平版印刷依靠网点着墨面积大小变化表达明暗层次的手法不同，凹版印刷采用了网穴结构，即依靠着墨量体积不同来实现层次的表达。其印刷原理如图 4-30 所示。

印刷时，先使整个印版表面涂满油墨，然后用特制的刮墨机构，把空白部分的油墨去除干净，使油墨只存留于图文部分的网穴之中，再通过较大的机械压力作用，将油墨转移到承印物表面。由于印版图文部分网穴凹陷的深浅不同或网穴面积大小不一样，则填入的油墨量就有多有少，这样转移到承印物上的墨层就有厚有薄，有大面积墨块，有小面积墨块，并

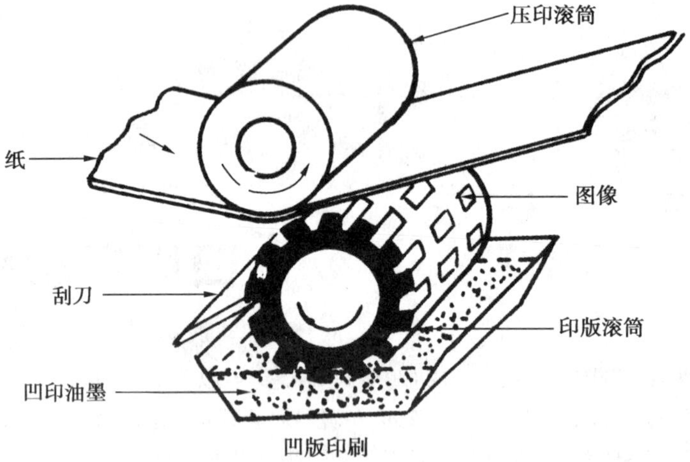

图 4-30 凹版印刷原理

通过这种墨层的厚薄或面积大小，把原稿上的浓淡层次准确地再现于印刷品上。

二、凹版印刷机

凹版印刷采用直接方式印刷，稳定性好，印刷质量前后一致。其印刷机结构比胶印机简单，印刷速度快，印版滚筒耐印力高，操作维护也很简便。按照印刷幅面规格的不同，凹版印刷机可分为单张纸凹印机和卷筒纸凹印机，现在使用最多的是卷筒纸凹版印刷机。由于凹版印刷机全都是圆压圆式的轮转机，因此也把它称为轮转凹印机。凹版印刷机根据印刷品用途的不同，常配有一些辅助设备，以提高印刷和印后加工的联合操作能力。例如，作为书刊印刷用凹印机，在收纸部分附设有折页装置；作为纸容器印刷用凹印机，附设有进行冲轧纸盒的印后加工设备。作为软包装印刷和建材印刷用凹印机，在收纸部分附设有复卷装置，把印好的材料卷成卷筒状，便于储存和运输。

近几年可以说是凹印机发展最快的时期之一。大约 10 年前，转速控制采用直流电机，制动器是粉末制动器、圆盘制动器等，现在则使用交流向量电机，使得张力控制的技术有了很大提高。过去不可能进行的小张力印刷现在可以了，聚乙烯等容易伸长的塑料膜的印刷也变得简单了。

最近，还推出了带伺服电机的分段驱动式凹印机。另外，现代凹版印刷机多带有自动套准装置、预设系统、图像检查器、粘度控制装置以及静电吸墨装置等。

无论哪一种凹印机，均由开卷部分、着墨部分、印刷部分、干燥部分和收卷部分组成，卷筒料凹版印刷机的结构如图 4-31 所示。

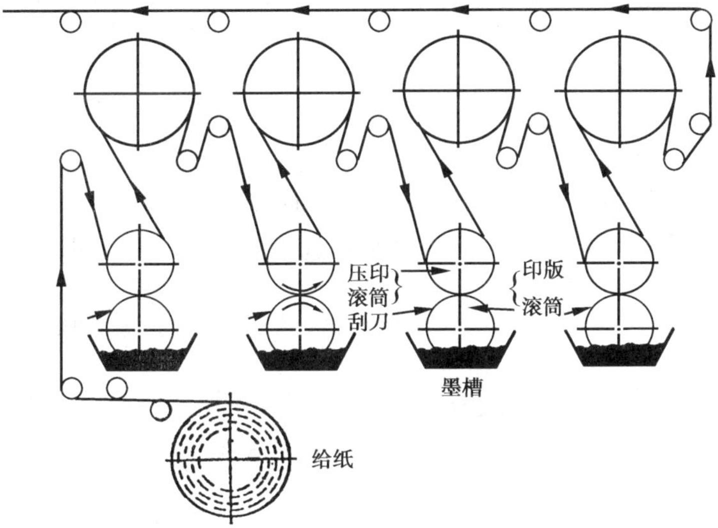

图 4-31　卷筒料凹版印刷机的结构

（一）卷筒料凹版印刷机

1. 开卷、收卷部

由于凹版印刷机的速度非常快，加之凹版印刷往往是长版活，为了提高生产效果，凹版印刷机的开卷部分大多采用双臂给料和收料的方式，从而实现凹印机的不停机给料和收料。

对于凹版印刷机来说，开卷部件的交接分为不减速交接和减速交接。所谓的不减速交接和减速交接是指在凹印机的整个交接过程中机器速度是否改变。目前，绝大多数采用不停机交接的凹印机，其机器速度保持不变，即采用“不停机——不减速”交接方式。但是，也有一些凹印机，在交接时先将机器速度降低到一定范围内，在交接完成后再恢复先前的工作速度，即采用“不停机——减速”交接方式。采用后一种方式是为了简化系统结构、降低交接过程对张力系统的影响，保持套准的稳定性等。比如特别高速的机器，如果进行标准产品的生产，在计算机的控制下，可将机器速度从500米/分降低到250米/分左右进行交接操作。

对于两个卷料来说，根据新旧料带之间的连接方式，在不停机交接时又分为对接和搭接两种形式。搭接是指新料带和旧料带的接头有一定长度的叠加，两者之间靠双面胶带粘接。显然这种交接的方式在接头处厚度有一定的增加。它是目前最常见的一种料带连接方式，适合于所有薄膜、薄纸（软包装、装饰、水松纸等）和厚度不大的卡纸等。

对于厚度在一定范围以上（大约250克/平方米）的纸板，由于搭接厚度会影响到印刷压力，因此，现在的一些凹印机上开始采用料卷对接方式交接。对接实际上又有两种形式：高速对接和零速对接。

（1）高速对接　此种系统的启动机构要求比搭接更强、时间控制更关键、更复杂，但可以达到在高速200米/分甚至更高速度下进行“头——头”对接。显然，前边沿必须作特殊准备，可以达到零间隙对接。但通常大约有2毫米~3毫米的间隙，可用胶带连结。

在一些要求厚薄纸都能印刷的凹印机上，通常具有搭接和高速对接两种系统。这样操作者在印刷薄纸时可使用搭接方式，而在印刷纸板时可使用高速对接方式。

（2）零速对接　采用零速对接方式，凹版印刷机上需要一个储料装置，而在储料装置中需要存储相当长度的料带，这种装置一般在印刷纸板的包装凹印机上经常能见到。

它的主要缺点是：总的料带长度很大，对张力控制的连续性有影响，进而影响到套印精度。但零速对接比高速对接减少了对印刷过程中的振动。

根据开卷和收卷部分的交接是否同步，不停机交接可分为同步交接和非同步（异步）交接两种方式。

通常情况下，放卷和收卷交接纸的启动时间是由操作者分别决定的。这样，放卷、收卷的启动时差是人为控制的，因此不可避免地会出现一定长度的废品，有时废品长度还会很大。为使交接产生的废品最小，最好的办法就是使放卷和收卷交接的两个交接点（裁切点）相同，即采用所谓的同步运动。其原理是：控制系统根据开卷交接时刻、放卷和收卷之间的料带长度、机器运行速度计算出收卷相对于放卷交接的滞后时间，由此来控制收卷机构的交接纸时间。

开卷过程中,以双纸轴旋转方式为主。假设双纸轴旋转装置的轴分别是A轴和B轴,当A轴正在放卷时,取下B轴上的纸芯,装上新的纸卷并旋转回位,使用高速切断器完成新旧纸带的粘接。纸卷的安装通过气动轴和气动夹紧装置来完成。收卷过程与此相反。此外,最近推出了一种旨在减少损纸的新的高速切断收卷装置。此改进型不是那种带储存器(价格高、占地盘)的激光切断装置,而是通过该装置将纸带切口完全包裹在纸芯上,减少了因放卷造成的打皱损纸。与以往的装置相比,不但速度高,而且是用比纸带走行速度更快的速度切断纸带,特别是通过刷子将纸带切口压在纸芯上,使纸带很好地包裹在纸芯上。

2. 着墨机构

凹印机的着墨机构由输墨装置和刮墨装置两部分组成。输墨方式分为开放式和密闭式两种。开放式又分为直接着墨和间接着墨。凹印机的供墨方式如图4-32所示。直接着墨方式是把印刷滚筒的1/3或1/4部分浸入墨槽中,涂满油墨的滚筒转到刮墨刀处,空白部分的油墨被刮掉。间接着墨方式是由一个传递油墨的胶辊,将油墨涂布在印版滚筒表面,胶辊直接浸渍在墨槽里。利用间接方式着墨,能增强印品高光部分的再现能力,并减少油墨的残余,是目前大多采用的一种上墨方式。在密闭式着墨方式中,其印版滚筒置于封闭的容器内,用喷嘴将油墨喷淋到印版滚筒表面,版面刮下的油墨再循环使用,该法可以防止溶剂挥发,减少污染,降低成本,多在高速凹印机上使用,密闭式供墨系统如图4-33所示。凹版

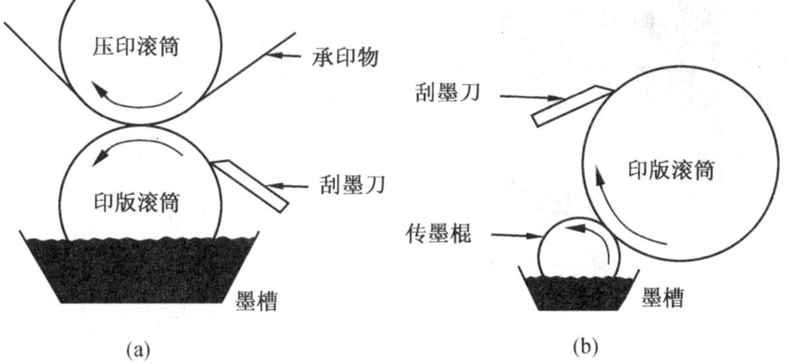

图4-32 凹版印刷机的开放式供墨方式

印刷机的刮墨装置由刀架、压板和刮墨刀片(0.15mm～0.30mm的钢片)组成。刮墨刀片的厚度、刀刃角度以及刮墨刀与印版滚筒之间的角度可以调节。

图4-33 凹版印刷机的密闭式供墨系统

3. 印版滚筒

图文是直接制在印版滚筒上的,每换一次版,就要换一次印刷滚筒。因此,每台凹印机都备有较多的印版滚筒作周转使用,还要使印版滚筒装卸方便,能作径向移动。现代凹印机都配置有运转中的印版滚筒更换装置,即印刷厂所说的"小推车",使换版时间大为缩短。印版滚筒更换装置如图4-34所示。对于软包装凹印而言,为了尽量降低制版成本和节约印版滚筒长期放置所占的场地面积,通常采用无轴印版滚筒,如图4-35所示。印版滚筒

图4-34 印版滚筒更换装置

图4-35 无轴印版滚筒

的圆周尺寸由包装物的规格大小、数量和版面连接要求而定。印版滚筒与压印滚筒的排列有垂直式、倾斜式和水平式，印版滚筒均处于下方。印版滚筒与压印滚筒的直径之比有 1：2 和 1：1 两种，目前基本上都在采用 1：1 的这种，因为此时两滚筒转数相等，版面磨损小，耐印力高。

4. 压印滚筒

由于印版滚筒呈圆柱状，图文直接制在滚筒表面，如圆径有差异或不平整，无法像平版一样进行垫版调节，加之凹印是直接印刷，需要较大的印刷压力，所以凹印机的压印滚筒的加压面上要有 3.5mm 厚的包衬，包衬的最外层是橡皮布，内层是纸和呢绒，可以调节压力，从而获得均匀一致的图文印迹。由于压印滚筒与版滚筒对滚，其外层又包有橡胶层，因此无需驱动。另外，压印滚筒上装有与平印、凸印不同的弹簧加压式咬纸牙，动作稳定而可靠，易于调节。

5. 干燥装置

凹版印刷的干燥方式分为热风干燥、红外线干燥、远红外线干燥。由于凹印墨层比胶印墨层要厚，当一色印完后，必须采用干燥系统使印刷品上的油墨溶剂迅速挥发、干燥，使油墨固着在承印物上。每一色都要进行干燥，并保证油墨的干燥速度与印刷速度相匹配。

（二）单张纸凹版印刷机

由于印件的长版活越来越少，短版活的增加使卷筒料凹版印刷机失去了原有优势。尽管卷筒料凹印机印刷效率极高，但在正式印刷前因调整机器而耗费大量物料。高档的卷筒料凹印机价格昂贵，适用于大批量的产品印刷。相对于卷筒纸凹印机，单张纸凹印机更适合中小批量的产品印刷。

单张纸凹印机印刷作业灵活，准备时间及产品转换时间短。从理论上讲，单张纸凹印机套准精度与胶印机完全相同；由于调整简单，正式印刷前纸张浪费极少；单张纸凹印机配置灵活，用一台单色机可以分几次走纸印刷，就可印出多色印品。所以，从目前的凹印市场来说，单张纸凹印机越来越受到人们的青睐。图 4-36 为单张纸凹印机。

图 4-36　单张纸凹印机

单张纸凹印机与单张纸胶印机的结构非常类似，主要由给纸装置、递纸机构、压印机构、供墨及刮墨机构、凹版滚筒、纸张传递机构、纸张定位系统、干燥系统、收纸装置及电气控制系统等组成，并具有如下结构特点。

① 给纸装置可高速连续不停车给纸，给纸机速度可达12 000张/每小时。

② 给纸机输纸板采用铝合金材料，输纸带采用胶带型。

③ 给纸头采用四个递纸嘴和四个吸纸嘴，适应高速。

④ 递纸系统采用了胶印机先进的成熟技术，高速印刷，套印准确。

⑤ 刮墨刀系统是该机的关键。刮墨刀压力采用双气缸推动，刮墨刀角度在45°～85°任意选择，可印刷各种产品。同时刮墨刀可以快速装卡。刮墨刀横向窜动为无级调节。

⑥ 墨斗结构在高速状态下（8 000张/小时），印刷时不甩墨、不漏墨。

⑦ 凹版滚筒结构，两端支撑刚性好，压力实。凹版滚筒结构能用空心版凹版滚筒、带轴凹版滚筒。

⑧ 纸张印刷后，经收纸链输送到收纸台，通常在输送通道中加热风和红外线使印刷品表面干燥。输送通道长度可以根据印品的实际，选择一个经济长度，保证印品的完全干燥。

⑨ 该机配有 IR 红外线灯箱，可在单张纸凹印机上印刷水性光油。同时可以配备 UV 干燥系统，印刷 UV 紫外线光固光油。

⑩ 收纸装置可在高速印刷状态下实现不停车收纸（简称附收纸），节省辅助时间。

⑪ 供墨泵为特殊搅拌专用墨泵，控制墨量。

三、凹版印刷生产流程

凹版印刷由于印刷机的自动化程度较高，制版质量好，因而工艺操作比平版印刷简单，容易掌握。

（一）印刷前的准备

根据印刷工艺作业单的要求，将承印物、油墨和刮墨刀等准备好，同时要安装印版滚筒，调整好压印滚筒和刮墨刀，还要对印刷机进行润滑。

1. 承印材料的准备

凹版印刷所用的纸张要求表面平滑、清洁；正反面的平滑度无明显差别；含灰量最小，纸张表面不允许有砂粒；纤维组织均匀，有较高的毛细孔率；应具有塑性，在压力不大的情况下，纸张能与版面紧密接触。凹版印刷也有采用塑料薄膜作为承印物的，其用量仅次于纸张，其材料包括聚乙烯（PE）、聚丙烯（PP）、聚氯乙烯（PVC）、聚苯乙烯（PS）、聚酯（PET）、聚酰胺（PA）和玻璃纸（PT）等。绝大多数塑料薄膜的分子结构为非极性的，化学性能稳定，其临界表面张力值较低，为低能表面，因此，与油墨、粘合剂的亲和性差，常出现墨层脱落、复合层剥离等问题。目前，除了采用与塑料薄膜附着性好的油墨、粘合剂外，还要对塑料薄膜表面进行电晕处理，以提高其极性，增强塑料薄膜与油墨等的亲和性。对于塑料薄膜印刷而言，为使表面光亮和保护油墨而多采用里印方式。与纸的印刷相比，塑料薄膜的印刷色序及制版图像刚好与纸张凹印相反。其里印的印刷色序通常是黑→青→品红→黄→白。另外，考虑软包装凹印实地色块较多，而用四色油墨再现实地色又不太理想，因此多采用专色印刷。

2. 印刷油墨的准备

凹版印刷所用的油墨是挥发性的油墨，由固体树脂、挥发性溶剂、颜料、填充料和附加剂等组成，其粘度低、流动性好、附着力强、稳定性好、表面张力低。因使用挥发性高的溶剂而干燥快，但油墨的浓度容易变化。为得到质量稳定的印刷品，必须对油墨粘度等进行控制。凹印油墨常用的溶剂有甲苯、二甲苯、汽油和酒精等，在印刷前一般在油墨中加入适量的溶剂稀释原墨，过滤后再使用。由于这种挥发性的溶剂为易燃物质，常在凹版印刷机上配备防爆装置。另外，还应保持工作场所通风良好，使室内挥发性溶剂浓度值降到最低，并尽可能安装溶剂回收器。

3. 刮墨刀的调节

凹版印刷机的刮墨装置，除特殊用途的凹印机外，一般均采用刮墨刀装置，该装置由刀架、刮墨刀和压板组成。刮墨刀是一种特制的钢片，宽约为 80mm，长大约为1 000 mm ~1 500 mm（依滚筒的尺寸而定）。刮墨刀的压板通常是比刮墨刀稍微窄一些的钢片。刮墨刀和压板安装在刮墨刀架上。刮墨刀装置上还附设有能对刮墨刀刃加以调节的装置，以保持刀刃与印版滚筒的母线相平行，使刮墨刀均等地压紧在整个印版滚筒的母线上，达到刮除印版空白表面上油墨的目的。刮墨刀的结构如图 4-37 所示。

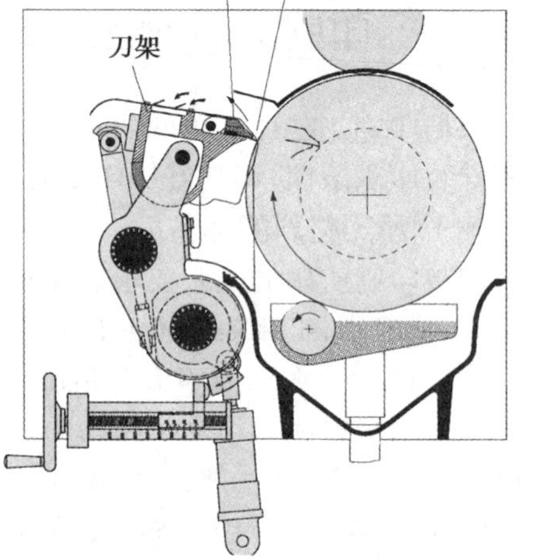

图 4-37　刮墨刀的结构

（1）刮墨刀的刮墨方式
在凹版印刷机上，刮墨刀为顺向刮墨刀，刀的刃部指向是与印版滚筒在刮墨刀压触点处的表面线速度成锐角的方向，在刮墨刀和印版滚筒表面之间形成楔形积墨区。由于油墨这一流体压力的作用，刮墨刀有被抬离滚筒表面的趋势，若要保持衡定的输墨量，必须对刮墨刀增加压力。此外，积墨区内容易积累一些杂质颗粒，对刮墨刀或印版滚筒造成不均匀的磨损，为此凹版印刷机上的刮墨刀要作轴向往复移动。大多数的凹版印刷机，采用弹性压紧机构，用重物或气动机构把刮墨刀压在印版滚筒上。刮墨刀往复移动的行程范围一般为 30mm 至 60mm，行程次数为印版滚筒转数的 1/6 至 1/10。

凹版印刷品的印刷质量，在很大程度上取决于刮墨刀是否磨得正确和装得是否适当。如果把刮墨刀磨成 30°角或 30°角以上，刀刃比较坚固，但弹性差，刀刃刮除印版滚筒表面油墨的效果不良，使印刷品的亮调部分出现深浅不匀的现象。如果刀刃磨得过薄，磨成 18°角以下，刀刃虽然能够很好地把油墨从滚筒表面上刮除，但却容易被从油墨或纸张上落到刮墨刀上的“硬质颗粒”损坏，有时也会被印版滚筒磨损，刀刃上出现小月牙状的伤痕。这种带月牙的刮墨刀，会在印刷品上留下很细的道子，即出现与纸张进线成某一角度的直线。因此，刮墨刀刃视印刷产品、油墨、承印材料和印刷机转速等因素而定，研磨的角度在 18°～30°之间变化。

不同类型的凹版印刷机，刮墨刀的安装各有不同。但大多数的凹版印刷机，刮墨刀安装在印版滚筒上部四分之一的位置上。生产实践表明，刮墨刀高压印线的距离愈大，印刷品上颜色过于浓深的现象愈少，与此同时浅色调的再现性愈差。故根据印刷图像阶调再现的要求，刮墨刀可以安装在比印版滚筒上部四分之一稍高一些或稍低一些的位置上。

（2）刮墨刀的角度　安装刮墨刀时，还要注意刮墨刀与滚筒母线的切线在接触上所构成的角度。这个角度愈大，刮墨刀刮除印版空白部分油墨的效果愈好，但刮墨刀刃损坏得愈快，进而出现塌陷和凹痕，致使印刷品的阶调色彩发生变化。凹版印刷机的这一角度一般在 45°～90°之间变化。

不论是直线形刮墨刀还是曲线形刮墨刀，刮墨刀的角度都应该是相同的，刮刀轴与版面的最佳接触角度为 60°，这个角度能够保证刮刀将版滚筒表面多余的油墨刮干净，如图 4-38 所示。

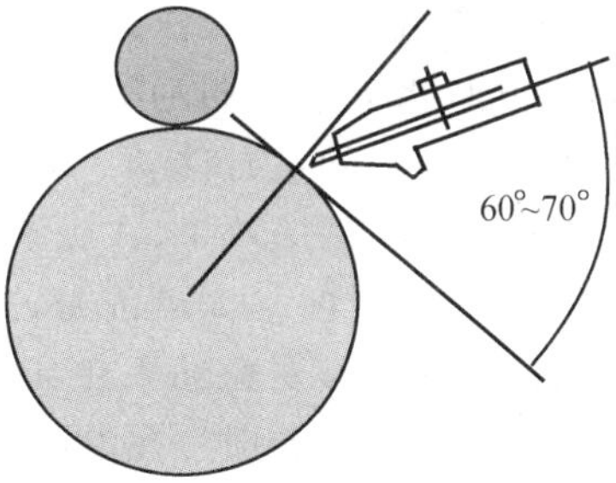

图 4-38　刮墨刀的安装角度

在图中，可以看到连接接触点与版滚筒的中心点两点的直线，刮刀轴线与这条直线之间的夹角，我们一般称为“设置角度”。这个角度应该在版滚筒静止的时候并且还没有对刮墨刀施加压力的情况下进行设置。通常把它作为印刷机调控的一个参数。当对刮墨刀施加压力之后，这个角度将会发生轻微的改变，尤其是采用直线形刮墨刀时，角度的变化要稍稍明显一些；而采用曲线形刮墨刀时，角度的变化相对来说则比较小，因为在压力的作用下，曲线形刮墨刀会朝滚筒方向弯曲。一般来说，10°～40°之间的角度在大多数印刷机上都适合。

（3）刮墨刀的位置　刮墨刀的位置是由刮刀片和压印点共同决定的，也就是说，刮墨刀的移动间距就是版滚筒上从刮墨刀接触点到压印点之间的距离。决定刮墨刀位置的因素有许多，比如印刷机的速度（与油墨的干燥速度有关），如果印刷速度慢，且油墨的干燥速度快的话，刮墨刀和压印点之间的距离就应该近一些。

(4) 刮墨刀的压力　在保证有效地刮墨并控制输墨量的前提下，刮墨刀与版滚筒表面的接触压力应尽可能地轻。更换新活件时也应该随之更换刮墨刀，而且要固定在预定位置处，并设置好刮墨刀的角度。

安装好刮墨刀刀片之后，还要打开油墨循环系统，让滚筒以一定的速度运转一会儿。这样做的目的主要是为了消除刮墨刀刀口任何小的缺陷（比如裂缝、缺口、毛边等）带来的不良影响。如果用显微镜观察版滚筒上的网穴的话，就会发现其边缘十分粗糙，这些毛边起初还只是磨损刮墨刀的边缘，久而久之，刮墨刀就会不起作用，甚至会影响生产。

任何刮墨系统都需要施加一定的压力，以确保沿滚筒长度方向（径向）接触的一致性。如果刮墨刀压力过大的话，将会完全改变接触角度，严重的话还会造成接触角度非常小，不能很好地刮干净版滚筒上多余的油墨，并需要进一步增大压力。这样一来，过大的压力会造成版滚筒的迅速磨损，并且极大地削弱刮墨刀的刮墨作用。

(5) 刮墨刀的左右移动　刮墨刀的作用是将版滚筒表面多余的油墨刮掉。为了提高刮墨效果，在版滚筒转动的同时，刮墨刀也在版滚筒表面上左右移动。这样一来，就能够减少对局部固定位置（图文部分边缘轮廓）的磨损，并能够避免油墨在刮墨刀底部的聚积。

(6) 刮墨刀的磨损　在沿滚筒的长度方向上，图文部分对刮墨刀的磨损程度并不相同，这一点十分重要。

刮墨刀的磨损主要发生在与图文区域相接触的部分，因此，在印刷不同的图像时如果仍然采用相同的刮墨刀的话，可能就无法彻底刮干净版滚筒上多余的油墨。这样一来，就会引起条痕和脏版。

为了能够刮净版滚筒上多余的油墨，就需要增大刮墨刀的压力，但是，无论何时都应该尽量避免这种情况的发生。最好再换一根新的刮墨刀，并避免施加较大的压力。

4. 印版滚筒的安装

安装印版滚筒前须对其进行复核，检查网点是否完整，文字或线条版是否断笔少画，印版是否有脱铬现象，出现问题及时纠正。检查无误后方可将其安装在凹版印刷机上。

5. 印刷压力的调节

凹版印刷为直接印刷，印版滚筒和包覆着橡皮布的压印滚筒直接接触，两滚筒合压后，必须产生较大的压力，才能把印版网穴中的油墨转移到承印物上。因为凹印的压力比平版印刷、凸版印刷大，所以对橡皮布的技术质量指标的要求也就更加严格。富有弹性的橡皮布必须具有较强的抗张力、较小的伸长和适当的硬度以及精确的平整度。橡皮布的表面一般使用丁腈橡胶，硬度根据不同承印材料所需要的印刷压力稍有差别。橡皮布的下面常用的衬垫材料有硬牛皮纸、绝缘的硬卡纸或多层纸张裱糊的衬纸。

（1）压印滚筒的尺寸　在选择橡胶材料的硬度时，还必须考虑压印滚筒的尺寸，这也是一个十分重要的因素。网穴中的油墨之所以能够被吸附出来，主要就是由于毛细管的作用，这就是说在压印接触部位必须形成真空，这一点是十分重要的。压印滚筒和印版滚筒之间的接触部位被称做是“压印点”。一般来说，承印物材料表面越粗糙，接触部位就应该越宽，所需要的压印滚筒的直径就越大，反之则压印滚筒的直径就越小。原因就在于粗糙的承印物表面凹凸不平，有许多“坑”无法接触到版滚筒网穴中的油墨，所以为了尽可能地形成所必要的真空，就需要增大接触面积。

为了防止在施加压力时压印滚筒发生弯曲变形，在许多印刷机（尤其是幅面非常宽的印刷机）上都增加了一根钢质加压辊。当施加较高的压力时，如果印刷品的中心部位露白，印不上图像，就可以断定是压印滚筒发生了弯曲变形。

（2）压印滚筒橡胶材料的硬度　橡胶材料的软硬程度可以用肖氏硬度来表示，采用硬度计就可以测量出橡胶材料的肖氏硬度。

为了能够精确地控制向承印物材料上转移的油墨量，必须保证承印物材料跟网穴中油墨的紧密接触。那么，到底应该选用多大硬度的橡胶材料才比较合适呢？这在很大程度上要取决于承印物材料的类型。

承印物材料越粗糙、弹性越大，则要求压印滚筒橡胶层的硬度也就越大。比如橡胶层的硬度在90肖氏硬度以上的压印滚筒，比较适合于再生卡纸的印刷。在同样的条件下，采用硬度较大的压印滚筒印刷时，可以施加较大的印刷压力而不会引起变形。

如果承印物材料的表面十分光滑而且其重量又比较轻的话，应该采用比较柔软的橡胶材料，而且所需要的压力一般也比较小。

如果承印物材料比较硬且比较平滑，就应该用比较柔软的橡胶材料，但是也不能太软，否则会产生变形和皱痕，一般常用80肖氏硬度左右的压印滚筒。

如果承印物材料比较柔软而且又比较光滑的话，采用70肖氏硬度的压印滚筒则比较合适。

目前，许多新型的凹印机采用了套筒式的凹印包衬，橡皮布和衬垫成为一个整体。

6. 印刷张力控制

目前，使用的凹印机需要适用张力控制原理的主要有两个部分：

第一部分是从给料到给料牵引辊。如果印刷机机构位置关系正确，套印误差是由于材料的伸长或缩短引起的，在允许范围内控制一定的伸长量，张力控制是最有效的。

第二部分是从收料牵引辊到收料后各部，应注意对收料卷松紧、齐整、可靠等因素进行张力控制。

下面详细介绍从给料轴到给料牵引辊之间的张力控制做法。

由于牵引辊的作用把印刷材料以一定的速度、张力从给料轴拉出并送入印刷部，这部分的张力要大于印刷部的张力，通常用连在给纸轴上的制动器来控制张力。作业的同时，卷径逐渐变小。近年来由于高速化，使用材料的多样化，卷径变化较大。因此，过去所使用的手动式或机械式制动器，不可能得到高品质印品。所以选用自动控制方式，特别是使用张力测量表，用数据管理成为必要的做法。其检测方法有弹簧摇动辊式和微变位式检测。机械式制动器从很早就被使用，价格便宜，但把握力矩值不准确，所以逐渐有其他形式出现。磁粉制动器是利用磁粉作为摩擦介质，通过电流产生制动力，由于其力矩特性的直线性好，因此，磁粉制动器被广泛使用。气压制动器，虽然有的印刷机械使用较多，但由于力矩特性的非线性及磨损大的因素，故已逐渐被大容量磁粉制动器所取代。

再说给料的张力控制问题，给料的张力由以下因素决定：

① 由于厚度不均引起的拉伸变化；

② 材料的打滑和偶被挂住变慢；

③ 料卷未装好，材料及轴偏心；

④ 翻转装置在旋转中产生的周速变化；

⑤ 接纸时压辊和裁刀的反作用力；

⑥ 各个辊的圆度不够。

以上大部分变化都是在短时间内发生的，作为张力变化全部被传到印刷部。从机械结构角度，必须注意到处于给料轴与牵引辊之间的导向辊的惯性和制造误差都是引起张力增加的原因，特别是几公斤以下的低张力决不能忽视。

再说一下牵引辊到版辊间（牵引部）张力的变化和控制。

凹印机中牵引辊与第一版辊相邻，通常设有周速同步机构。这与给料情况不同，直径是不变化的，所以用其他原理控制张力大小。

印刷材料与一般的物体一样具有弹性和塑性，印刷加工要在弹性界限内进行。因此，控制张力要根据弹性定律，这就要对不同材料的特性有所了解。

对于凹印机的给纸牵引与版辊之间、版辊与版辊之间、版辊与收料牵引之间的张力控制的原理叫拉伸控制原理，即使印刷材料在工作中从无张力状态达到设定的张力所需时间，是把压辊间距离、速度降低值作为时间常数的一次延迟响应。

（二）正式印刷

（1）上版　上版时要保护好版面，不受碰伤，要把叼口处的规矩及推拉规矩对准，印版滚筒必须紧固在印刷机上，以防正式印刷时印版滚筒的松动。

（2）调整规矩　印刷前的准备工作完成后，再仔细校正印版，检查给料、走料、收料、推拉规矩的情况，并作适当调整。还要校正印刷压力，调整好油墨的供给量。

（3）试印　安装调整完成之后即可进行试印，直到样张合格送签后，才能进入正式印刷。

（4）印刷　在正式印刷过程中，要经常抽样检查，观察网点是否完整，套印是否准确，墨色是否鲜艳，油墨的粘度及干燥是否与印刷速度相匹配，是否因刮墨刀不均匀而造成印刷品上出现道子、刀线和破口等现象。若有问题，应及时进行纠正、调整。

四、印刷故障的产生及排除

凹版印刷中有时会出现故障，主要由印版、油墨、承印物和刮墨刀等引起。

（1）印刷牢度不良　这可能是由薄膜电晕处理不够、里印油墨与被印材料亲和性不良、印刷环境温湿度变化较大等原因引起的。

（2）印层有刮痕　导向辊擦伤、油墨中混有沙粒、刮刀不平、刮刀与印版角度不恰当等是造成印品出现刮痕的原因，只要对应处理就可以了。

（3）色调单薄　油墨色彩单薄及色光反射性能较差会引起这种故障。排除时，应调整墨性。另外，表印先用白墨铺底，而后再按序套色；里印时，层次版先套印三原色，最后铺设底色。

（4）咬色　在套印中，第二色油墨粘拉掉第一色油墨，即为咬色。造成的原因有：第一色印后墨层未彻干，第二色压力又大，或机速太快，或冷热风不良，或基材印刷适性较差。加入适量的快干剂，减慢车速，降低压印滚筒的压力，加大冷、热风量是其解决的措施。

（5）油墨脱落　印在塑料膜上的油墨附着性差，用外力摩擦即可掉落。此时，应防止塑料膜受潮；对塑料薄膜重新进行电晕处理，提高其表面极性；选择与塑料膜亲和性好的油墨印刷。

（6）印品光泽暗钝，墨层粗糙，空白点多，实地有纹路　油墨溶剂过多、油墨颗粒较粗、油墨稀释过度、溶剂挥发过快等会造成上述问题。只要采取相应措施降低其指标，即可消除此类弊病。

（7）堵版　由于清洗不干净，油墨干固在印版的网穴中，或网穴被纸毛、纸粉等所堵塞，或印刷时温度过高，溶剂挥发太快而造成堵版。排除方法有：降低印刷时的温度，增加油墨的溶剂含量，采用表面强度高的纸张印刷，降低油墨干燥的速度等。

当然，印迹发糊、印品墨色浓淡不均、油墨回粘造成印品背面粘脏等也是凹版印刷过程中经常遇到的现象，关键还是要调整好承印材料（塑料膜）、油墨、印刷设备、操作环境和印刷工艺之间的关系，以最大程度地确保凹印产品的质量。

五、凹版印刷品的质量要求

凹版印刷除印刷书刊、报纸外，主要用来印刷包装装潢材料，这些印刷品应该达到相应的质量要求。

（1）印刷品的外观　版面干净、均匀，无明显脏痕；图像和文字的位置准确；印刷接版色调基本一致，精细印刷品尺寸误差≤0.5mm，一般印刷品尺寸误差≤1.0mm；正反面套印误差不大于1.0mm。

（2）阶调层次　图像亮调、中间调、暗调分明，层次清楚。

（3）网点　网点清晰、完整，角度准确，不出重影。

（4）色彩　颜色符合原稿，自然而协调。

（5）套印　图像轮廓清晰，套印准确，其允许误差见下表。

凹印套印误差　　单位：mm

部位	精细印刷品			一般印刷品		
	四开	对开	全开	四开	对开	全开
主体	<0.10	<0.15	<0.20	<0.20	<0.30	<0.50
一般	<0.15	<0.20	<0.30	<0.30	<0.40	<0.60

第四节

丝网印刷技术

丝网印刷是一种古老的印刷方法，它是将真丝、合成纤维丝或金属丝编织成网，将其绷紧于网框上，采用光化学制版的方法制成网版，由网眼组成的图文部分可以透过油墨，而非图文部分的网眼被堵死。油墨被刮墨板从网版的开孔部分刮下，从而附着在承印物上形成所需要的图文。

丝网印刷不同于平版印刷、凸版印刷和凹版印刷，它不仅可在平面物体上印刷，还可以完成曲面物的印刷。丝印所使用的油墨种类越来越多，其承印材料也十分广泛，除纸张外，还有塑料、玻璃、金属、木材、建材及纤维织物等。在电子工业中，常采用丝网印刷来印制电子线路板。近年来，丝网印刷发展更为迅速，应用领域更为广泛。随着 CTS 网印和大幅面丝网印刷技术的不断成熟，丝印已成为实实在在的“装潢印刷大王”。

一、丝网印刷原理

丝网印刷原理，如图 4-39 所示。

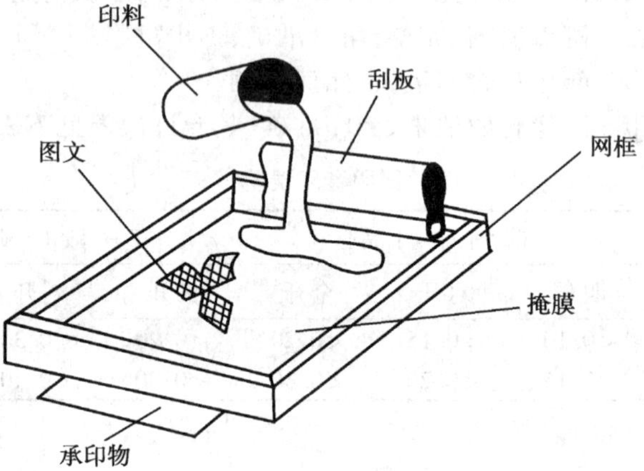

图 4-39　丝网印刷原理图

印刷时，在丝网印版的一端倒入粘度较高的丝印油墨，油墨在无外力的作用下是不会自行通过网孔漏在承印物上的。当用刮墨板以一定的倾斜角度及压力刮动油墨时，油墨便通过网版的网孔漏印至承印物表面，从而实现图像的复制。丝印网版在洗版后，还可以继续保存使用。

二、丝网印刷机*

丝网印刷需要针对不同的承印物对象、不同的印刷要求、不同的操作条件，使用不同的印刷机。丝网印刷机按印刷色彩分，有单色丝印机、多色丝印机；按照自动化程度分，有手动丝印机、半自动丝印机、全自动丝印

* 参考：万晓霞，邹毓俊．印刷概论．化学工业出版社，2001

机等。但一般把丝网印刷机分为平面丝网印刷机、曲面丝网印刷机和静电丝网印刷机三种。

1. 平面丝网印刷机

平面丝网印刷机是指在平面上进行印刷的丝网印刷机，它又可分为如下四种形式。

（1）平台平网式　平台平网印刷机结构较为简单，由给纸系统、印刷机构、收纸机构和烘干线组成。印刷用的丝网版被水平安装在印版框架上，框架上配有控制印版上下运动的机构和橡皮刮板，每印一张，丝网版上下运动一次，同时橡皮刮板作一次来回运动。为了使印刷台易于进料和出料，以便操作时的加料与定位，印刷架必须高高升起。这时由于丝网版上油墨的自重，有可能从高处往下滴。印刷机规格越大，印刷架就必须升得越高，那么印刷架在空中停留的时间也就越长，印刷故障就越容易产生。为了缩短印刷架升降距离，工作台有采用水平升降式的和滑台式的，如图 4-40 所示。这两种方式具有工作平稳、套印精度高的特点。

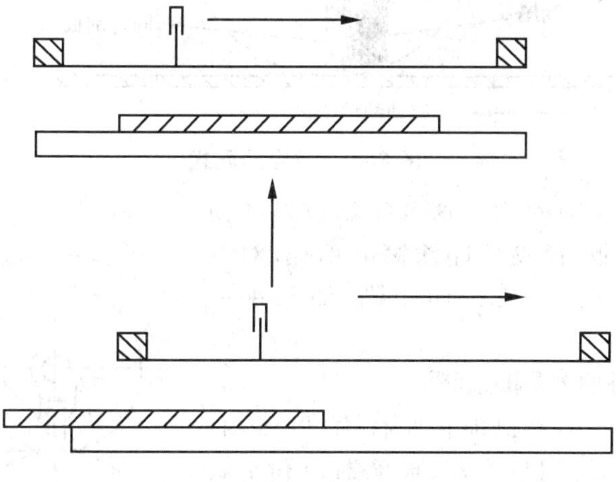

图 4-40　平台平网式

（2）滚筒平网式　这种丝印机是采用压印滚筒代替压印平台，省却了升举机构，由丝网框架作横向移动，压印滚筒绕轴心转动，如图 4-41 所示。

（3）平台圆网式　它的印刷版是圆筒形的金属丝网，橡皮刮墨板被固定在丝网中，如图 4-42 所示。印刷时承印物和圆筒丝网版作同步运动，油墨从印版的孔中不断地被刮印到承印物的表面，形成印品。主要用于卷曲的织物、塑料膜、金属箔和纸张等的印刷。

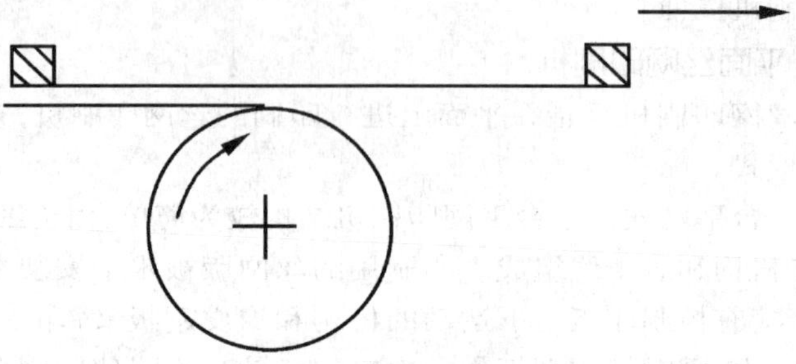

图 4-41　滚筒平网式

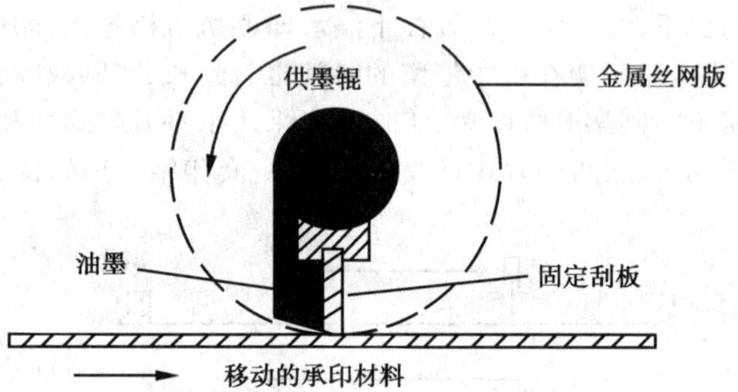

图 4-42　平台圆网式

(4) 滚筒圆网式　这种印刷机是指使用圆形丝网版，借助压印滚筒的承托，对卷筒料进行高速、多色套印印刷，如图 4-43 所示。

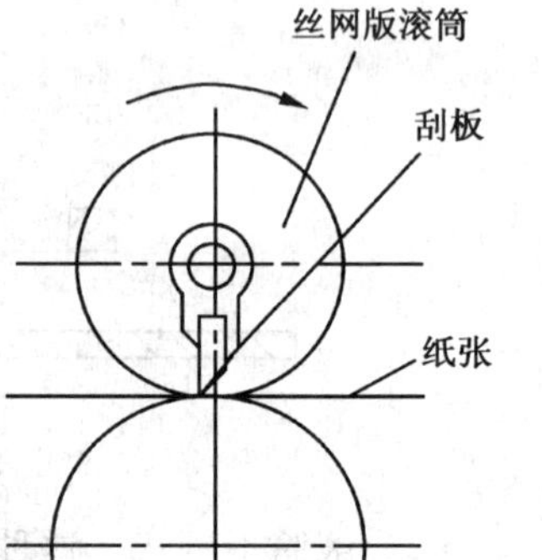

图 4-43　滚筒圆网式

2. 曲面丝网印刷机

曲面丝网印刷机能在圆柱面、圆锥面、椭球面、球面的塑料容器、玻璃器皿和金属罐等物上进行直接印刷，在工作台上附有可调换的器件，以适应不同形状的表面印刷。丝网版是平面的，进行水平方向移动，橡皮刮墨板固定在印版上，承印物利用滚轴转动，承印物与网版同步移动进行印刷。曲面丝网印刷机如图 4-44 所示。

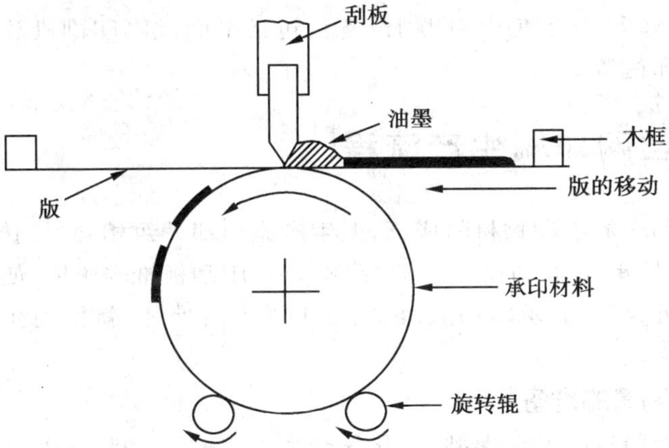

图 4-44　曲面丝网印刷机示意图

3. 静电丝网印刷机

静电丝网印刷是粉末状油墨，利用静电吸附油墨进行印刷。丝网印版用导电良好的金属丝网制作，利用高电压发生装置使其带正电(正极)，而平行金属板带负电(负极)，在正负极之间放承印物。粉末油墨本身不带电，通过丝网孔后带正电荷，负极金属板就吸附带正电荷的粉末油墨，从而促使油墨下落到承印物上形成图文，经加热或其他处理，使图文固化在承印物上。丝网版与承印物之间的距离越大，则要求电压越高，易导致粉末油墨飞散，因此，一般采用小距离进行印刷。由于静电丝网印刷对承印物不施加印刷压力，所以可用来印柔软的、不能加压的或表面不平整的承印物。

实际应用中的机型有：手动式平台机、手动式四色丝印机、半自动丝印平台机(两把刮刀，手动给纸)、半自动曲面丝印机、全自动多色曲面丝印机、单张纸卷对卷丝印机(最高速度4 000张/时)、卷筒纸卷对卷丝印机(最高速度 2 米/秒，无缝圆网式)、12 色织物丝印机(含解卷、印刷、热风干燥、折叠等装置，无缝圆网式)和办公室用丝印机(采用特殊的材质制成胶膜，数字成像，含热写字头)。

对于外形复杂、带棱角及凹陷面等的异形物体，则可用间接丝印法来印刷。其工艺常由两部分组成：平面丝印 + 转印，即丝印图像不直接印在承印物上，而是先印在平面上，再用一定方法转印到承印物上，如丝印花纸+热转印形、丝印花形+压敏转印型、丝印花纸+溶剂活化转印形等。因此,间接丝印法所使用的印刷设备就包括平面丝网印刷机及热转印机或压敏转印机等。

三、丝网印刷生产流程*

丝网印刷的承印物材料广泛,但生产流程却大致相同。制好印版,配足印料,备好承印物,在版上一端倾倒印料,用刮板推墨施压,使印料通过网版空白处,漏印到承印物上,再经过干燥等后处理,就得到在承印物上的各种图文。

1. 油墨的准备

丝印油墨有挥发干燥型、氧化聚合型、二液反应型、热固化型和紫外线固化型等几种。其中,挥发干燥型丝印墨的干燥方式为物理干燥,速度快而皮膜软;另外几种丝印墨为化学干燥型,由于是在树脂内部产生化学反应,所以能形成网状结构,干燥速度慢而皮膜硬,耐药品性能好。实际丝印生产中,应根据承印物的特性和印刷产品的要求来选择合适的油墨。由于丝印主要是采用套印的形式,专色油墨使用较多,因此在印刷之前经常要调配油墨。配色时要切记在同系列、同品种之间进行,否则会造成浪费。一般可先用小的调墨铲或油墨调色刀在较厚的平板玻璃上作试验,下面衬以白纸,同样品对比试印后,经鉴别合适,再一次配够印刷用的数量,并妥善保管。

丝网印刷的油墨不是从网孔中流出来的,而是用橡皮刮墨板刮到承印物上的,因此油墨的粘度很重要。一般出厂的丝印油墨,其粘度稍大,使用时应根据印刷图像的特点、丝网目数、印刷速度、车间温湿度、承印物的表面性能等,用适当的溶剂、稀释剂、表面活性剂或减粘剂,对油墨的粘度、表面张力、流动性及干燥速度等进行综合调整。如印细线条和网线产品时,应使油墨流动性稍小,干燥速度稍慢些;高速印刷时,油墨流动性应稍大,干燥速度可稍快些。

2. 承印物的准备

为使承印物具备相当的印刷适性,在印刷开始前,要对承印物进行印

---

* 参考:金银河.印刷工艺.中国轻工业出版社,2001

前处理，如对纸张等对温湿度敏感的承印物，印前要进行吊晾，使承印物的温湿度与印刷环境的温湿度达到平衡，以保证套色印刷的精确性。为提高塑料薄膜的可印性，需在印刷前进行电晕放电处理。对于塑料成型品，需要进行火焰法处理。对过于柔软、易变形的承印物，如棉纸、丝绸等，为便于印刷套准和定位，往往印前需作裱贴等定形处理；对某些翘曲不平的硬塑料片，如PVC及有机玻璃片等，为使其平整，印前往往需作热定型处理。

3. 印版的安装

在实际丝网印刷操作中，由于印件幅面的多样化，需要使用不同幅面的网框，印刷不同大小面积的画面，因此装版工作是一个必不可少的工序。先将所有使用的网框对照台板的适中位置，进行网框的初定位。在网印过程中，刮板与印版、承印物是一个在不断移动中的线性接触运动，刮印后由于丝网本身具有一定的弹性，印版应立即回弹，与承印物分离，否则会因油墨的连续渗漏而造成图文在承印材料上的扩大、模糊或线性变形。尤其是在进行曲面印刷时，承印物印刷离版后还要同时作转动，更需要一定的间隙。所以，在网版印刷面与承印物表面之间必须留有一定的间隙（网距），是丝网印刷所独具的特点。确定网距时，主要依据网版的尺寸、网纱的特性、绷网时的张力、承印物的材质与形状、油墨的粘度等因素。一般地，对印品精度要求高、刮印长度在500mm左右的，网距可在1mm～3mm之间选择；对于普通印品、刮印长度在1 000mm左右的，网距可在2mm～6mm之间设定。在平面网印时，网距稍大些，曲面网印时则小些；手工刮印时大一些，机印时则小一点。若是进行多色套印，则印件的定位也是相当重要的。接下来就是对版，其程序是：先按正式印刷的方式，放下网版，版上的图文笔画或十字线务必与原稿基准吻合，一般要通过各坐标机构进行反复微调。待所有画面元素都对准无误之后，便可进行试印，直到试印满足要求以后，锁紧所有调节部位，方可进行正式印刷。

4. 刮墨板的调整

丝印油墨是通过刮墨板的挤压作用从印版的通孔转移到承印物上的。手工丝印采用一块刮板，而机械丝印则需由两块刮板，即刮印刮板与回墨刮板，两者交替往返运动（回程时刮印刮板脱离网版）。刮墨板的常用材料是肖氏硬度为60～80的天然橡胶、硅橡胶和聚氨酯橡胶三种，具有良好的弹性、耐油墨溶剂性和耐磨性。刮墨板的形状有直角形、尖圆角形、圆角形、斜角形等，使用在不同材质的承印物上。一般平面印刷用直角形的棱边来刮动油墨，曲面印刷靠刮墨板尖端的棱边刮油墨，使刮墨板和印版呈接触状态。刮墨板在丝网印刷中要保持一定的压力，使丝网印版与承印物表面呈线性接触，完成油墨的转移。压印力过小，丝网印版不能接触承印物表面，就无法进行印刷。压印力过大，会使刮板产生较大弯曲，刮板与印版和承印物成为面接触，使得印刷图文模糊不清，并加剧印版和刮板的磨损，导致丝网印版松弛。刮墨板与丝网版的夹角（刮印角）越小，刮墨板速度越慢，印品上的墨量就越大。一般要根据承印材料的特性、形状以及油墨的适性等来确定刮印角度。通常进行平面网印时，刮印角多在20°~70°之间；而当曲面网印时，宜在30°~65°之间选择。

5. 印刷色序的确定

在进行较高要求的四色网线版印刷时，常以黄、青、品红和黑为序，由于工艺的需要，也有按青、品红、黄和黑依次施印的。在进行多色或专色印刷时，可先深后浅，先小后大。进行纺织品印花时，以对花方便为主，先印涂料色，后印涂料白。若和活性染料一起印刷，则先印活性染料色，后印涂料色。有发泡等特种印花时，必须将其放到最后再印。

6. 试印和正式印刷

试印也称校正印刷或校样印刷。利用试印样张可以检查图像的再现性及色调情况。若再现性不好，则应对网距、刮印角、印压及油墨的粘度等作微调。

试印样张签样后，即可按照样张的标准进行大量印刷。在印刷过程中，须经常抽出印样来检查其色彩、阶调的一致性和清晰度的变化情况等。丝网印刷的工艺过程，如图4-45所示。

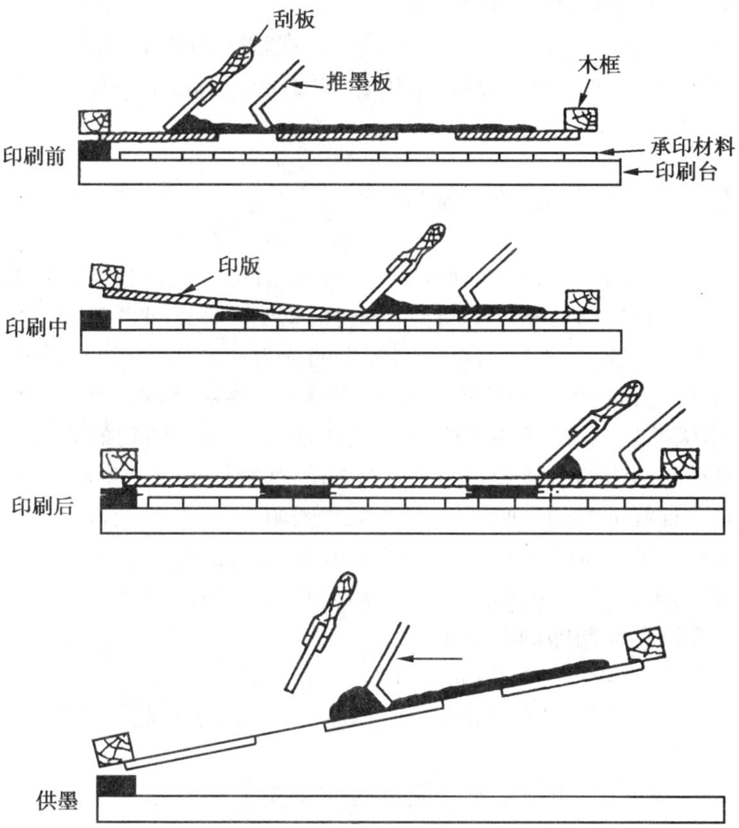

图 4-45　平面丝网印刷机工作过程

四、常见的印刷故障及排除方法

(1) 印品着墨不良,印刷品上墨色浅淡不均匀。排除的方法:采用与承印物相匹配、附着性能好的油墨;加大刮板的压力;降低油墨的干燥速度等。

(2) 印版网孔堵塞,不下墨。排除的方法: 使用指定的溶剂,适当降低油墨的粘度;在油墨中添加缓干的稀释剂。

(3) 滋墨是印品层次并级、网点糊死的现象。排除的方法:添加原墨,增加油墨的浓度;降低刮印压力;提高刮印速度;减少印版的供墨量;

适当加大刮板与印版间的刮印角。

（4）印版脱胶漏墨，印品空白部分出现较大面积的墨污。排除的方法：选用耐溶剂的感光胶制版；采用软质的橡胶刮板刮印；如有必要，须重新制版。

五、丝网印刷质量要求

丝网印刷品的质量与丝网印版的性质、刮版的性质、承印物的特性、印刷的速度和油墨的粘度等有关。选择适当质地及网目数的丝网，选用相适应的感光胶，是保证理想印刷效果的前提。选择刮板时，要考虑它的材质、硬度、刃口角度等因素，还要参考承印材料的特性。承印物对印刷条件、印版的适应性，承印物表面的受墨能力以及承印物的表面状态，均会影响到丝网印刷品质量的好坏。印刷速度对油墨供给量的多少和油墨的均匀性有着重要的影响。一般是慢速试印，而后速度逐渐加快，直到能适应印刷质量要求时为止。丝印油墨在放置较长时间之后，一般粘度过高，会影响正常的漏印，所以在使用前要用稀释剂调配油墨或适当搅拌，使其粘度符合丝网印刷的要求。

一般地，对丝网印刷的成品有如下几点质量要求。

① 套印准确，文字及图像与原稿基本一致，印刷品上无断道和重影现象。

② 色彩逼真，印刷品上的颜色同原稿要求的色彩基本吻合，没有明显的偏色。

③ 在进行加网印刷时，网点的扩大或丢失应控制在一定的范围之内。对于原版或电脑数控的网点，在印刷品上再现时，一般以人眼观察不到掉点和网点扩大痕迹为限。

④ 按照纸张、塑料、金属、陶瓷、玻璃等不同的承印物要求，油墨在其上的附着程度都应达到各自的标准。对于户外的广告、招贴等，油墨还应具有耐寒、耐热、耐水、不褪色等指标。

六、丝网印刷质量控制

1. 测试规

平版胶印是用测试条来控制印刷质量的，而应用于丝网印刷的测试条研究还未完全成熟，现介绍几个测试规的性能和用法。

（1）线条宽度测试规　由0°、22.5°、45°的阴阳直线半圆标和六个黑白线等宽的双圆环标组成。双圆环标的线宽分别是0.05mm、0.10mm、0.15mm、0.20mm、0.25mm和0.30mm。该测试规用来检验感光材料的性能，也可检查丝网制版和印刷精细线条的宽度，如图4-46所示。

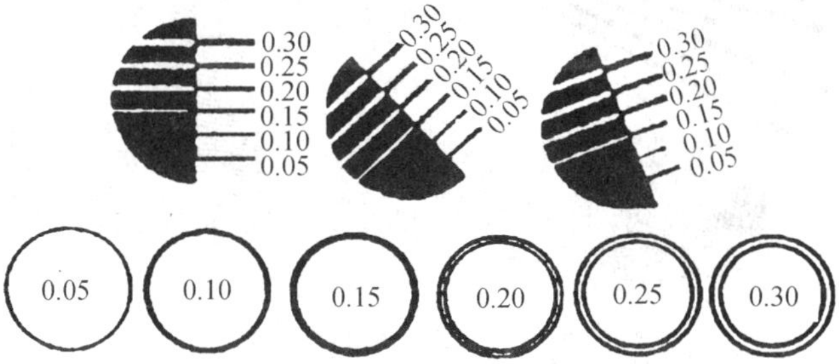

图4-46　线条宽度测试规

（2）印迹扩大测试规　由两组羽状排列的蛋形点和一个同心圆组成。第一对蛋形点的小端与小端之间、大端与大端之间无间隙，自第二对起依次往后，大小端之间的间隙分别为0.02mm、0.04mm、0.06mm、0.08mm、0.10mm、0.12mm、0.14mm和0.16mm，如图4-47所示。在印刷过程中，它可用来检查印刷品上印迹扩大的情况，以控制印刷质量。

图4-47　印迹扩大测试规

（3）目数、线数测试规　用以测定加网软片或未知丝网的网目线数，如图4-48所示。

另外，还有曝光时间测试规、线条取角测试规等。

2. 测试仪器

为了最大限度地避免生产故障，使丝网印刷实现数据化、规范化生产，必须采用一些测试仪器来控制每一个生产工序的质量。

（1）张力计　用以测量未涂胶的绷紧丝网的张力大小。张力计有机械式和电子式两种。

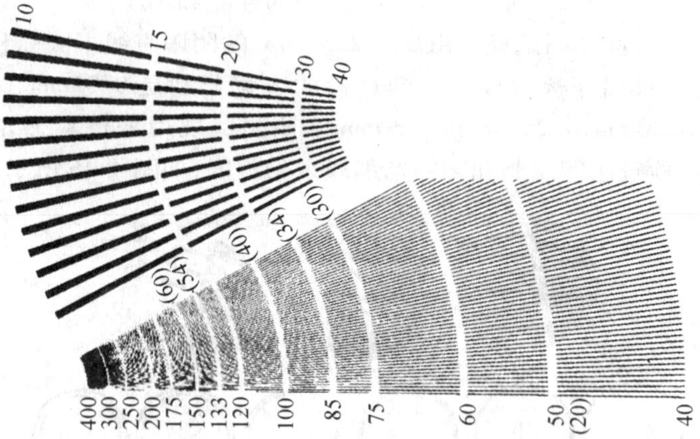

图 4-48　目数、线数测试规

（2）厚度计　用来测定涂布感光胶之后丝网的厚度，常用于印刷线路板、玻璃装饰、瓷砖装饰、瓷用移印花纸等感光胶涂布厚度的测定。目前，多采用电子式厚度计。

（3）表面粗糙度计　用以检测丝网版上下两面的平滑程度。网版越平整，与承印物接触时就越均匀，印刷产品的质量就越好。用表面粗糙度计（传感器）可读取网布上乳胶形成的波峰和波谷数据，用 Rz（μm）表示。要生产出高清晰度的产品，必须保证 Rz 值在 10μm 以下。

（4）表面湿度计　用以测定网版上乳胶的残余湿度，观测其是否完全彻底干燥，由此确定丝网版是否适合于曝光。接触式湿度计是理想之选，只要将它放置在干燥网版的印刷面上，仪表上的指针就会显示乳胶的湿度。

（5）射线测量仪　可用来测定瞬时的光线强度和光线分布，从而确定网框底与曝光灯的最佳距离。使用该仪器时，必须戴上紫外光防护手套，且不要长时间曝露在光线中，以免射伤皮肤。

5

第五章

现代印后加工技术

将经过印刷的承印物加工成人们所需要的形式或符合使用性能的生产过程,叫做印后加工。这个工序主要包括书刊装订、印品表面整饰和纸容器加工等。

第一节

装订技术

一、装订工艺的分类及主要流程

将印刷完成的书页、书帖采用装帧的方法加工成册,或把单据、票据等整理配套并订成册本等印后加工技术,称为装订技术。书刊等的装订,实际上包括订和装两大工序。订就是将书页订成本,是书芯的加工;装是书籍封面的加工,就是装帧。为了适应各种书刊不同的装帧要求,常见的书刊装订方法有骑马订装、平装、精装、古装等多种形式。书芯的平装方法包括铁丝平订、缝纫订、锁线订和无线胶订等;精装书芯的订联方法包括锁线订和胶粘装订等。

书刊的装订工作较为复杂,需要的工序较多。比如一般的平装书必须经过十几道工序方能成册,精装书需要二十几道工序,而特装书更是多达五十几道工序。繁杂的工序给加工技术和设备都提出了更高的要求。设备越新、越自动化,技术越先进,生产效率就越高,印刷品的成品质量就越好,当然加工成本也就越高。只有真正从劳动密集型转化为技术密集型,印后装订技术才会走向前台,为社会创造效益。平装书的主要装订工艺流程如下:

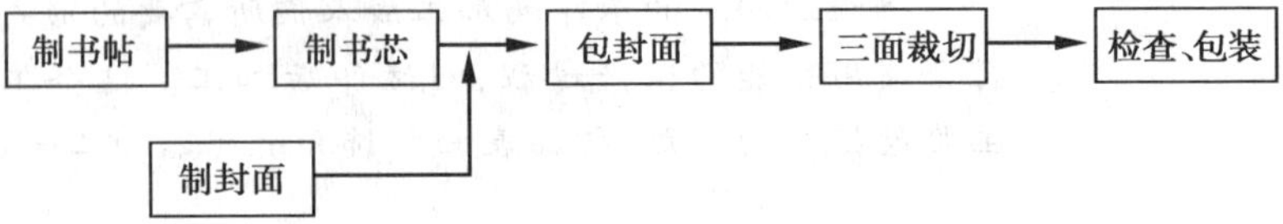

精装书的主要装订工艺流程如下：

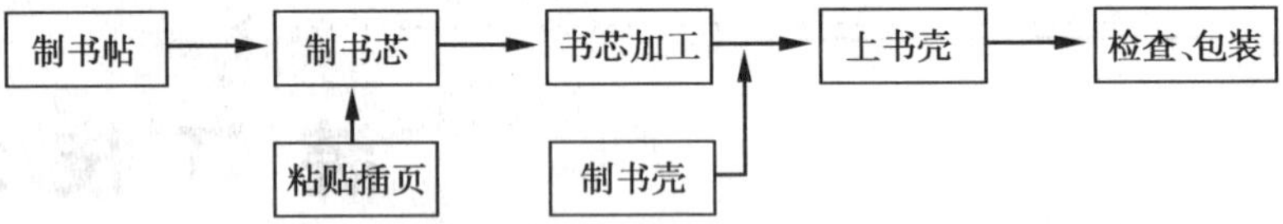

在这两种工艺流程中，每一个步骤就是一个操作过程的总称，如精装书的书芯加工就包括压平、刷胶、裁切、扒圆、起背、贴背等多道细小工序。

二、骑马订工艺

在骑马配页订书机上，把一个或几个书帖和封面套合后跨骑在订书架上，将两个铁丝钉从书刊的书脊折缝外面穿进里面，再压紧订牢的装订法，称为骑马订法。骑马订法具有工艺流程短、出书快、成本低、书册能摊平、阅读方便等优点，也有铁丝钉易生锈、牢度不够、长时间使用后封面和内文中间页易脱落的缺点，又由于它采用套帖法配页，产品的装订厚度受到一定限制（一般在6mm以内），因此骑马订工艺多用于薄本，如保存时间较短的期刊、杂志、画册、商品样本、公司宣传册、练习本等的装订。骑马订的装订方式如图5-1所示。

图5-1　骑马订装订方式

采用骑马订工艺配帖时，将折好的书帖从中间一帖开始，依次搭在订书机工作台的三角形支架上，最后将封面套在最上面。进入订书机组，用铁丝从书刊的书脊折缝外面合理位置穿向折缝里面，并把弯脚订牢，然后通过三面裁切机把书刊的三面（除书脊一面）裁成光边，即可发行和阅读。

1. 骑马订联动生产线

常用的骑马订书机有两种：一种是半自动骑马订书机（单机），另一种是全自动骑马订书联动机。全自动骑马订书联动机是一种多工序的联动化装订机械，配页、装订、包本、三面裁切一次完成，生产效率高，是目前印刷采用较多的一种书刊、杂志的装订机械。国产骑马订联动机有三联型（搭页机、订书机、三面切纸机）和五联型（折封皮机、搭页机、订书机、三面切纸机、自动堆积计数机）。但最有代表性的是瑞士马天尼公司生产的“天马”联动机生产线，它由搭页（配页）、订书、三面裁切机构组成（如图 5-2 所示），并带有质量检测控制、废页剔除、成品堆积计数和安全装置。该机最大的特点是采用积木式组合，可以根据需要在上述组成基

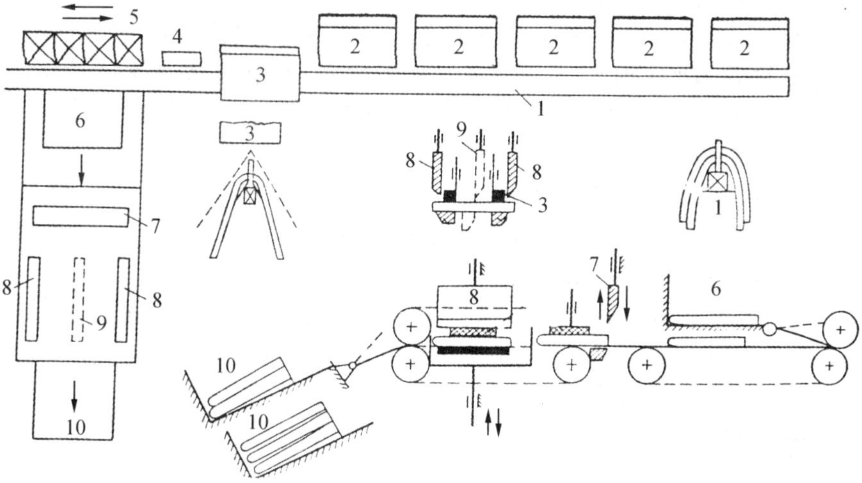

1. 传送带　2. 搭页机组　3. 配封面装置　4. 控制装置　5. 订书机组
6. 废书箱　7、8、9. 三面刀和圆盘刀　10. 收书台

图 5-2　三联型骑马订联动订书机工作过程示意图*

* 参考：魏瑞玲. 印后原理与工艺. 印刷工业出版社，1999

础之上再添加堆积机、包装机、插页机等组合成新的多种形式的装订联动机,对生产场地的安排更为灵活。最近,骑马订书联动机在很多特性上有所突破,如采用摆动切书机、给纸调整装置和 PLC 控制系统,使操作更简便、生产效率更高、订书质量更好。

2. 骑马订联动生产线产品的质量要求*

(1) 书页与书帖

① 三折及三折以上的书帖,应划口排除空气。

② $59g/m^2$ 以下的纸张最多折四折,$60g/m^2 \sim 80\ g/m^2$ 纸张最多折三折,$81\ g/m^2$ 以上的纸张最多折两折。

③ 书帖平服整齐,无明显八字皱折、死折、折角、残页和脏迹。

④ 书帖页码和版面顺序正确,以页码中心为准,相邻两页之间页码位置允许误差≤4.0mm,全书页码位置允许误差≤7.0mm,画面接版允许误差≤1.5mm。

(2) 装订质量

① 配帖应整齐、正确。

② 订位为钉锯外钉眼距书芯长上下各 1/4 处,允许误差 ±5.0mm。

③ 订后书册无坏钉、漏钉,书册平服整齐、干净,钉脚平整、牢固,钉锯均钉在折缝线上,书帖歪斜允许误差≤0.2mm。

(3) 成品质量

① 成品裁切歪斜误差≤1.5mm。

② 成品裁切后无严重刀花,无连刀页,无严重破头。

③ 成品外观整洁,无压痕。

(4) 使用铁丝规格

根据纸质的厚度,铁丝直径为 0.5mm ~0.6mm。

三、平装工艺

平装是现代书籍的主要装帧形式之一,其加工工艺简单实用,成本低廉,是目前我国应用最普遍的书刊装订方式。平装通常采用纸质软封面和覆膜封面,以齐口居多。平装封面材料多为 $80g/m^2 \sim 150g/m^2$ 的胶版

---

* 参考:冯瑞乾.印刷概论.印刷工业出版社,2001

纸,也有采用专用书皮纸的,如压纹书皮纸。

平装书籍的封面整饰加工方法有很多种,如烫金、压凹凸、上光(或局部上光)等,但目前应用最多的是覆膜或涂塑和上光。平装工艺按订书方法的不同可分为铁丝平订、锁线订、缝纫订、无线胶订、塑线烫订和三眼线订等,其加工工艺流程如下所示:

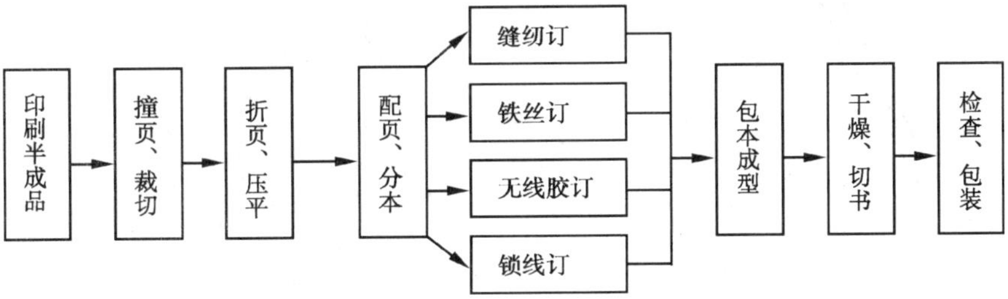

在我国,平装书籍除用单机加工外,还普遍使用无线胶订联动生产线、订包烫生产线等。

平装书装订过程,分别叙述如下。

1. 裁切

根据下道工序的要求,用切纸机把撞齐的印张按开本规格切成所需尺寸的操作称为裁切。开料,实际工作中常指印前开切纸张。单张纸印刷机印成的书页一般要先光边,折页机规格小或书刊篇幅特殊,不能按常规进行折页时,必须先将印张裁切,然后折页。裁切是在单面切纸机上进行的,操作时要注意安全。裁切的纸张切口应光滑、整齐、不歪斜,规格尺寸必须符合要求。

2. 折页

把印刷的大幅面书页按照预先设置的页码顺序和开本大小折叠成书帖的过程,叫做折页。任何书刊的装订,几乎都要先经过把大幅面的书页折叠成书帖,然后才进入下道工序。

书籍的折页方式主要分为三种:平行折页法、垂直交叉折页法和混合折页法。一般说来,印张版面的编排方式不同,使用折页的方式也有所不同。

(1) 平行折页法　平行折页法即相邻两折的折缝呈平行状态。该法一般适用于纸张比较厚实的印刷品,如少儿读物、图片、画册等。平行折页方式如图5-3所示。

（2）垂直交叉折页法　采用该法折页，每折完一折时，必须将书页旋转90°折下一折，书帖的相邻两折折缝互相垂直，如图5-4所示。这种折页方式，书帖的折叠、粘页、配页和订书等工序的加工都较为方便，折数与页数、版数都具有一定的规律。现在大部分书籍采用这种折页法。

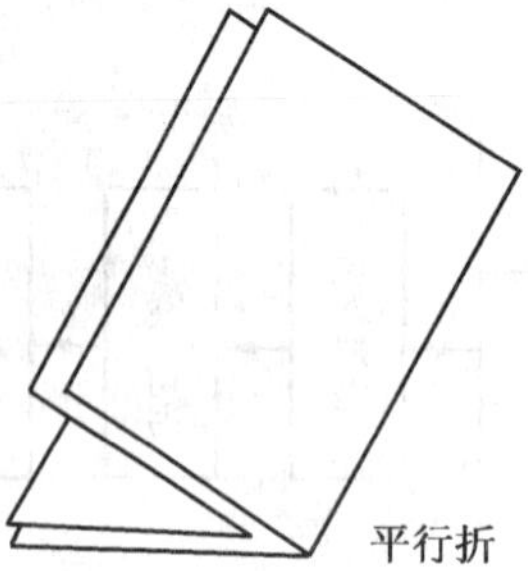

图5-3　平行折页方式

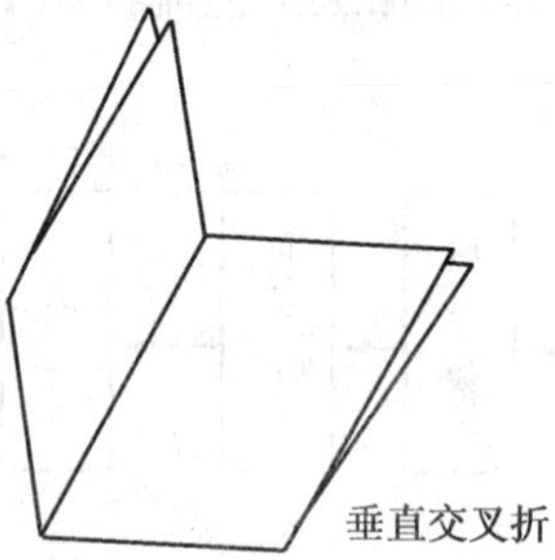

图5-4　垂直交叉折页方式

（3）混合折页法　在同一书帖中的相邻两个折缝既有平行、又有垂直的折页方式为混合折页法，又称综合折页法。混合折页法如图5-5所示。用机器折成的书帖大部分是这种形式。

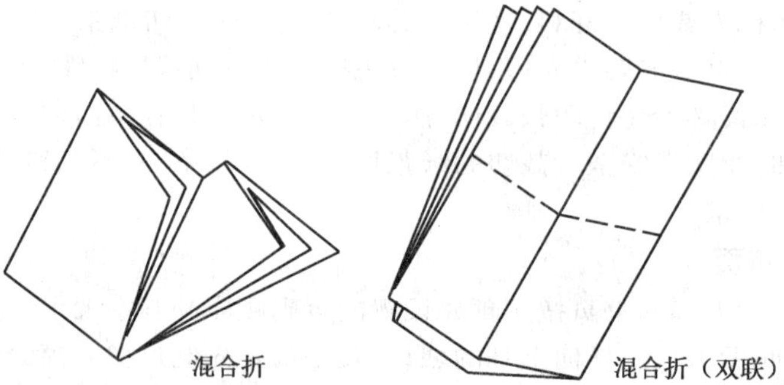

图5-5　混合折页(含双联)方式

折页方式还可分为正折(顺手折)和反折、单联折和双联折等各种不同的形式，如图5-6所示。

目前，我国的印刷厂，除非遇到特殊规格的产品要用手工折页，大部分都采用机械折页。折页机分为刀式、栅栏式、栅刀混合式三种。

刀式折页机有全张和对开两种，它是采用折刀将纸张压入旋转着的两个折页辊的横缝里，通过两辊与纸张之间的摩擦力来完成折页过程的，同时使纸张随同传送带一起运动，被送到第二折、第三折的位置，最终被折成书帖。刀式折页方式如图 5-7 所示。这种折页机可将 $40g/m^2$ ~ $100g/m^2$ 的全张纸或对开纸自动折成各种常用规格的书帖，折页精度高，操作较为方便，但占地面积比较大。

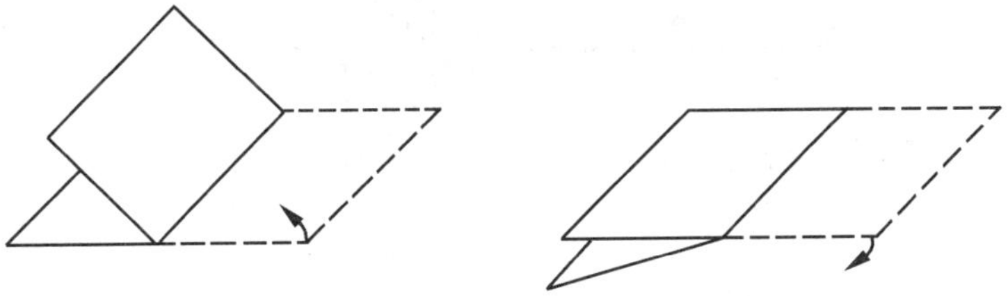

图 5-6　正反折页

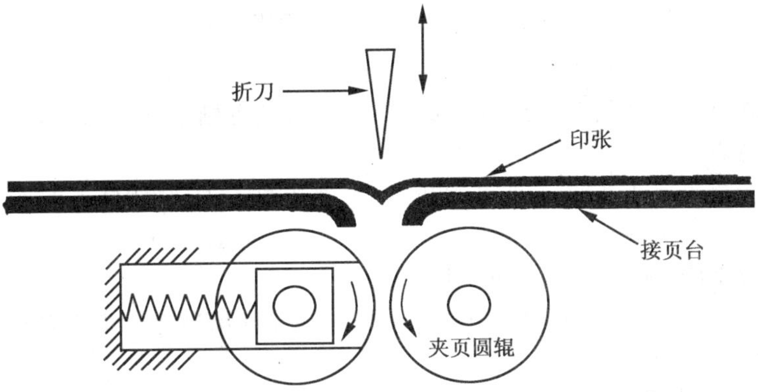

图 5-7　刀式折页机折页原理图

栅栏式折页机一般为对开，它将要折叠的书页用摩擦方法一张一张分别送到两个同时向里旋转的折页辊之间。由于折页辊对印张的摩擦，印张就沿着上栅栏轨道向前运动，被送到装在栅栏内的挡板，在折页辊的继续摩擦作用下，印张被迫折转并转弯后继续往前运动，直至送到下栅栏挡板，就完成了第一折。由于折页辊的旋转将完成一折的纸张再次折转弯，由折页辊送出，如此完成二折书帖，继续前进可完成三折、四折的书帖，见图 5-8。这种折页机机身小、速度快、操作方便，但不适合折幅面大、薄而软的纸张。

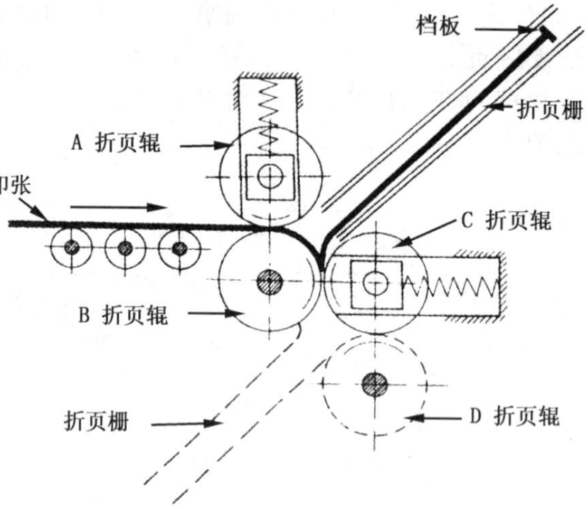

图 5-8　栅栏式折页机折页原理图

栅刀混合式折页机有对开、四开两种,它由刀式和栅栏式组合而成,因此既具有刀式折页机折页质量好的优点,又有栅栏式折页机折页速度快的特点。

无论是手工折页还是机器折页,其基本质量要求都是无颠倒、无套页、无双张、页码整齐(即页码位置一致,误差不超过 1mm),折标居中,书帖折叠平服,无污迹,无破损,无折角。

折好的书帖要用压平打捆机压平,并在紧压的状态下把书帖扎成捆,以保证书刊的装订质量。

3. 配帖

配帖也称为配页,就是把已经折好的全书所有的书帖,按顺序配齐全,以准备订书。配帖又分为配书帖和配书芯。

配书帖,就是把零页或插页按页码顺序套入或粘在相应的书帖上,一般仍由人工来完成。

配书芯,就是把已折好并粘上单页的书帖按顺序配齐成册的过程,也叫排书。在大、中型印刷厂,配书芯的工作大多由机器完成。

各种书刊,除单帖成本外,都必须经过配帖的过程才能成本。配帖(配书芯)的方法有套帖法和配帖法两种。

(1) 套帖法　也叫套配,是将一个书帖按页码顺序套在另一个书帖的里面(或外面),形成两帖厚而只有一个帖脊的书芯,最后把封面套在书芯的最外面,供订本成书,如图 5-9 所示。该法多用于帖数较少的期刊、杂志或小册子,且常用骑马订方法装订成册。

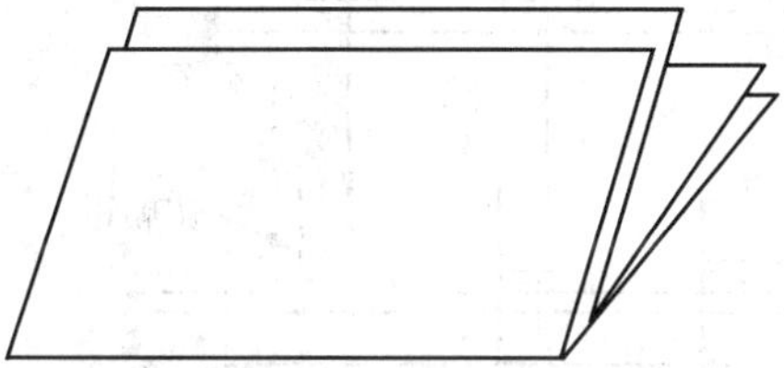

图 5-9　套帖法

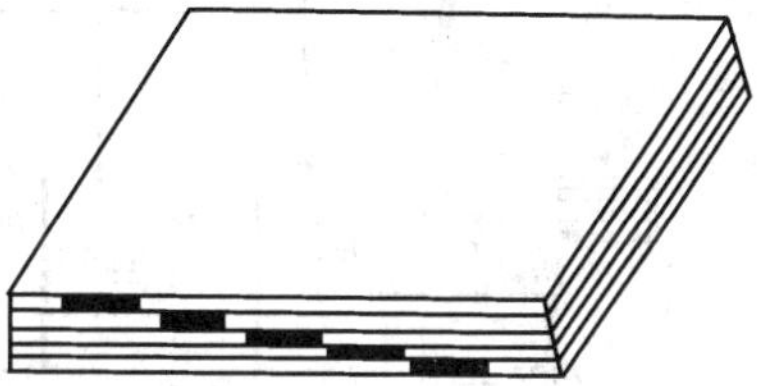

图 5-10　配帖法

(2) 配帖法　也叫叠配,是将各个书帖按页码顺序一帖一帖地叠加在一起,成为一本书刊的书芯,供订本后再包封面,见图 5-10。该法常用于平装书或精装书。

配帖前须将单页或零版的插页、图表等粘、套在相邻页张或书帖上成为一整帖。配好书册的首帖或尾帖的订口边应涂 2mm 宽的蜡(石蜡与机油以 3:2 的比例配制),以便配帖的书册经浆背后分本。

手工配帖时,应先按书帖在书中的位置顺序一叠一叠地排列在工作台上,然后按照顺序从每一叠书帖上取下一帖,配成书芯。手工配帖,劳动强度大、生产效率低,只能进行小批量生产。因此,现在主要利用配页机来完成配帖的操作。机器配帖采用配页机进行,其工作原理如图 5-11 所示。操作时将整理好的书帖按页码顺序分别放到贮帖斗的档板内,机器运转时,由档板下面的吸帖装置将档板内最下面的一个书帖向下吸住,并旋转约 30°,同时由档板下的叼页轮将书帖叼出,放到传送带的隔帖板上,再由传送带上的拨书档规将每组书帖带走,集帖成册,送到收帖台上。

为了防止配帖时出差错,印刷时,每一印张的帖脊处印上一个折标(小方块),如图 5-12 所示。配帖以后的书芯,在书背处形成阶梯状的标记,若发现梯档不成顺序,就说明配帖有问题,应立即纠正。在配帖过程中,发生多帖、缺帖、乱帖、堵塞等故障时,书帖检测装置和乱页控制装置将发出信号,指出故障部位并抛出废书或自动停机,交由操作人员来处理。

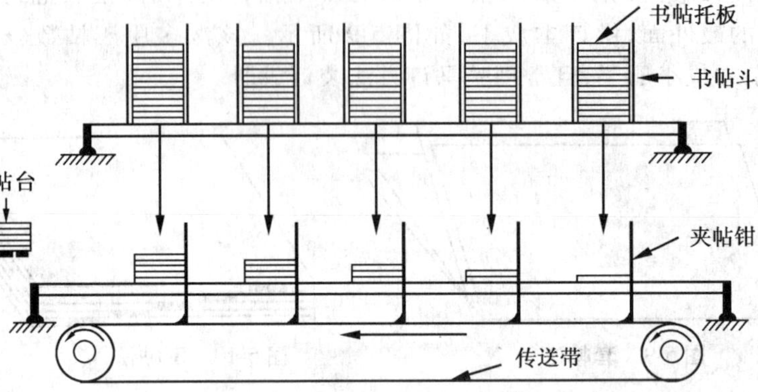

图 5-11　配页机工作原理图

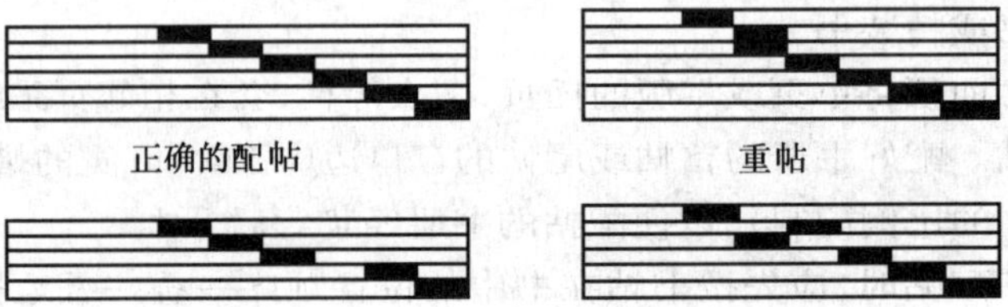

图 5-12　书背的梯档标记

使用配页机配页时，应注意装帖顺序要正确，配好的书芯里不应有破帖、污帖，配好的书芯要撞齐，检查无误后再捆扎压紧，并在书脊上刷一层薄胶水（除锁线订以外），防止分本时书芯散乱。

4. 订书*

把书芯的各个书帖或散页运用各种方法牢固地连接起来，叫做订书。常用的方法有铁丝平订、锁线订、无线胶订和缝纫订四种。

（1）铁丝平订　将配好的书芯，在靠近书脊的订口处（一般离书脊5mm 处），用铁丝钉从上面订入，穿过书芯在背面弯折订牢的方法，称为铁丝平订，如图 5-13 所示。该法主要用于装订较厚的书刊、杂志等，对装订的书帖有较宽的选择性。如果书芯太厚，铁丝钉无法伸出背面卡紧时，

* 参考：① 魏瑞玲. 印后原理与工艺. 印刷工业出版社，1999
② 中国印刷及设备器材工业协会. 印刷科技实用手册（上）. 印刷工业出版社，1992

可使铁丝钉在书芯的上下(或前后)套住直订。

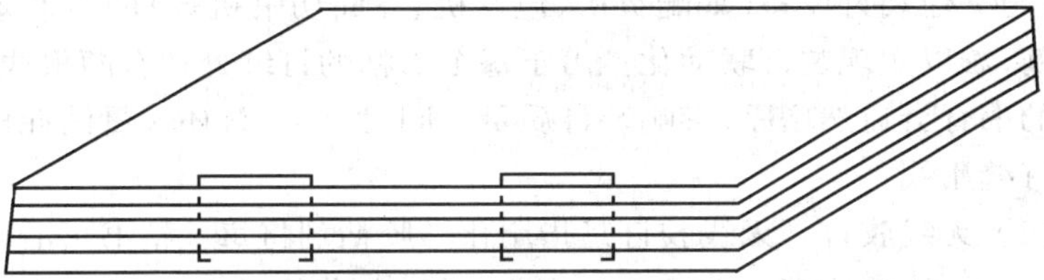

图 5-13　铁丝平订示意图

铁丝平订法生产效率高,成本低,所订书册的书背平整、美观。但其缺点是订脚紧,当书册过厚时,翻阅困难,不易摊平;另外,铁丝受潮易生锈,不仅影响书的牢固程度,其锈斑渗透封面时,还会造成书页的破损和脱落。

(2) 锁线订　锁线订也叫串线订,是将已经配好的书芯按顺序用线一帖一帖沿折缝串联起来并互相锁紧的方法,如图 5-14 所示。为了增加锁线订书的连接牢度,在订过的书脊上要再粘一层纱布,然后压平捆紧,刷胶贴背脊卡纸,待干燥后割成单本,以备包上封面。锁线订的方式有平锁和交叉锁两种,通常利用机器来进行锁线操作。全自动锁线机可自动完成送帖、锁线、粘纱布、分本和割本工作,并设有多帖、少帖、乱帖、错帖、断线等质量检测控制装置。

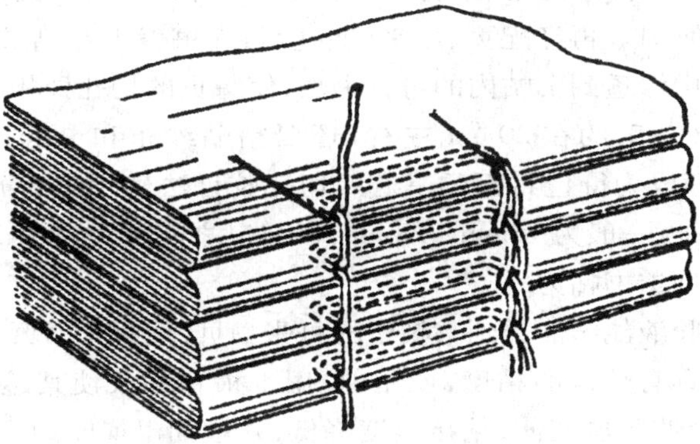

图 5-14　普通锁线订示意图

锁线订是一种历史悠久的传统订书方法,它订书质量高,在书芯折缝处装订,不占订口。因此,锁线订的书籍摊得开,放得平,阅读方便,使用寿命长。锁线订可以装订较厚、要求较牢固的书籍。但锁线机一般采用单机操作，书芯中书帖的数量越多，锁线的劳动强度就越大，生产效率较低，且与其他装订设备（如配页机、包本机、三面切书机等）的生产效率不易平衡，难以实现装订联动化。由于每个书帖的订缝处都有两根线，所以书芯的书脊会自然增厚，影响装订质量。同时，锁线订还大量消耗价格较贵的订缝用线。

(3) 无线胶订　无线胶订是指用化学胶粘剂将每一帖书页沿订口相互粘接为一体的固背装订方法。从配页到出书整个无线胶订的工艺过程，可以在一台机器上连续自动完成。显然，这一工艺方法大大缩短了书刊装订的工艺流程，减少了重复劳动，提高了生产效率。无线胶订和锁线订一样，具有翻阅方便、不占订口等优点，用无线胶订加工的书芯，既能用于平装，也能用于精装，是印数较大书籍的主要装订方式。但有时也会因胶粘不牢固而出现书页脱落的现象。其工艺流程如下：

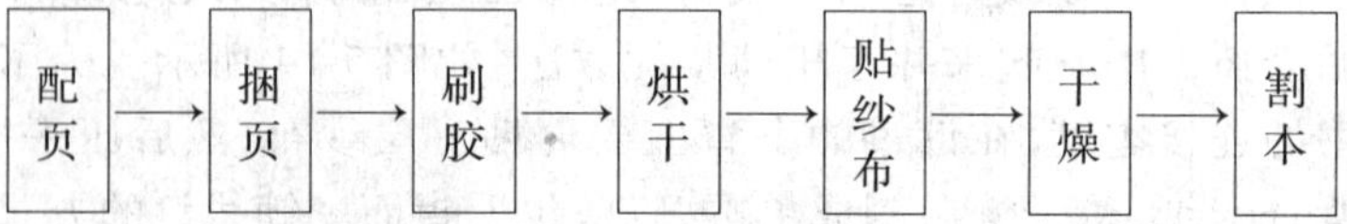

无线胶订的方法很多，一般又可分为：切孔胶订法、铣背打毛胶订法、切槽胶订法、单页胶订法。

① 切孔胶订法　印刷页在折页机上折页时，沿书帖最后一折的折缝线上用打孔刀（或称花轮刀）打出一排小孔，折叠以后，切口处的小孔外大内小成喇叭口。再经配页、压平、捆扎后，在书背上涂刷胶粘材料。胶液从背脊孔中渗透到书帖内的每张书页，使每页的切孔处相互牢固粘连。较厚的书籍（一般约在 20mm 左右）还要粘贴纱布和卡纸，干燥后分本（即割本），即成为待包封面的书芯。切孔胶订法适用于 8 开和 16 开的书帖，打孔长度一般为 15mm ~ 28mm，口与口之间的距离为 3mm ~ 5mm，口的深度以划透书帖为准。

为了使胶液能够渗透到书帖中的每张书页，使每张书页间相互粘牢，则胶液必须具有较低的粘度，使用前，用水稀释粘胶使其达到要求的粘度，但这又会使胶层变薄，粘接牢度降低，并增加干燥时间。该装订方法不能使书芯得到等强度的牢固结构，尤其是书帖内的书页不能得到足够牢靠的粘结，不适于 32 开书芯的装订，因此，有一定的局限性。

② 铣背打毛胶订法　将配好页的书帖撞齐、夹紧，沿订口把书背脊用刀铣平，书背铣削的深度以纸张的厚度和书帖的折数不同而不同，应以

铣削成为单张书页为准,而后对铣过的书帖背脊打毛,或再铣成若干小沟(深度在0.8mm~1.5mm,间隔为3mm~5mm,如图5-15所示),然后把胶粘材料涂刷在书背表面上,并使槽沟中注满胶液,以增加粘接牢度,最后贴上纱布、卡纸,即成为无线胶订书芯。

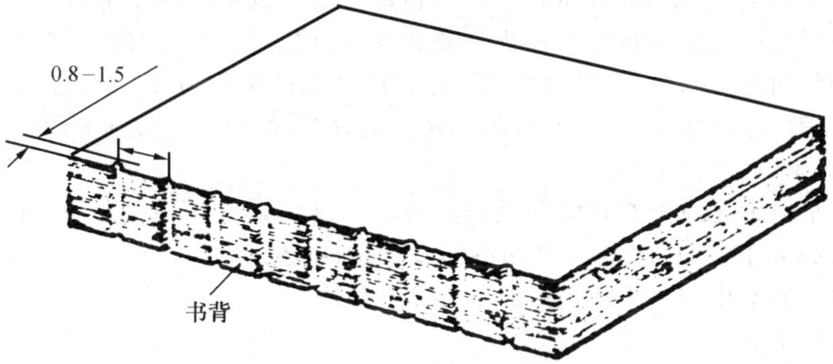

图5-15　铣背切槽后的书芯

③ 切槽胶订法　该方法与切孔胶订法相似,都在折页机上进行,但切槽式切出的孔更大。经切槽的书帖配成书芯后,可以直接涂刷胶液。这种方法不但能使胶液涂到书页的切口上,而且还能涂到切口的侧边,书帖通过切槽间的阶梯彼此粘在一起,使胶订的书帖具有更大的牢固性。

④ 单页胶订法　全书以单张书页或一折书帖为单位,沿订口撞齐后,再将订口均匀地错开1.5mm~2mm,放在台子上,均匀地刷上胶液,然后沿订口撞齐并加压,使页与页之间相互连成为书芯。用这种方法粘接的书芯非常牢固,可用来装订精美画册、地图册等。

(4)缝纫订　缝纫订是用工业缝纫机把配好的书芯沿靠近书脊的订口处订牢的订书方法。这种方法不需要复杂的设备,没有铁丝订易生锈的缺点,但订本不能过厚,最厚约可订200页码左右(书背约10mm左右的薄本书)。另外,缝纫订的订书速度慢,只能单机生产,不易与上下工序组成联动生产线,多用于南方潮湿地区或订一些薄本证书、小册子。因此,缝纫订已逐渐地被无线胶订联动生产线所取代。

5. 包封面

通过折页、配帖、订书等工序加工成的书芯,包上封面后,便成为平装书籍的毛本。除了骑马订以外的各种平装书刊,订成的书芯一般都要包封面。

包封面可以手工操作,也可以机器完成。手工包封面包括折封皮、书脊背刷胶、粘贴封皮、包封皮和书脊刮平(抚平)。现在除了特殊开本的书籍以外,已很少使用手工包封面了。机器包封面,普遍采用圆盘式包本机和直线型自动包本机。机器包封面的工作过程是:将书芯背脊朝下放入存书芯槽内,随着机器的转动,书芯背脊通过胶水槽的上方,浸在胶水中的圆轮把胶水涂布在书芯背脊部和首页、尾页的订口边缘。当书芯转动到包封面的部位时,最上面的一张封面就被粘贴到书脊上,经加压部分加压后传送到接书台上,自行落下并收集成叠,然后集中放到烫背机内加压、烘干,使书背平整。

平装书的封面有齐口和勒口两种。齐口平装书是先包封面,再三面裁切成光本;勒口平装书是先将书芯外切口(翻口)裁切后再上封皮,然后将封面宽出部分折转到里封去,最后再裁切上、下切口。包本机只适合包齐口书。

平装书籍的封面应包得书芯和封皮在脊缝处粘合牢固、平服,不能有空泡、拖浆或拱皱;浆口平直,底面浆口宽度为 2mm ~ 4mm;脊字应居于书背的正中直线位置,不能歪斜;封面应清洁,无破损和折角等。

6. 切书

把经过加压烘干、书背平整的毛本书,用切纸机将天头、地脚、切口按照开本规格尺寸裁切整齐,使毛本变成光本,成为可阅读的书籍,称为切书。切书由裁切机械来完成,裁切机械有单面切纸机和三面切纸机两种。三面切纸机是专用于裁切各种书籍、杂志成品的机械,其上装有三把钢刀,它们之间的位置可按书刊开本的大小进行调整。操作时,只要一按联动器,书刊的切口、天头和地脚的三面毛边就一起被切成光边,如图 5-16 所示。

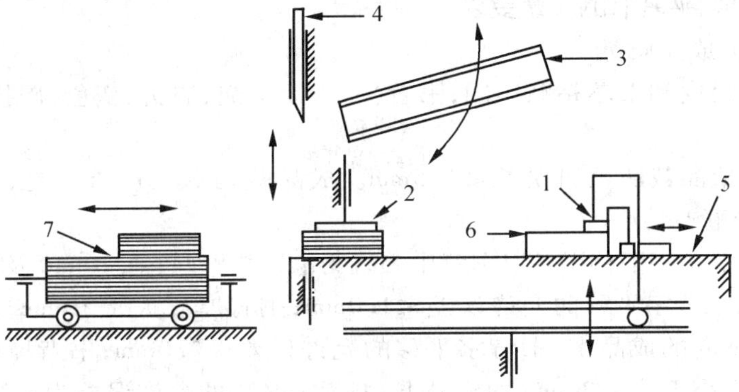

1. 压板 2. 压板 3. 天头地脚切刀 4. 切口切刀 5. 移动铁台 6. 书叠 7. 传送板

图 5-16　三面切纸机切纸示意图

7. 无线胶订联动生产线

无线胶订联动生产线，能够连续完成配页、撞齐、铣背、锯槽、打毛、刷胶、粘纱布、包封面、刮背成型、切书等工序，自动化程度较高，如图 5-17 所示。在国际上，无线胶订所用的粘结剂主要有三种：PUR 聚氨酯（热塑性）、EVA 热熔胶、冷胶（聚醋酸乙烯酯类）。我国目前大部分应用的是 EVA 热熔胶。另外，国内引进的胶订设备主要有瑞士马天尼、德国柯尔布斯、法国沃伦贝格、日本 TSK 等联动生产线，国产的 ZXJD 440C 也是适合本国市场的胶订生产线。

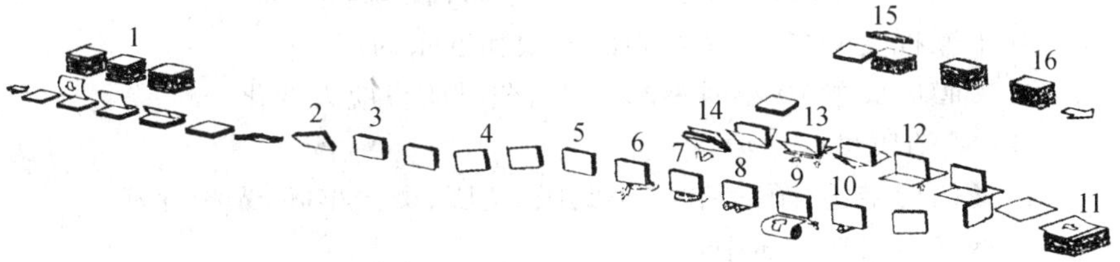

1. 配页　2. 翻转立本　3. 除废页　4. 爬坡　5. 定位　6. 铣背　7. 打毛　8. 上书芯胶　9. 贴纱布卡纸　10. 上封皮胶　11. 给封皮　12. 贴封皮（一次托打）　13. 加压成型（二次托打）　14. 落书　15. 计数堆积　16. 出书

图 5-17　无线胶订联动生产线示意图*

---

* 参考：魏瑞玲. 印后原理与工艺. 印刷工业出版社，1999

8. 平装书的质量要求

（1）成品质量

① 封皮和书芯粘贴牢固，书背平直，无空泡、皱折、变色、破损，粘口符合要求。

② 成品裁切歪斜误差≤1.5mm。成品裁切后无严重刀花，无连刀页，无严重破头。

③ 书背字平移误差以书背中心线为准，书背厚度在10mm及以下的成品书，书背字平移的允许误差≤1.0mm；书背厚度大于10mm，且小于等于20mm的成品书，书背字平移的允许误差≤2.0mm；书背厚度大于20mm，且小于等于30mm的成品书，书背字平移的允许误差为≤2.5mm；书背厚度在30mm以上的成品书，书背字平移的允许误差≤3.0mm；书背字歪斜的允许误差均比书背字平移的允许误差小0.5mm。

④ 成品护封上下裁切尺寸误差≤2.0mm；护封封口或勒口的折边与书芯前口对齐，误差≤1.0mm。

⑤ 成品书背平直，岗线≤1.0mm。无粘坏封面，无折角，不显露钉锯。

⑥ 成品外观整洁，无压痕。

（2）封面覆膜

① 粘结牢固，表面平整不模糊，光洁度好。无皱折、起泡、粉箔痕和污膜。

② 分割尺寸正确，不出膜，无明显卷曲，破口≤4.0mm。

③ 干燥程度适当，无粘坏表面薄膜和纸张的现象。

④ 覆膜后放置10小时~20小时，覆膜质量应无变化。

（3）烫箔质量

① 烫箔后字迹、图案清晰，不糊版、花版，烫箔牢固，光泽度好。

② 烫箔后书脊字居中。

四、精装工艺*

精装是现代书籍的主要装帧形式之一，是书刊装订加工中最为精致的一种装帧方法，加工时也最为复杂。精装又分为普通精装和特种（豪

---

* 参考：魏瑞玲. 印后原理与工艺. 印刷工业出版社，1999

华）精装。书籍精装一般选用纺织品、漆布、麻丝、人造革、皮革或纸张等材料作封面，再粘贴在硬纸板表面，烫印上彩色文字或图案后就成为硬质书壳。书芯经加工后，书背为平直形或圆弧形。硬质书壳与书芯两者套合，就成为造型美观、坚实牢固、翻阅方便的精装书籍，如图5-18所示。

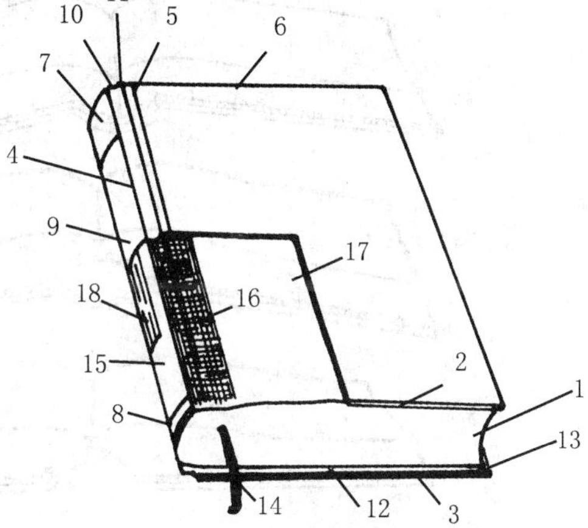

1. 书芯 2. 封面 3. 封底 4. 书背 5. 布腰 6. 纸面 7. 中径 8. 堵头布 9. 书背 10. 书槽 11. 纸板厚度 12. 地脚或天头的飘口 13. 切口的飘口 14. 书签带 15. 中径纸 16. 纱布 17. 前封 18. 锁线线迹

图 5-18　精装书

精装工艺是指在经历折页、配页、订书、切书以后对书芯及书籍的外形进行加工的工艺，主要包括书芯的制作和加工、书壳的加工以及上书壳三大工艺过程。

1. 书芯的制作和加工

精装书芯的加工，大部分和平装书芯相同，如裁切、折页、配页、订书与切书等。精装书的书脊不同于平装书，平装书的书脊是平齐的，而精装书则有圆背无脊、圆背有脊和方背（或平背）三种。图5-19所示为圆背书和方背书。根据书籍展开后书背处的不同，精装书又有硬背装、腔背装和柔背装之分，国内精装多采用腔背装，如图5-20所示。因此，精装书的书芯加工还包括压平、扒圆、起脊、贴纱布、贴堵头布、贴书背纸等特殊工序。

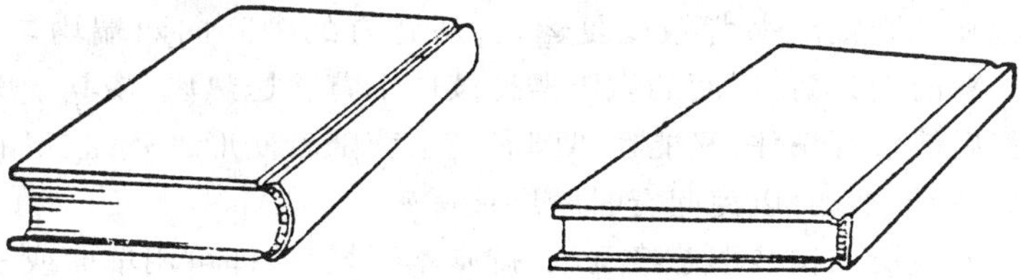

图 5-19　圆背书和方背书

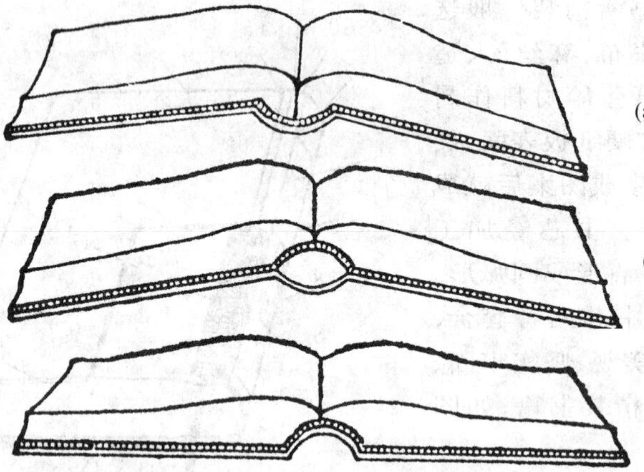

图 5-20 硬背装、腔背装和柔背装

（1）压平　它是将经过锁线成册的书芯压平实的过程，是在专用的压平机上进行的。书芯经压平以后，使书芯与书背的厚度一致，整书厚度比原来薄，并且平整、结实，为书背的刷胶、烘干等工序打下定型的基础。

（2）刷胶　压平后的书芯进行第一次刷胶，其作用是在保持书背的可塑性、柔韧性的前提下，使书芯初步成型，书芯与书背成为一个结实的整体，从而在下一道工序加工时，书芯不致发生相互移动，书背的形状得到保持，并提高成书的牢度和耐用性。

书芯刷胶可以用手工刷胶和机械刷胶两种方法。手工刷胶主要运用在中、小企业或小批量生产中，它是将压好的书芯数本撞齐扎捆后，用刷子在书背的各帖之间缝隙里涂刷一层稀薄的胶液，分本后进行自然干燥。机械刷胶采用刷胶烘干机进行，为单本刷胶，强制烘干。刷胶时，书芯的背脊朝下成横向排列，被夹板夹持着向前移动。当书芯进入刷胶机构时，上胶辊和毛刷辊沿书背做往复运动，从背脊的中间向两端均匀地刷胶。书芯间歇前进，书背下面的烘干槽持续向书背吹送热风，使其干燥。为了在刷胶后使书背粘住，又能在扒圆时使书背随着变形，书背胶不能烘得太干，也不能干不透，以免起脊时胶层被搓破。

（3）裁切　精装书芯经刷胶，待基本干燥后，即可用单面或三面切书刀，按书刊的开本尺寸进行裁切，使之成为光本书芯。

（4）扒圆　经三面裁切后，将书芯的背脊做成圆弧形，成为圆背精装的书芯，称为扒圆（方背精装书可以省略此操作）。扒圆后书芯的各个书帖以至书页都均匀地相互错开微小距离，使书芯的前口和订口的折缝处成为均匀的半圆形，从而解决了锁线订书背变厚的问题，平衡了锁线书芯的书背和切口的厚度。圆背书芯易于摊平和翻阅，同时也给书芯和书壳的连接提供了便利，增强了其连接牢度。扒圆一般利用扒圆起脊机来完成，可以单独操作，也可纳入联动生产线，如图5-21所示。

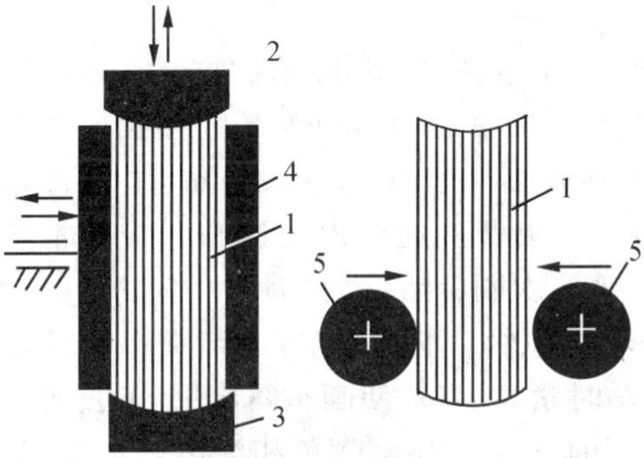

1. 书芯 2. 冲模 3. 底模
4. 夹板 5. 扒圆辊

图5-21　冲圆和扒圆

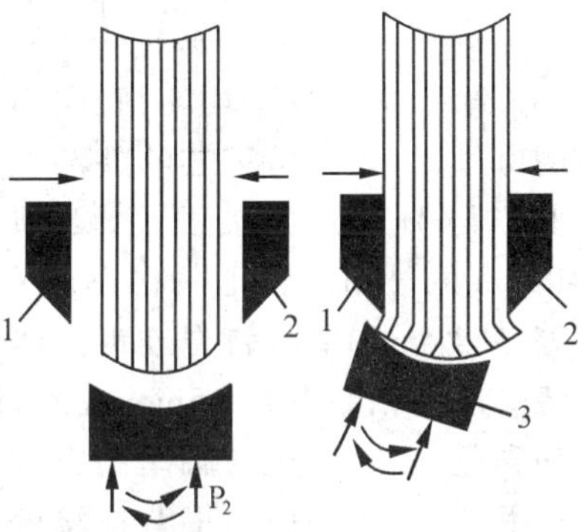

1. 夹书板 2. 夹书板 3. 起脊块

图5-22　起脊示意图

（5）起脊　将扒圆后书芯的书背与环衬连接处加工出脊槽，并使书脊略向外鼓起的工序，称为起脊。它可防止扒圆后的书芯回圆变形。起脊的高度一般与封面的硬纸板厚度相同，约2mm～3mm。书芯起脊之后，既可压实和定型书背、美化书籍的外观，又能使书壳易于开合，并增加书芯的牢度。起脊可以采用手工或机械的方法。手工起脊也叫敲脊，生产效率较低。机械起脊又叫轧脊，一般是和扒圆工序连在一起进行的。起脊时，书芯被两块夹书块夹紧，而起脊块则以一定的压力压紧书背并向两面

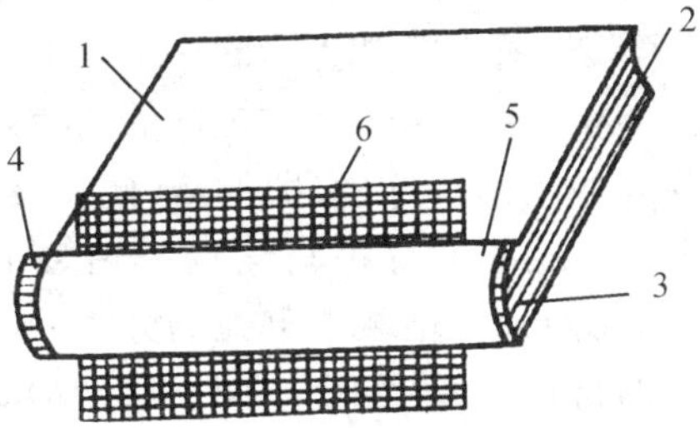

1. 环衬 2. 书芯 3. 订口
4. 书脊纸 5. 堵头布 6. 纱布

图5-23　精装书的三粘

摆动。在起脊块的挤压和摆动过程中，书背产生变形而起脊，如图5-22所示。较薄（少于120页）的书册不适合于起脊。

（6）贴背　在书芯的背脊上粘贴纱布、堵头布（花头）、书背纸的工序，称为贴背，也叫“三粘”。它可以遮盖缝线，美化书芯，使书芯和书背更加牢固、坚实，如图5-23所示。贴背可以手工操作，更多的采用书芯贴背机来完成（单机使用或并入生产线使用）。贴背的工艺过程如下：

一次刷胶 ⟶ 粘纱布 ⟶ 二次刷胶 ⟶ 粘堵头布和书背纸

第一次刷胶要均匀，胶层不堆积、不发花，胶液不能碰到天头、地脚的切口边上，要保持书芯的整洁。为了增加书芯中各书帖的连接强度以及书芯与书壳的连接强度，必须在刷胶后将比书芯短20mm、比书背宽40mm的纱布平整地贴在书芯脊背上，书背两边留出的纱布边应基本均等，使纱布和书芯背脊连为一体。第二次刷胶后，要在书芯脊背的天头和地脚边沿粘贴宽约15mm左右的丝棉织物（即堵头布）。堵头布有单色和彩色之分，一边有圆垄高出，粘贴时紧靠切口，使圆垄露出书芯边，既保护书芯上、下切口与书背连接处，同时又可与封面颜色相衬以增加美感。有些书籍或高档笔记本，还会贴5mm～8mm宽的丝质书签带，以起到书签的作用。最后，必须将书背纸对准书芯脊背的中线贴在书背上，其长度比书芯短2mm，宽度等于书芯脊背的弧长，不能歪斜、起皱和起泡。书背纸粘贴之后，可促使书芯背部、堵头布、纱布和书背纸连为一体，并使堵头布在书背上粘得更牢，也可防止书芯背部与书壳粘连。贴背可以采用专用的书芯贴背机进行，加工质量好且速度快。

2. 书壳的加工

书壳是精装书的封面，是书刊的外衣。对于书籍来说，它既起着外部装饰的作用，又可以保护书籍，使其具有完好的使用性和耐用性。

（1）书壳的分类与结构　精装书壳有整料（整面）书壳和拼料（接面）书壳两种。精装书书壳的分类如图5-24所示。整料书壳由一张完整的封面材料制成（如全布面、全纸面），其封面、封底和背脊使用的材料相同。拼料书壳的封面与封底用的是一种材料（如纸、布等），而书腰又是另一种材料（如布、皮等），靠三者拼接而成。精装书壳，除塑料压制的活套书封外，常见书壳（死套型）由里层材料、软质裱面材料、中径纸等加工制成。里层材料是组成前、后封的材料，多用1mm～2mm的硬纸板；软质裱面材料有人造革、漆布、绸缎、塑料纸、各种织物和纸张等；中径纸一般采用卡纸或纸板，它是支持书芯的弹性支体，能使书壳中腰坚固和富有弹性，便于烫印文字。书壳在展开平放时，前、后封中间的距离称为中径。前后封的硬纸板与中径纸板之间的距离又称为中缝，也叫隔槽或书槽。精装书书壳的结构如图 5-25 所示。

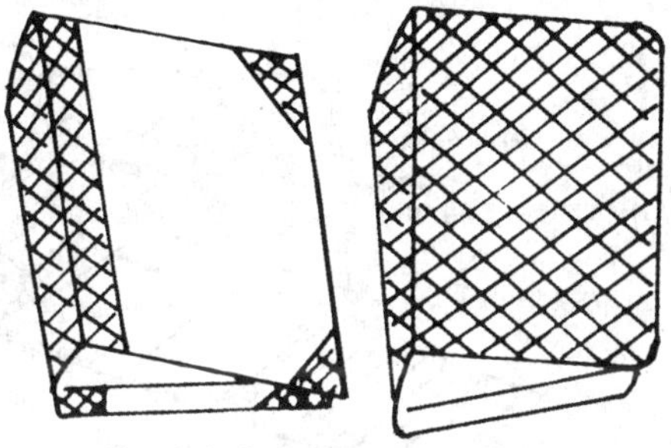
a.接面包角书壳　　b.整面圆角书壳

图 5-24　精装书书壳的分类

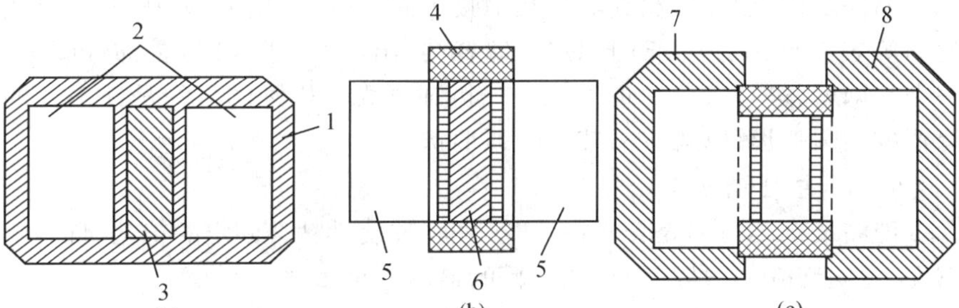

(a)　(b)　(c)

1. 封面材料 2. 纸板 3. 中径纸 4. 书腰材料 5. 纸板 6. 中径纸
7. 封面材料 8. 封面材料

图 5-25　精装书书壳的结构

（2）书壳的制作与加工　根据不同的开本尺寸及书芯厚度，将裁好的硬纸板、软质裱面材料及中径纸按设计好的规格粘合在一起的工艺过程，称为制书壳。糊封机是制书壳时使用的设备，它可用来制作整料和拼料书壳。糊封机主要由刷胶机构、包边包角机构、压实机构、原材料和成品输送机构组成，其工作过程如图 5-26 所示。书壳糊制时，为使硬纸板在糊制加工后平服、套合后不易翘起，均需用压平机将整张纸板压实，促使水分排除出去。此时，压平机的热辊温度一般为 65℃～70℃。书壳制作完成后，还必须经过干燥来去除糊封时粘合剂中的水分，以保证下道工序的正常进行。干燥可以采用人工干燥和自然干燥。人工干燥常使用红外线干燥、高频干燥等，是一种强迫干燥，干燥时间短。自然干燥采用流通的空气吹干，干燥时间较长。

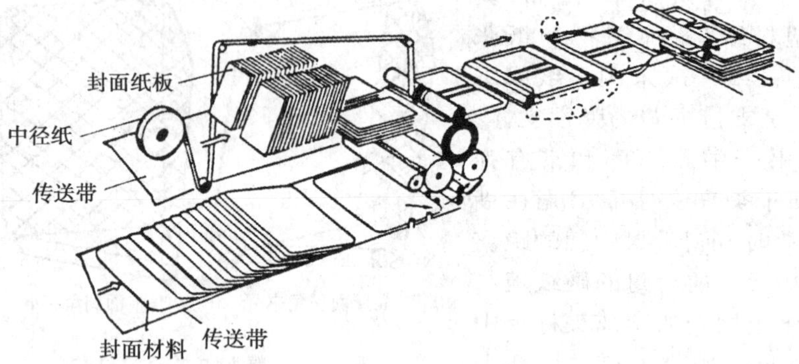

图 5-26　精装书壳糊封机的工作过程

书壳制作完之后，在其前封及中腰正面，即可采用烫印、压凸（凹）或丝印等表面整饰方法，印上书名、编者名、出版社以及其他装饰性图案。书壳整饰后，进行最后一道加工——扒圆书壳。扒圆的目的是使书壳的脊背成为圆弧形，以适应书芯的圆弧形状。

3. 上书壳

把精装书芯与书壳套合在一起，经刷胶使其粘合固定的工艺，称为上书壳，也叫套壳，它是制作精装书籍的最后一道工序。

（1）书芯与书壳的套合方式　精装书芯与书壳的套合主要有三种方式：普通式、筒子式和套合式，如图 5-27 所示。

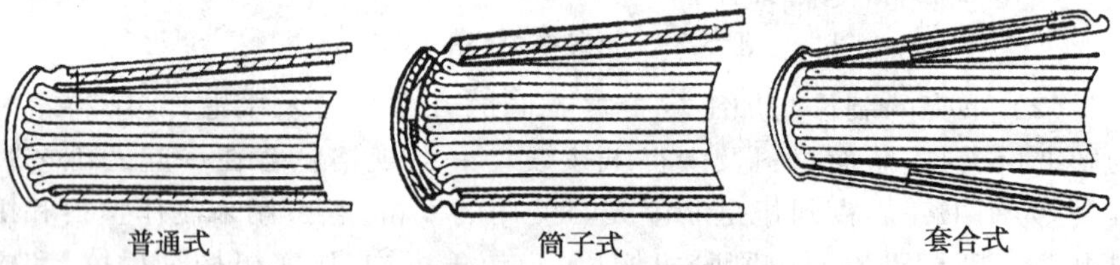

图 5-27　精装书芯与书壳的套合形式

普通式上书壳法就是将胶液均匀地涂刷到环衬上，使前、后封面与环衬牢固粘接，这是应用得最多的一种套壳方法。

筒子式上书壳法即是先按书背弧长用牛皮纸卷（活筒卷）粘贴在书脊背上，待书芯与书壳套合时，将刷好胶的活筒卷与书壳的中径纸板粘接起来，再将前、后封壳与环衬连接。这样在翻阅书籍时，纸筒便随之撑开并呈空心筒状，既增加了书芯的牢度，又使书背平服。该上书壳方法一般用于生产量较少、使用期限长、使用频率高、印张较多的大开本书籍，如各类工具书、大百科全书等。

套合式上书壳法，一般是把裱过的书芯或簿册套在塑料壳的袋子里。塑料壳如图 5-28 所示。这种塑料书壳是采用高频介质将塑料膜加热，按照书刊规格压制而成的整面书壳，它没有列入行业标准，一般是根据出版社的要求而制作的。由于塑料书壳既防水又耐磨，故常用于小开本的字典、手册、工具书以及各种簿册等的装帧。

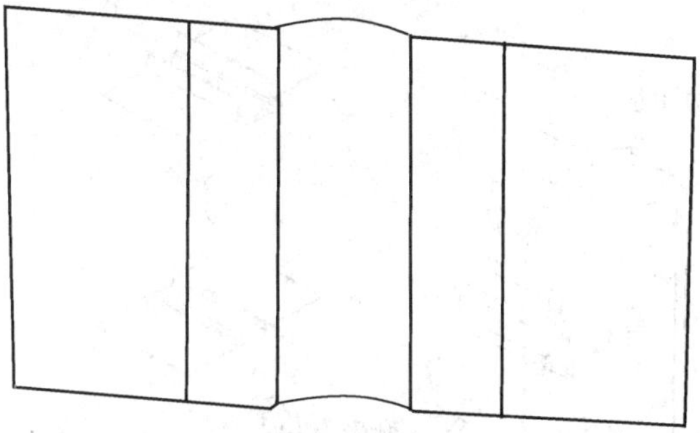

图 5-28　塑料封套示意图

（2）上书壳工艺流程　上书壳时，可以手工套壳，也可采用机器套壳。机器上书壳采用上书壳机，可单独使用，亦可并入生产线，其工作原理如图 5-29 所示。

书芯先到达分切装置，用挂书板（由薄铜片制成）插入书芯中进行分切。挂书板带着书芯移动，来到涂胶装置时，粘有胶水的圆辊把胶水均匀地涂布在书芯前后衬页的外面。在书芯移动的同时，书壳也从堆积台上被吸下并进行烫背处理。书芯随着挂书板的继续移动和书壳相遇时，书壳便套在书芯上，书芯用衬页上的胶水把书壳牢牢粘住。最后，挂书板离开书芯，上好书壳的精装书被送往压脊线机，在靠近书脊的前、后封边缘各压出一道宽约 3mm 的书槽，以使书籍定型更加牢固、装潢更加美观。

对于装潢比较讲究的书籍，为了保护其封面，增加书籍的庄重感和艺术效果，常在书籍封面外面包一层护封。护封有前后勒口，并可在勒口处印上作者简介（包括半身像）、内容提要或本套丛书名等。

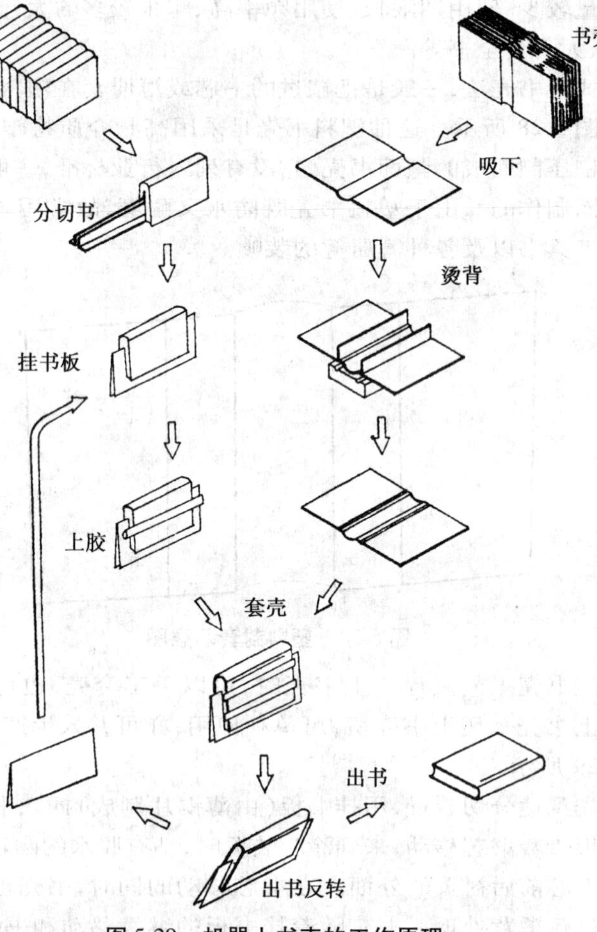

图 5-29　机器上书壳的工作原理

4. 书籍精装生产线*

书籍精装生产线一般是从书芯压平开始,至成书为止。在精装线上完成的工序有书芯压平、刷胶烘干、裁切、扒圆、起脊、贴背、上书壳、整形压槽等。折页、配页、订书以及制书壳等工序是在线外完成的。因此,组成精装生产线的机械大多为书芯压平机、刷胶烘干机、三面切纸机、扒圆

* 参考:印刷工业出版社编辑部. 实用出版与印刷工作手册(第二版). 印刷工业制版社,1998

起脊机、贴背机、上书壳机、压槽机等。另外,工序之间还配有输送翻转机、皮带运输机,生产线的两端还添置有自动供书芯机、自动堆积机。

书籍精装生产线,目前有两种形式:一种是联动机式,一种是单机组合式。联动机式的特点是结构紧凑、占地面积小、装订质量高,但调整时有点困难。而单机组合式的特点是灵活机动、结构简单、便于操作,单机出故障时不会影响全线生产,但其占地面积较大。经调整好的精装生产线可把书芯自动加工成书,操作人员只需在线外看管、调整机械、排除故障、添加材料等,从而大大提高了劳动生产率,降低了劳动强度。目前,我国使用较多的书籍精装生产线有德国柯尔布斯精装自动线和JZX-01型国产精装线。德国柯尔布斯精装自动线工艺流程如图5-30所示。

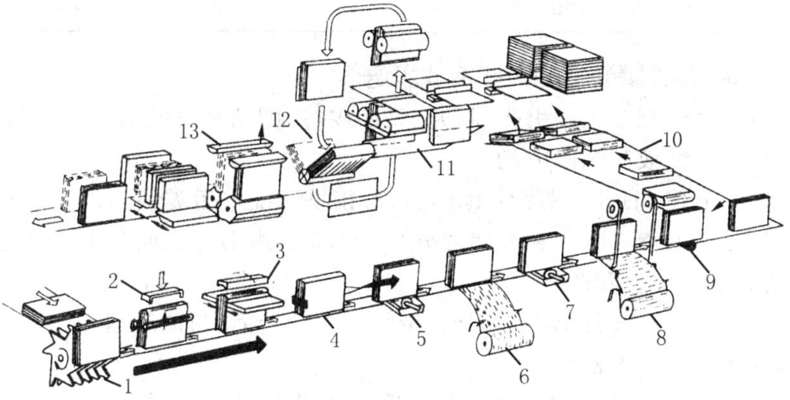

1. 进书装置 2. 扒圆 3. 起脊 4. 输送翻转机 5. 第一次刷胶
6. 贴纱布 7. 第二次刷胶 8. 贴书背纸及堵头布 9. 托打
10. 皮带运输机 11. 上书壳机 12. 输出 13. 压槽成型机

图5-30 德国柯尔布斯精装自动线工艺流程图

5. 精装书质量要求*

① 表面应平整,无明显翘曲,书的四角垂直,歪斜误差≤1.5mm,飘口宽32开本以下为3.0mm±0.5mm;16开本为3.5mm±0.5mm;8开本及其以上为4.0mm±0.5mm。书芯圆背的圆势应在90°~130°之间;起脊高度为3.0mm~4.0mm;书脊高与书芯表面倾斜度应是120°±10°。

---

* 参考:冯瑞乾.印刷概论.印刷工业出版社,2001

② 烫印字迹清楚，图案清晰、不糊、不花、牢固，有光泽。

③ 书槽整齐牢固，深度、宽度均为 3.0mm ± 1.0mm。

④ 环衬和书芯前后无明显皱折。烫印歪斜误差，以书背中心线为准，书背字误差如下表所示。全套书的书背字上下误差≤2.5mm。

书背字允许误差标准

书背厚度 a(mm)	误差范围(mm)
a≤10	≤1.0
10 < a≤20	≤2.0
20 < a≤30	≤2.5
a > 30	≤3.0

6. 有关精装书的一些专业术语*

（1）书封壳　也称书壳、封壳、硬面皮等，即精装书的书封，是用软质材料与硬质纸板糊制而成的。

（2）书背、书脊　书背：也称后背，指书帖配好后需粘连（或订连）的平齐部分。书背有圆背和方背之分。　书脊：指书籍表面与书背的连接处，精装书有真脊和假脊之分。

（3）书槽　又称书沟或沟槽，指精装书套合后，封面和封底与书脊连接部分压进去的沟槽。

（4）飘口　指精装书刊套合加工后，书封壳超出书芯（或切口）的部分。

（5）中腰、中径、中径纸板、中缝　中腰：也称书腰，指上、下书封壳中间的连接部分，即封一和封四所夹的中间位置。　中径：指书封壳内的封二和封三两块纸板之间的距离。　中径纸板：中径部分中间所粘的纸板条。　中缝：指中径纸板与书壳纸板之间的两个空隙。

（6）堵头布　也称花头布、堵布等，是一种带有线棱的布条，用于粘贴在精装书芯后背的两端，将每帖天头地脚的折痕盖住，只露线棱。因其堵在书背两头，故称堵头布。

（7）活套、死套　活套：也称活络套装，书刊加工成册后，书芯是插在书封内的，可随意分开或调换，常用于字典、手册等类的工具书。　死

---

* 参考：冯瑞乾. 印刷概论. 印刷工业出版社，2001

套：指套合加工时，书芯的环衬是粘牢在书封壳的封二、封三上的。

(8) 护封　指套在封面或书封壳外的包封纸，常用于讲究的书刊本册。

(9) 色口、金口、花口　色口：将切好的书刊本册，在切口的一面或三面，喷涂上各种颜色的加工。　金口：将书刊本册切口的一面或三面粘压上一层金色箔的加工，也叫滚金口。　花口：将书刊本册切口的一面或三面，蘸粘上各种花纹、图案的加工，即蘸花口。

(10) 裱衬　指在环衬表面另粘一页 $200g/m^2$ 以上的单张白纸。

第二节

表面整饰技术

表面整饰是指在印刷品上进行上光、覆膜、烫箔、压凹凸及其他装饰加工。其目的是增加印刷品的光泽感，提高其艺术效果，还具有保护印刷品的作用。

一、上　光

上光是在印刷品表面涂上一层无色透明涂料，经流平、干燥、压光后，在印刷品的表面形成薄而均匀的透明光亮层的工艺技术，它起到保护和增加印刷品光泽度的作用。一般印刷精美的画册封面、挂历、商标都要求进行上光处理。

1. 上光油

目前，上光油主要有三种：溶剂型光油、水性光油和 UV 光油。上光油一般由主剂、溶剂和助剂组成。主剂为上光油的成膜物质，通常为天然树脂或合成树脂。上光薄膜的品质及其理化性能均由成膜树脂决定，现在普遍使用的是合成树脂，如丙烯酸树脂。溶剂是主剂的载体，是成膜树脂和助剂的分散剂。上光油的气味、毒性、流平性均与溶剂的品种有关。常用的溶剂有甲苯、二甲苯、醇类和酯类等物质。随着水性光油和 UV 光油的研制和运用，甲苯和二甲苯等有毒溶剂已逐渐被取代，现在大部分上光油已达到环保标准。助剂是为了上光涂料的理化性能和加工特性而加入的物质，常用的助剂有固化剂、消泡剂、表面活性剂、增塑剂等。

上光油应对印刷品表面有一定的粘合力，具有良好的流平性、成膜性。其膜层应具有一定的韧性和耐磨性，透明不变色，印后加工适应性广泛，耐溶剂、耐热性能好。

2. 上光工艺流程

印刷品的上光，根据上光幅面分，有整体上光和局部上光；根据加工连续性分，有联机上光和脱机上光。无论是何种上光方式，其流程均包括上光油的涂布和压光。

（1）上光油的涂布　上光油的涂布有喷刷涂布、印刷涂布和专用上光机涂布等三种主要方式。喷刷涂布是一种手工涂布方式，涂布速度慢，质量不好，但针对表面粗糙或凹凸不平的印刷品（如瓦楞纸板）以及包装容器等异形印刷品，能很方便地进行涂布，具有很强的灵活性。印刷涂布是将上光油储存在印刷机的墨斗里，采用实地印版，根据上光印刷品的要求，进行一次或多次印刷涂布。印刷涂布上光，不需要购置新设备，一机两用，但上光前墨斗的清洗、上光版的安装与调整有些麻烦，故适合于中小型印刷厂的少量印刷品的涂布加工。有些小型印刷厂也采用丝网印刷的方法进行上光油的涂布。上光机涂布是目前应用最广泛的一种方法。上光机由传输机构、涂布机构、干燥机构和控制机构等部分组成，它能精确地控制涂布量，涂布质量稳定，适合于各种印刷品及各类型上光油的涂布加工。上光涂布机的烘道温度为65℃～75℃，烘道长度应在10米以上，印品经过全烘道的时间不短于40秒，以保证上光油的彻干性。在上光涂布中，印刷品的上光适性、上光油的种类和性能、涂布加工工艺条件是影响上光质量的重要因素。

为获得理想的上光效果，涂布层应符合下列要求：涂层均匀，无砂眼、无气泡和无漏涂现象；涂布量适中，涂层能在一定温度及一定涂布速度下完成干燥结膜的过程；涂层流平性好，不受印刷油墨、印刷图文和印刷密度的影响，同印刷品表面有一定的粘合力；涂层在压光时，能很好地粘附在压光带表面，冷却后又不能轻易地被剥离。

（2）上光油的压光　利用压光机对涂布后的印品表面进行压光，使干燥后的上光涂层表面形成一种镜面效果，此过程被称为压光。许多精细的印刷品，在上光涂布后都要求进行压光处理，从而大幅度提高上光涂层的平滑度和光泽度。压光机是上光机的配套设备,通常为连续滚压式的,由输送机构、机械传动机构和控制机构组成。印刷品由输纸台输入加热辊和加压辊之间的压光带,在温度和压力的作用下,涂层贴附在压光带表面进行压光处理,待逐渐冷却后,涂层表面便形成光亮的表面层。

3. UV 上光

UV 上光也称紫外线光固化上光,其上光油主要由感光树脂、活性稀释剂、光引发剂及其他助剂组成。在印刷品表面均匀地涂布一层 UV 光油,再经紫外线照射,上光油体系内光引发剂的游离基引发树脂中的不饱和双键,迅速发生链式聚合反应,使上光油交联结膜固化。UV 上光应用范围广泛,可在纸张、纸板、塑料和木材等印刷表面进行上光。

上光油被紫外线照射后能瞬间干燥,不产生有机挥发物,上光质量好。由于 UV 上光油中不含任何挥发性成分,在干燥前后其涂层厚度几乎不变(约 8μm),因此,它可获得水性上光(约 3μm)不可能达到的光泽度。UV 上光还特别适合印刷、上光的一步实现,能并入联动生产线中。

4. 上光产品质量要求

① 表面平整、光滑、干净,无花斑和皱折,无化油和化水现象。

② 印刷品上光后表面光层附着牢固,能经得起自然摩擦而不掉光。

③ 在规格线内,不应有未上光部分;局部上光产品,上光范围应符合规定的要求。

④ 根据纸张和油墨性质的不同,上光层成膜物的含量不低于 $3.85g/m^2$。

⑤ A 级铜版纸印品上光后比上光前表面光泽度增加 30% 以上,纸张白度下降幅度低于 20%。

⑥ 印刷品表面上光层和纸张无粘坏现象。

5. 上光工艺常见故障及排除

(1) 上光油发黄　主要由上光油的原料即树脂胶和溶剂中的杂质所致,在购买原料时须注意其纯度和质量。

(2) 脏版　上光后的印刷品表面有小颗粒状的杂物出现,可能是上光油中混入了杂质。排除方法:将上光油过滤后再使用;上光前应把上光机的墨斗和着墨辊清洗干净,避免脏物混入墨斗。

(3) 条痕　这是上光后的印品表面出现条状或其他印痕的现象。主要原因是上光机的着墨辊和压印滚筒间的压力不均匀,应适当调整压力,排除条痕。

(4) 膜层光泽度差　上光油的质量、涂层厚度、涂布干燥和压光时的温度偏低，压光压力小，均可造成膜层光泽度不够，必须作出相应的调整。

(5) 印刷品与上光带粘附不良　涂层太薄、上光油粘度太低、压光温度不足、压力过小均是造成这种故障的主要原因。应增大涂布量，提高涂料的粘度值，提高压光时的温度，增加压光压力，才能使印刷品较好地附着在上光带上。

二、覆　膜

覆膜是将透明的塑料薄膜涂上粘合剂，与纸张印刷品经加热、加压后使之粘合在一起，形成纸塑合一的产品的加工技术。它能起到保护和增加印刷品光泽的作用，还可使图文的颜色更鲜艳，更富有立体感，常用于书刊封皮、产品说明书和画册等的覆贴保护。常用于覆膜的薄膜有：聚丙烯（CPP）、聚氯乙烯（PVC）、聚乙烯（PE）、聚酯（PET）、聚碳酸酯（PC）等，其宽度有450mm、700mm、1 000mm等几种规格，膜厚在15μm～20μm之间。如今，应用最广泛的是新型双向拉伸聚丙烯薄膜（BOPP），其透明度高，光亮度好，且柔韧、无毒、耐磨、耐水、耐热、耐化学腐蚀，物美价廉。为提高覆膜效果，一般在覆膜操作前先将薄膜进行电晕处理。覆膜工艺分为即涂覆膜和预涂覆膜两种。

1. 即涂覆膜生产流程

即涂覆膜是指印刷厂内部进行的即用即涂的覆膜方式，其适用范围广，加工性能稳定，但设备陈旧，环境污染较为严重，覆膜的产品易起泡、折皱，是比较落后的印后加工工艺。即涂覆膜的生产流程如下所示。

覆膜准备 → 放卷 → 涂粘合剂 → 烘干 → 复合 → 复卷

(1) 覆膜准备　覆膜生产的准备工作包括待覆印刷品的检查、塑料薄膜的选择、粘合剂的配制等。

① 待覆印刷品的检查　在进行多色高速印刷时，为防止印品背面蹭脏，常采用喷粉的方法，将印张隔离开。若印刷品表面残余粉质颗粒过多，势必影响粘合剂与印刷墨层的粘合，影响覆膜质量。因此，最好的解

决办法就是少喷粉或不喷粉。另外,还应检查印刷品的平整度。若平整度较差的印刷品直接用于覆膜,当热压时,产品边缘会起皱,起皱严重会造成废品。

② 塑料薄膜的选择　选择塑料薄膜时,应符合下列基本要求:厚度在10μm~20μm;表面张力应达到4×10^{-2}N/m以上;透明度高;具有良好的耐光、耐机械、耐化学性能;几何尺寸稳定;膜面平整,无凹凸不平或皱纹。

③ 粘合剂的配制　粘合剂一般分为主体材料和辅助材料。主体材料是粘合剂的主要成分,起粘合作用,有合成树脂、合成橡胶、天然高分子物质以及无机化合物。辅助材料是粘合剂中用以改善主体材料性能或便于工艺操作而加入的物质,常用的有固化剂、增塑剂、引发剂和稀释剂等。粘合剂分子对薄膜和印刷品表面的润湿、移动、扩散和渗透程度都有影响,是实现较好粘合强度的基本条件。

(2) 正式覆膜　覆膜一般使用专用覆膜机。覆膜机由放卷部分、上胶涂布部分、干燥部分、热压复合部分(有的包括辅助层压部分)、印刷品输入部分、复卷部分以及机械传动装置组成。覆膜机的结构组成如图5-31所示。

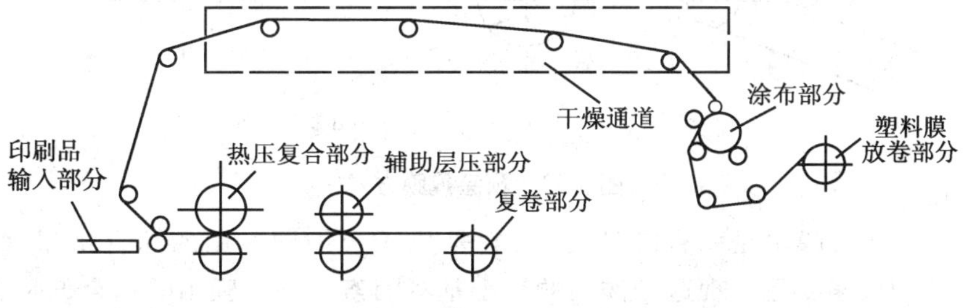

图5-31　覆膜机的结构组成

覆膜具体的操作为:

① 根据印刷品尺寸切膜、装膜;

② 将塑料薄膜按指定的路线穿过传送辊;

③ 接通电源,使干燥通道的电热辊升至设定温度并开启送风装置;

④ 打开贮胶箱阀门,将粘合剂注入涂布槽,并达到标准工作液面;

⑤ 启动传送机构,检查薄膜的运行状态,调整输纸台规矩档板;

⑥ 将涂胶辊、热压辊合压并输入印刷品进行复合,同时在复合过程中经常检查产品质量,以便随时调整。

2. 预涂覆膜生产流程

预涂覆膜是指从事预涂膜生产的厂家预先把粘合剂涂布在塑料薄膜上,经过烘干、收卷后作为产品出售的覆膜方式。印后加工企业在无粘合剂涂布装置的覆膜设备上将预涂膜与印刷品热压即可。预涂覆膜机由放卷、印刷品输入、热压复合、自动收卷、传动系统和计算机控制系统等几部分组成。自动输送机构能保证印刷品在传输中不发生重叠,而是等距地进入复合装置,一般采用气动或摩擦方式。复合装置由热压辊、硅胶压力辊和压光辊组成。热压辊为空心辊,表面是经过抛光、精磨处理的硬铬,内部为加热装置。这种覆膜机不需要粘合剂涂布系统和干燥系统,因此体积小、结构紧凑、造价低、操作简便,生产效率和灵活性较高。预涂覆膜方式如图 5-32 所示。

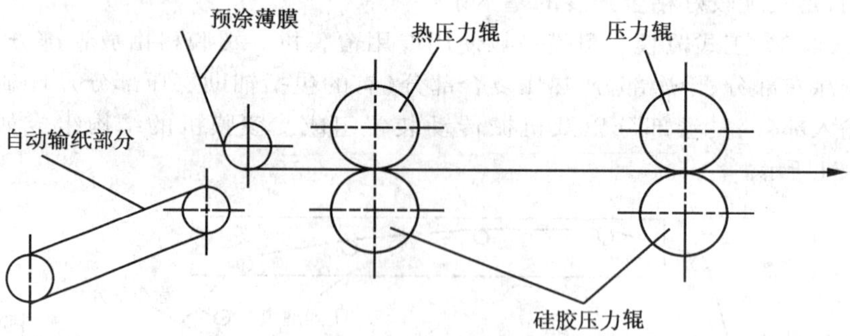

图 5-32　预涂覆膜方式

预涂覆膜也是一种纸塑复合,它是热压合物理作用的综合结果,温度、压力、速度是实现这种作用的三个基本因素。预涂膜用的粘合剂是热熔胶,温度决定其熔融状态、流平性能,决定热熔胶分子向薄膜、印刷墨层和纸张基材等物质分子的扩散能力。因此,严格控制温度是预涂覆膜的关键,一般温度控制在 80℃ ~100℃之间。在正确控制复合温度的同时还应使用适当的压力,因为纸张本身表面并不十分平整,只有在压力作用下,粘流状态的热熔胶才会在赶走印品表面空气的过程中,充分润湿印刷品表面,从而产生胶体分子向墨层、纸张和薄膜分子间的扩散、错位,以实现印品表面的完全覆盖和良好的粘结效果。另外,纸面覆膜是一个动态的复合过程,其运动速度决定了纸塑复合体在热压合界面上的停留时间,也决定了覆膜机输入的温度、压力以及在实际生产过程中对纸塑复合体的实际作用值。一般运动速度控制在对开纸一分钟 10 张～20 张(电子覆膜机由于热压滚筒较小,其速度可慢些)。目前还出现了一种不需热压的预涂覆膜方式,其胶膜类似于不干胶带,表面带胶的一层为复合层。它随着承印材料一起进入硅胶压力辊,并完成覆膜工序。冷预涂覆膜是现在推广的一种联机覆膜方式,它使用方便,且成本较低。

3. 覆膜产品质量标准

覆膜效果,不仅与覆膜原材料、覆膜操作工艺方法有关,还同印刷品的墨层状况有关。一般来讲,覆膜产品应符合下列质量要求:

(1) 覆膜粘结牢固,表面干净、平整,不模糊,光洁度高,无皱折,无起泡,无膜痕;

(2) 覆膜后分割的尺寸准确,边缘光滑,不出膜,无明显卷曲,破口不超过 10mm;

(3) 覆膜后干燥程度适当,无粘坏表面薄膜或纸张的现象;

(4) 覆膜后放置 6 小时～20 小时,产品质量无变化,也可采用恒温箱测试。

4. 覆膜工艺常见故障及排除

(1) 印刷品卷曲　主要是由输送薄膜滚筒的转速与覆膜后复卷薄膜滚筒的转速不一致引起的。调整前后滚筒的转速即可排除。

(2) 薄膜褶皱　也是由上述的两个滚筒的转速不一致引起的。塑料薄膜的质量不好,其表面张力不均匀,也是造成褶皱的重要原因。排除方法:仔细调整前后滚筒的转速和复卷滚筒的垂直角度;进料时应注意薄膜的质量。

(3) 脱膜　塑料薄膜与印刷品在非强力情况下自行脱开,称为脱膜。主要是覆膜时滚筒压力和加热温度不够造成的。对此,应调整压力,并根据薄膜厚度把覆膜温度控制在 50℃～60℃。另外,覆膜时使用的粘合剂质量及配方有问题,也会引起脱膜现象的产生。

(4) 气泡　覆膜后薄膜与印刷品之间有气泡存在,将直接影响印刷品的外观效果。主要原因是覆膜使用的合成橡胶类的粘合剂有气泡或不清洁,另外覆膜温度过高也易出现气泡。

(5) 涂覆不均　塑料薄膜厚薄不均、复合压力大小不等、薄膜松弛、部分胶粘剂固化、胶辊变形等都会引起涂覆不均。为此应调整牵引力,加大复合压力,或是更换薄膜、胶辊或粘合剂。

三、烫　金

烫金也叫电化铝烫印，是一种不用油墨的印刷工艺。它是借助一定的温度和压力，运用装在烫印机上的模版，将金属箔（电化铝）或颜料箔按烫印模版的图文转移到印刷品或其他物品上的一种加工工艺。烫金的图文呈现出强烈的金属光泽，色彩鲜艳，增强了印刷品的装饰效果，同时使产品更具质感，也起到了保护印刷品的作用。因此，烫金工艺常用于精装书籍封面、高档包装盒、商标、工艺文化用品、建筑装潢用品以及家用电器上。纸张、塑料、木材、丝绸织物和皮革等都可成为被烫印的材料。

1. 烫印材料

（1）电化铝烫印箔　它由片基层、脱离层、保护层、铝层和胶粘层五部分组成，其结构如图 5-33 所示。片基层一般为双向拉伸的聚酯薄膜，起支撑作用，其他各层均依附其上；脱离层把片基层与电化铝层隔离开，烫印时便于脱箔；保护层既可以保护烫印后的图案，又可呈现电化铝的色彩；铝层是利用金属铝能较好地反射光线的特点，使电化铝呈现金属光泽，一般采用真空喷铝制成；胶粘层是在烫印时，电化铝箔与被烫印材料接触，遇热后起良好的粘结作用。电化铝箔有金色、银色、红色、绿色、蓝色和桔黄色等，色泽鲜艳，价格便宜。电化铝因其厚薄不同有不同的型号，使用时应根据具体的承印物而选用不同的烫印箔。国产金属箔的规格为宽 450mm，长6 000mm（卷筒状）。在金属箔的设计上，最好不要超过 600mm 的宽度，否则需烫印两次以上方可完成。

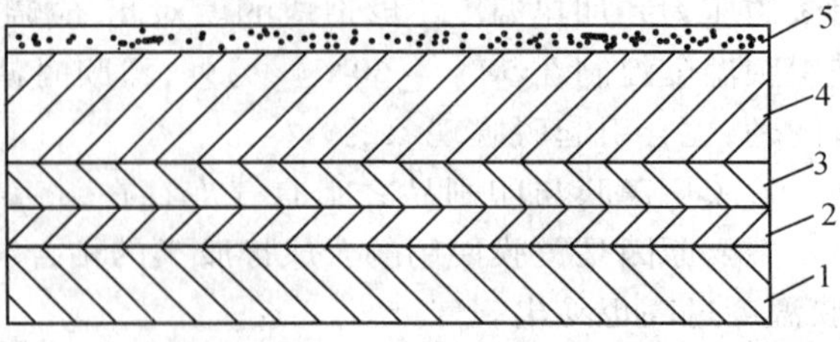

1. 片基层　2. 脱离层　3. 保护层　4. 铝层　5. 胶粘层

图 5-33　电化铝烫印箔的结构

（2）其他烫印箔　随着产品装潢的发展变化，烫印箔由电化铝箔发展到铬箔、镍-铬箔，色彩更加丰富，并可进行彩色烫印。铬箔、镍-铬箔还可制成高光、亚光、丝纹、喷砂、纺织、大理石等特种装饰效果的烫印材料，多应用于金属、电子产品、塑料实用件的装饰，以代替电镀。另外，还出现了折光烫印箔、全息烫印箔等，使产品既上档次，又具有防伪功能。

2. 烫印设备

烫箔装置，国内中小型印刷厂多用凸版印刷机中的方箱机或平压印刷机改装而成（改装时，将平压机的传墨部分换成烫印部件即可）。现在有自动平压平式烫印机、自动平压圆式烫印机和圆压圆式烫印机。无论何种烫印机，均由机身机架、烫印装置和烫印箔传送装置等三部分组成。机身机架包括外形机身、输纸台和收纸台等。烫印装置包括电热板、烫印版、压印版和底版等。电热板固定在印版平台上，内装大功率电热丝；烫印版为铜版或锌版，其传热性好，不易变形，耐压、耐磨；压印版通常采用铝板或铁板；底版为厚度约7mm的铝板，用来粘贴和固定烫印版。烫印箔传送装置由放卷辊、送卷辊和助送滚筒、收卷辊以及进给机构组成。

3. 烫印工艺

（1）烫印版的制作　烫印所用版材一般为凸版中的铜锌版，其中铜版的特点是传热性好，耐压，耐磨，不变形。当烫印数量较少时，也可采用锌版。铜版或锌版的厚度要求在1.5mm以上，通过照相制版的方法加工成凸版，俗称烂版，其图文腐蚀深度一般要达到0.5mm～0.6mm。制版时，要腐蚀得略深一些，图文与空白部分高低之差要稍大些，以尽可能减少出现连片和糊版现象，提高烫印质量。

（2）烫印箔的准备　针对不同材质的印刷品和不同的图文情况，应选择不同型号的烫印箔。若选用的烫印箔与被烫印物品的材质不匹配，则易产生箔变色、烫印不上和图文缺损等弊病。另外，白纸与有图文的印刷品、网点印刷品与实地印刷品、大字号印刷品与小字号印刷品等，其对烫印箔型号的选择均有所区别。例如，当烫印面积较大时，应选择易于转移的烫印箔；当烫印细小文字和花纹时，可以选择不太易于转移的烫印箔；对于一般图文的烫印，可选择通用型的烫印箔。

（3）装版与垫版　将制好的铜版或锌版固粘在烫印机底版上，并将规矩和压力调整到相应的位置。由于烫印时电热板将热量传递给底版上的印版，因此烫印版应对准电热板的中心，以便受热均匀，方便烫印操作。装版完成后，有可能出现局部不平整的现象，这时应进行垫版调节，使烫印过程中各处受压均匀。通常采用铜版纸（$100g/m^2$以上）或软硬适中的衬垫进行垫版，并借助复写纸碰压出印样，逐步调整印版压力，直至印样清晰、图文各处均匀。

（4）试烫、签样　在试烫前，要根据被烫印物品的材质确定好烫印温度、烫印压力和烫印速度（或压印时间）三个工艺参数，这是保证理想烫印效果的前提。然后根据印样规格，进行规矩的定位，平压平烫印机是在压印平板上粘贴比较耐磨的定位块（如铜块、铁块等）。定位完成后即可进行试烫，待烫印质量达到要求后，便可签样。

（5）正式烫印　烫印时，印版通过电热板被加热，经压印把图文部分的电化铝烫印到承印物上。此时的烫印温度一般采用可变电阻来控制，常在120℃～180℃之间。烫印温度是影响烫印质量的最大因素。若温度过高，易使烫印层失去金属光泽，细小文字边缘模糊不清；温度不够又会造成烫印箔转移不完全，使文字或图案残缺。烫印压力不需要太大，一般为2.45Mpa～3.43Mpa，要保持压力的均衡性。烫印时间可根据图文的情况来确定。如果是大面积的图文，烫印时间可稍长些，有利于热熔胶浸透承印物表面，提高附着力。若是细小的文字或图案，其压印时间可相对缩短些。在烫印过程中，要经常性地抽出烫印样张来检查，及时观察烫印效果，以不糊、无漏点为宜。如出现问题，要尽快对以上三个工艺参数作出调整。温度与压力一般要依据烫印面积的大小和金属箔的型号进行调整。通常的规律是烫印面积越小，图案和文字线条越细，则温度越低，压力偏小；反之，则调高温度和压力。

4. 烫印产品质量要求

① 有烫料的封皮要求文字和图案不花白、不变色、不脱落，字迹、图案和线条清楚干净，表面平整牢固，浅色部位光洁度好，无脏点。

② 无烫料的封皮要求不变色，字迹、图案和线条清楚干净。

③ 套烫两次以上的封皮要求版面无漏烫，层次清楚，图案清晰、干净，光洁度好。套烫误差$<1mm$。

④ 烫印封皮版面及书背的文字和图案的版框位置准确，尺寸符合设计要求。封皮烫印误差$<3mm$，歪斜$<1mm$。书背字位置的上下误差$<1mm$，歪斜$\leq 10\%$。

5. 烫印质量问题及控制

（1）烫印不牢　烫印和印刷是不同的，印刷的干燥是通过油墨层的物理和化学变化实现的，但烫印时烫金纸和转印纸的图文是干燥的，其附着取决于热熔胶的熔融状态以及它与承印物的匹配关系。若热熔胶熔融不好，且与承印物材料的亲和性不佳，烫印牢度肯定会下降。因此，选用合适的烫印材料和热熔胶是很关键的。

（2）反拉　反拉是与烫印不上完全不同的两个概念，必须注意区分。反拉是指在烫印后不是电化铝箔牢固地附着在印刷品底色墨层或白纸表面，而是部分或全部底色墨层被电化铝拉走。引起反拉故障的原因主要是：印刷品底色墨层没有干透；在浅色墨层上过多地使用了白墨作冲淡剂。为了防止该故障的产生，一是要掌握印刷品印刷后到烫印电化铝的间隔时间，一般要求在印刷时控制燥油的加放量在0.5%左右；二要禁止印刷时单独采用白墨作冲淡剂，一般将白墨与撤淡剂混合使用，但白墨的比例应控制在60%以下。

（3）烫印图案无光泽，糊版，不清楚　这可能是烫印温度太高、压力过大造成的。应根据烫印的需要和图案的情况，把温度和压力调节到合理的范围之内。

（4）图文中出现气泡　出现气泡是常见的问题，是烫印过程中空气不能完全从转印区域排除出去造成的现象，一般与烫印装置和承印物的接触状态有关，且往往发生在大面积的实地烫印和曲面烫印时。因此，尽量改善压力的平衡性是很关键的环节。曲面烫印可在烫印版中间的非图文区域制作直径为1mm左右的微孔，以利空气的排出。

也有在烫印较细的线条图文时出现缺笔掉画的现象或烫印后字迹棱角不明显的现象。总之，这些烫印问题的产生，都与烫印版、烫印材料及烫印三大工艺参数有关。

四、压凹凸

压凹凸也叫凹凸印，最早起源于我国，是一种不用油墨的印刷方式。它是采用一组图文对应的凹版和凸版，将承印物置于其间，通过较大压力压印出浮雕状凹凸图文的工艺。这种方法多用于印刷品、纸容器或金属容器的印后加工，如瓶签、贺年卡、年历、纸盒以及商标等的装潢（凸起的花纹或图形），复制效果生动美观，立体感强。

压凹凸的生产工艺流程如下所示：

印刷底图 ⟶ 制凹版 ⟶ 制凸版 ⟶ 装版 ⟶ 压印凸纹

1. 印刷底图

凹凸印刷的成品大多是彩色的，通常先在承印物上用普通的印刷方法印出彩色图文。商标或瓶签上的金、银色可用胶版印刷、丝网印刷、擦金或电化铝烫印等制作底图。

2. 制凹版

压凸纹的凹版，是用铜版或钢版，先腐蚀后雕刻制成的图文凹模（若加工图文简单，压凸数量较少，也可采用锌版）。腐蚀后的铜版或钢版，因版面深浅一致而轮廓不明显，缺乏层次，版口毛糙，所以还必须进行雕刻加工。雕刻加工是一项细致的造型过程，要根据图案的类别采用不同的方法。如果画面是圆形的物品，则版口修成圆边；如果是文字和线条，则版口要修成直边。若为了突出立体造型，则可以把版口修成斜面。凹版模子的制作质量是决定印刷品压印质量的关键。

3. 制凸版

（1）传统石膏凸模制作工艺　将制好的铜（钢）凹版粘置在平压机的金属底板上，校平板子并在压印平板上用黄纸板糊好，然后用树胶液或糯米粉浆调和石膏糊，快速把石膏糊涂在粘有黄纸板的平板上，稍加摊平，铺上一层薄纸，为了防止石膏粉落入版纹之中，须盖上一层塑料薄膜。压印前还要在凹版上轻轻地刷上一层煤油，防止压印时粘坏石膏模子。第一次压印时压力要稍小些，只压出一个影子即可；第二次压印时，在凹版后面加垫一张较厚的白板纸，待石膏粉快干时压印上去，当石膏粉完成固化干燥后，铲除四周多余的石膏，即制成了石膏凸版。

（2）新型 PVC 预制凸模制作工艺　为了克服石膏强度低和制作时复杂费时的缺点，目前出现了一种采用聚氯乙烯（PVC）预先制作凸模的工艺。它是将塑料版材与模具（凹模）重合后，放入具有加热及冷却系统的模压机内，通过调节温度与压力得到的与模具（凹模）形状一样、凹凸正好相反的制品，即 PVC 凸模。

4. 装版

首先将凹凸印版与压印机的金属底板粘结。粘结方法是：可以用胶布粘贴，但须先用砂布将印版背面打毛，以防打滑；也可用胶粘剂粘版，但印版与底板之间应糊一层牛皮纸,避免金属与金属直接接触而造成脱版。然后用填料将印版固定在铁框中,并注意印版在铁框中的位置,尽量做到居中,使印版在压印时受力平衡。

5. 压印凸纹

凹凸压印根据最终加工效果的不同,其工艺方法一般有单层凸纹、多层凸纹、凸纹清压和凸纹套压等几种。压凸纹一般在平压式凸版印刷机或特制的压凸机上进行。这种机器的特点是压力大,结构坚固,能压制版面较大的凹凸产品。也有采用圆压平卧式压印机压印的,这种机器速度较快,但冲击力小,印件的凹凸层次不如平压式压印机压得丰满。压印时,将已印好的图案印刷品放在凹版和凸版之间,再用较大的压力和冲力直接压印。当印品较厚时(如硬纸板),可用电热器将铜凹版或钢凹版加热,然后冲压,利用瞬间的热量软化印刷品图案区,从而提高压印产品的立体感和层次感。

在压印过程中,印品出现折角、双张或印品表面有杂物等情况都会影响压印质量,甚至易损伤凸版衬垫。因此,操作时应注意以下几点:

① 开机试印必须由慢到快,发现不正常情况,立即停机校正;

② 输纸时必须使纸张准确进入规矩位置,防止双张进入引起的压印负荷过重而导致平板凸型石膏层压缩,影响压印质量;

③ 压印过程中,要经常检查印版松动移位情况,尽量不要移动印版和版框,防止压印不准;

④ 要经常性地清刷印版,防止碎粒等杂物损坏凸印版石膏层。

在压印过程中,如果发现凸版衬垫损坏或局部压力不够理想、图文轮廓不够清晰等现象,应及时停机对印版进行修整。修整完成后,要重新试压并对样张认真检查,确认无误后方可继续压印。

五、模切和压痕*

许多印刷品,如商标、瓶贴、标签等,因它们的边缘是曲线或圆角,所以不能采用切纸机进行裁切,而必须进行模切;有些包装盒因其结构复杂又需要压印折叠线,以便加工成盒,因此需要进行模切和压痕加工,以此

---

* 参考:魏瑞玲.印后原理与工艺.印刷工业出版社,1999

增加印刷品的艺术效果，实现其使用价值。

模切工艺就是用模切刀（钢刀）根据产品设计要求的图案组合成模切版，在压力的作用下，将印刷品或其他板状坯料轧切成所需形状和切痕的成型工艺。压痕工艺则是利用压痕线（钢线）或压痕模（钢模），通过压力在板料上压出线痕，或利用滚线轮在板料上滚出线痕，以便板料能按预定位置进行弯折成型。在大多数情况下，同一个产品既要模切，又要压痕，因此，往往把模切刀和压线刀组合在同一模版内，在模切机上同时进行模切和压痕加工，故又简称为模压。模压机构均由模切版台和压切机构两大部分组成。根据模切版和压切机构两部分主要工作部件的形状不同，模切机又可分为平压平、圆压平和圆压圆三种基本类型。

模压加工技术主要用来对各类纸板进行模切和压痕，也可对皮革、塑料等材质进行加工。经模压后的纸类印刷品可折叠或粘贴成各种形状的容器或盒子，如图 5-34 所示。模压加工操作简便，成本低，投资少，见效快，质量好，加工后的制品可大幅度提高档次，在提高产品包装附加值等方面起着重要的作用。

图 5-34　不同形状盒形模切

1. 模切压痕工作原理

模压前，先根据产品设计要求，将钢刀和钢线或钢模组合成一个模压版，再将其装到模压机上，在压力的作用下，把纸板轧切成型，并压出折叠线或其他模纹。

用钢刀进行轧切，是一个剪切的物理过程；而钢线或钢模则对坯料起到压力变形的作用；橡皮布则使成品或废品易于从模切刀刃上分离开来；垫板的作用类似于砧板。根据垫板所用材质的不同，模切又分为软切法和硬切法两种。模切压痕工作原理如图 5-35 所示。

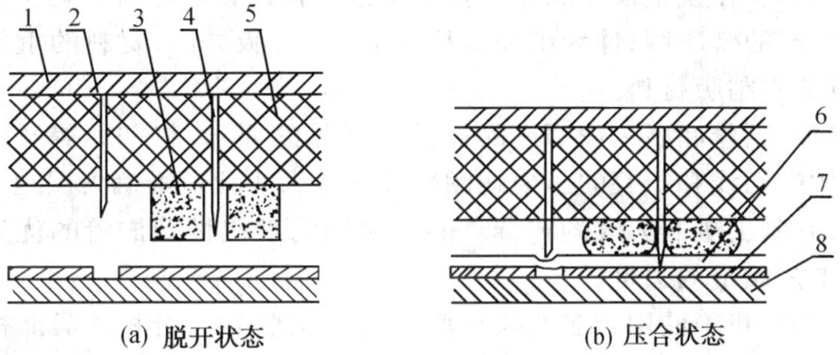

1. 版台 2. 钢线 3. 橡皮 4. 钢刀 5. 衬空材料 6. 纸制品 7. 垫版 8. 压板

图 5-35 模切压痕工作原理

2. 模压版的设计

模压版的结构取决于产品结构，版面设计的任务包括：模压版面的大小应与所选用设备的规格和工作能力相匹配，既要保证加工质量，又要较好地发挥设备的能力；确定模压版的种类；选择模压版所用的材料及规格；模压版的格位应与印刷格位相符；工作部分应居于模压版的中心位置；线条、图形的移植要保证产品所需要的精度；设计图形的外形轮廓不应过多地出现锐角形状，否则印刷品不易断开撕下；版面刀线要对直，纵横刀线互成直角并与模压版侧边平行，断刀、断线要对齐。

为使模版的钢刀、钢线具有较好的模切适性，产品设计时应考虑模切的工艺性。

① 开槽或开孔的刀线应尽量采用整线，线条转弯处应带圆角，防止出现相互垂直的钢刀拼接。

② 避免多个相邻狭窄废边的联结，应增大其连接部分，使其连成一片，便于清废。

③ 两条线的拼接处，应防止出现尖角现象，也不应出现连续的多个尖角。

④ 防止尖角线截止于另一根直线的中间部位，否则会使固刀困难、钢刀易松动，并降低模切适性。应改为圆弧或加大其相遇角。

3. 模压版的制作

模压版有整体式和组装式两种。在整块衬空材料上按图样开出沟缝，并在其中嵌入钢刀或钢线加以固紧而形成的模压版为整体式模压版，它造价较高，但牢靠耐用，易于安装和调整，最适合应用于圆压圆模压机。

钢刀和钢线在整个模压版中的位置是按图样用许多单件的衬空材料组装固定而成的模压版，称为组装式模压版，它改版灵活，材料的重复使用率高，可节省制版材料。

（1）制作底版　按照产品设计或样品的要求，将平面展开图上所需裁切的模切线和折叠的压痕线图形按实样大小比例准确无误地复制到底版上，并制出镶嵌刀线的狭缝。图样复制的准确性及嵌缝的优劣是影响模压工艺质量的关键。

目前，我国使用较多的模压底版有衬铅版和胶合板两类。衬铅版就是用大小规格的空铅排成版面。而胶合板制作模压版是把拼版设计图转移到厚 18mm ~ 20mm 的胶合板上，并在线条处锯缝，再把钢刀、钢线嵌进去形成模压版的过程。底版制作时，多采用现代技术，用 X 和 Y 的坐标系统、分段重复的方法以及数控计算机系统等，使转移复制图样的作业自动化，加上模版制作设备的改进，使制作的模压版能以较高的精度来满足加工的要求。

（2）刀线的铡切和成型加工　根据设计要求，将模压用的钢刀和钢线铡切成最大的成型线段，再将其加工成所要求的几何形状。在模压加工中，钢刀钢线的工作刃部反复与纸板作用，故要求其有较高的硬度和耐磨性。为了适应各种形状的需要，钢刀还必须具有较高的弹性和韧性。

钢刀铡切的长度以少拼接为宜，且成型后一般不宜再进行铡切；成型后的钢刀钢线，其刃口和刀底应相互垂直，以保持钢刀钢线刃口延长线上的每一点都处于同一个平面上。

（3）排刀拼版　这是将钢刀、钢线和衬空材料拼装组合成模压版的过程。若利用金属空铅作衬空材料，排刀时按一定的工艺要求，用空铅直接将刀线固定在模压版的指定位置上，并保证排出的模压版不在工作时松动或窜线。如利用胶合板作衬空材料，排刀时，钢线、钢刀镶嵌入底版的锯缝中后，应与底版的平面垂直，间隙要恰当，不应在嵌入或模压加工中出现变形或刀线扭动等现象。钢刀与钢线的接口要安排在合理的位置，接口间隙要适当，不能因压力作用而在接口处发生刀线重叠或间隙过大的现象。

拼版是将若干个模切版拼装成整个模切版，既节省原材料，又可获得良好的模切效果。常见的拼版组合形式有一刀切拼版、双刀切拼版、搭接桥拼版等，如图 5-36 所示。

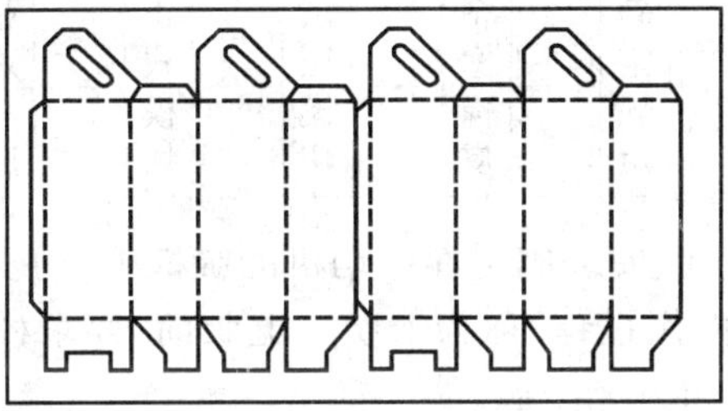

a. 一刀切拼版

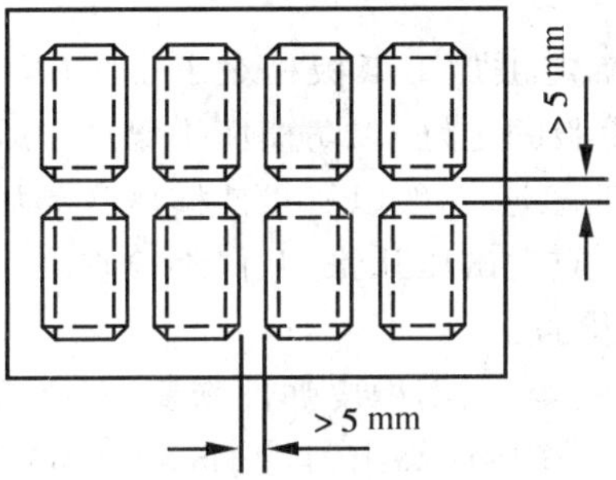

b. 双刀切拼版

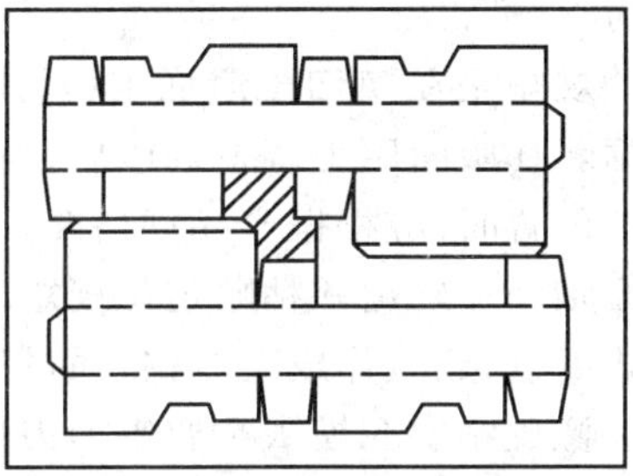

c. 搭接桥拼版

图 5-36　常见的拼版组合形式

（4）固刀　排刀完成后，需根据制版要求对拼版组合的模版作一次全面检查，核对无误后才能正式开始固刀。固刀也称打版或卡版，就是用衬空材料将钢刀钢线的位置挤紧固定，将排好的模压版装卡固定在版框中。

以空铅作衬空材料的模版固刀，可在版框四周加放木条后，用固版锁直接固牢。对用胶合板作衬空材料的模切版，加工的狭缝应与钢刀、钢线的厚度相符，以便能将刀线挤紧，必要时可在缝中夹挤衬空材料，但不得变动刀线的正确位置。

（5）压印样张　目的在于最后检查核对，以验证模压版是否符合制版要求且准确无误，并检查夹紧力是否适当。经检查无误后，模版即可存版待用。

4. 模压工艺

一般模切压痕的工艺流程如下所示：

上版 → 调整压力 → 确定规矩 → 粘塞橡皮 → 试压模切 → 正式模切 → 整理清废 → 成品检查

将制作好的模压版安装固定在模切机的版框中,初步调整好位置,获得初步模压效果的操作过程,称为上版。上版前,要求校对模切压痕版,确认符合要求后,方可开始上版。

调整版面压力,一般分两步进行:先调整钢刀的压力,再调整钢线的压力。

规矩是在模切压痕加工中,用以确定被加工纸板相对于模版位置的依据。在版面压力调整好以后,应将模版固定好,以防模压中错位。确定规矩位置时,应根据产品规格要求合理选定,一般以尽量使模压产品居中为原则。在确定并粘贴定位规矩以后,应先试压几张,并仔细检查。对折叠式纸盒,还应作成型规格、质量等项检查。

橡皮粘塞在模版主要钢刀刃口的两侧,利用橡皮弹性恢复力的作用,可将模切分离后的纸板从刃口部推出。橡皮应高出刀口 3mm ~ 5mm。

在一切调整工作就绪后,应先模压出样张,并作一次全面检查,确认产品各项指标是否符合要求。若达标,则可正式开机生产。

对模切压痕加工后的产品,应将多余边料清除,称为清废,也称落料、除屑、撕边、敲芯等,即将盒芯从坯料中取出并进行整理。清理后的产品,切口应平整光洁,必要时应用砂纸对切口进行打磨或用刮刀刮光。

清理后再进行成品检查,在产品质量检验合格后,进行点数包装。

5. 常见的模压加工故障及处理方法

(1) 模切压痕位置不准确　产生的原因有:排刀位置与印刷产品不相符;模切与印刷的格位未对准;纸板叼口规矩不一;模切操作中输纸位置不一致及纸板变形或伸张。采取相应的办法,减少印刷和材料本身缺陷对模切质量的影响。

(2) 压痕不清晰,有暗线、炸线　暗线是指不应有的压痕;炸线是指由于压痕时压力过重,导致纸板在该处断裂。产生的原因有:钢线选择不合适;钢线垫纸过高或过低;模压机压力过大或过小;纸张含水量少,韧性低,脆性增大。选择合适的钢线,调整模压机的压力和钢线垫纸厚度,选择与模压工艺条件相适应的纸板,就可能避免暗线、炸线的产生。

（3）模切后纸板粘连刀版　原因是刀口周围填塞的橡皮过稀或橡皮性能选用不合理，引起回弹力不足；钢刀刃口不锋利，纸张厚度过大，引起夹刀。解决的方法是：合理选用不同硬度的橡皮，注意粘塞橡皮时要疏密分布适度；应调整模切压力，必要时更换钢刀。

（4）折叠成型时，纸板折痕处开裂　折叠时，若是压痕外侧开裂，可能是由于压痕过深或压痕宽度不够；若是内侧开裂，则是由于压痕力过大，折叠太深。排除该故障的措施有：适当减少钢线垫纸的厚度，根据纸板厚度将压痕线加宽，适当减小模切机的压力，改用高度稍低一些的钢线。

6. 激光模压

激光制版系统就是应用激光和计算机等技术来加工模切压痕版，使底版制作实现自动化。操作中，只要把待模切产品的图样、纸板厚度等参数输入电子计算机，便可控制底版制作系统，使底版按照所需模版的图样在激光束下自动地挪移，然后在底版上嵌入刀线，即成模压版。这种模版制作方法，改变了传统的铅空法或锯切法中精度差、速度慢、没有重复性、无法适应包装自动化生产线要求的状况。目前，激光切割的模切版已广泛应用于印刷、包装装潢行业，产品涉及汽车、家电、轻工、食品、药品、宣传等领域。

这种新工艺的优点是：

（1）激光切割速度快、周期短　激光切割可提高工效几倍至十几倍。一般情况下，一块模切版只需1小时～3小时即可完成编程和切割任务。

（2）质量好、精度高　由于采用了计算机控制，激光模压版的制作精度可提高一个数量级，尺寸误差为±0.05mm。可以加工较复杂的图形，如对于异型版、多联版及一刀分两色、两边无杂色的模压版，用传统工艺制作非常困难，而用激光工艺制作则误差很小，制成品特别精美。

（3）重复性好　计算机编制的程序可以存储。当进行大批量生产时，需要多块相同的模压版，激光模压工艺只需调出程序，继续切割即可，有极好的重复性，这是传统工艺所无法做到的。

此外，激光模压无毒无害，对环保非常有利，而且对操作人员的技术要求不高。

第三节 容器加工

一、纸容器成型

纸容器是用包装商品的纸板做成的容器，如纸杯、纸盒、纸箱等。折叠式纸质容器由于可节省大量贮存空间，便于运输，并可实现机械化生产，已成为纸类包装箱、包装盒的主流。评价纸容器的质量，不仅要考虑到印刷图案的质量，还要参照容器的造型和加工成型的方法。容器的造型和加工成型，如图 5-37 所示。

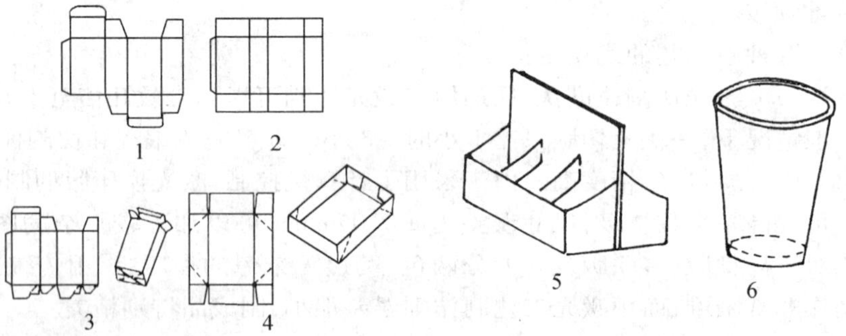

1、2. 直角式盒　3. 自动粘底式盒　4. 托盘式纸容器　5. 支座式盒　6. 纸杯

图 5-37　容器的造型和加工成型

纸容器的加工成型工序如下所示：

盒形设计 → 选材 → 制版及印刷 → 表面加工 → 模切压痕 → 制盒

1. 盒形设计

这是成盒的基础，好的盒形设计不仅外观新颖时尚、图案艳丽，而且能增强容器的抗压和抗摩擦性能，更重要的是应有利于纸容器的成型加工。

2. 选材

一般选用印刷效果好，适合所包商品的廉价材料制作纸容器，如黄板纸、牛皮纸、卡纸、白板纸等。若是高档容器，还可在上述材料上再裱贴铜版纸等上等纸品。同时，印刷油墨也要根据包装的物品选择耐光、耐磨、耐油、耐药品以及无毒的油墨，尤其是儿童食品，其外包装容器更应选用环保油墨来印刷。

3. 制版及印刷

纸容器外表面的印刷可以采用通常的印刷方法，如胶印、凹印和柔印等。目前多以胶版印刷方式为主，柔性版印刷在这个领域的应用正逐步得到加强。在文字、线条、实地图案和网线数不太高的层次版的印刷上，柔印和胶印可获得同样高的印刷质量。

4. 表面加工

根据产品的需要，一般在印刷完之后要在印品表面进行上光、覆膜、涂蜡、压凸及烫箔等处理，以此增强容器表面性能，强化视觉感受。

5. 模切压痕

制模切版时，可把纸盒的尺寸、形状、纸板克重等输入计算机，并由计算机控制激光移动，从而在胶合板上刻出纸盒的全部切线和折线，最后嵌入钢刀或钢线，并在钢刀的两边贴上泡沫橡皮，以便纸板从模切版上弹出来。把制好的模压版装入自动模切压痕机，一切步骤都由电子系统控制，生产效率很高，并能自动清废，最高速度可达8 500张/小时。

6. 制盒

用制盒机折叠做成盒状，供下道工序使用。瓦楞纸箱一般用柔性版印刷，同时进行压线、刷胶或用铁丝订，做成箱子的形状，一般是平面折叠旋转，使用时拉开成箱形。

二、软包装制袋

由纸、塑料、铝箔或其复合材料做成的，其一端或两端封闭，并有一个开口，以便盛装被包装产品的一种非刚性容器，称之为包装袋。随着软包装产品的日益增加，单一的软包装材料已不能满足人们的需要，因此复合材料已开始得到普遍应用。这种复合材料包括纸塑、纸箔、纸纸、塑塑以及塑箔等的复合。

软包装袋制作工艺流程为：

印刷 ⟶ 复合 ⟶ 裁切 ⟶ 制袋

在制作软包装袋之前，首先要采用凹版印刷或柔性版印刷的方式印制包装袋外表面，使其美观，且传达一种产品信息，引起消费者的注意。印刷完成后的材料要依靠各种复合机和热熔的胶粘剂与其他材料进行复合加工，使其具备密封产品的不透气性、防潮和防腐性。具体的复合方法及使用材料必须根据内装物品的要求而定。根据设计好的各种规格，把复合后的多层材料裁切成相应的式样，以利于进一步制袋。常用的包装袋形式如图 5-38 所示：

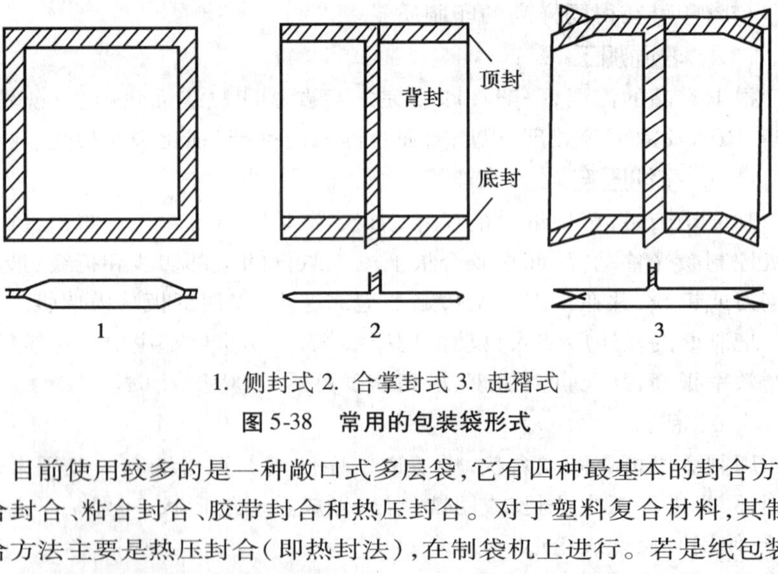

1. 侧封式 2. 合掌封式 3. 起褶式

图 5-38　常用的包装袋形式

目前使用较多的是一种敞口式多层袋，它有四种最基本的封合方法：缝合封合、粘合封合、胶带封合和热压封合。对于塑料复合材料，其制袋封合方法主要是热压封合（即热封法），在制袋机上进行。若是纸包装材料，还可用粘合剂粘合的方法制袋和封口。热封时，热封温度、热封压力、热封时间是其三大要素，其中热封温度是最主要的因素，它是选择最佳粘流温度的依据。热封必须在粘流温度（即熔点）以上方可进行。同时，热封压力不应太大，热封时间不宜过长，以免聚合物分子发生降解，使封口强度下降，界面密封性劣化。

复合塑料薄膜袋是通过热封一边或几边来进行生产的，而热封的方式一般有三种：边封合、底部封合、双封合。

边封合是最普通的制袋方法，它是通过加热的圆棱型热封刀完成的，原料中的薄膜在压力和热的联合作用下被熔化。边封合适用于高速生产。其工艺方法如图 5-39 所示。

底部封合只是在袋的底部进行封合。用于制袋的管形复合材料被送入制袋机，在单个袋的底部进行密封，袋与原材料之间用刀切开，分切动作与热封动作是分开的。底部封合方法可控制热量和压合时间，不会熔化和损坏薄膜，不会改变薄膜的物理性能。其工艺方法如图 5-40 所示。

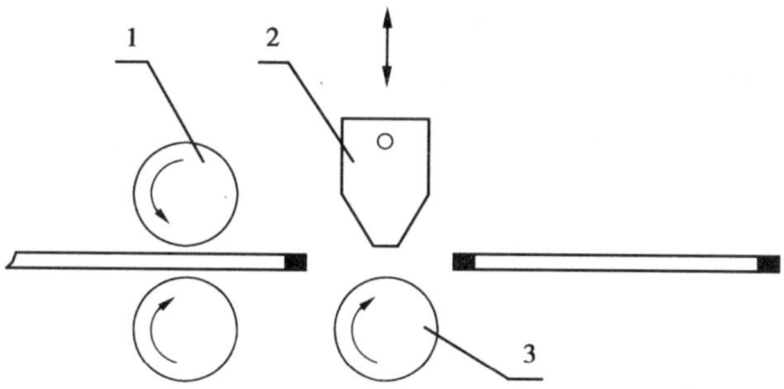

1. 牵引辊　2. 热封刀　3. 热封绳

图 5-39　边封合工艺方法

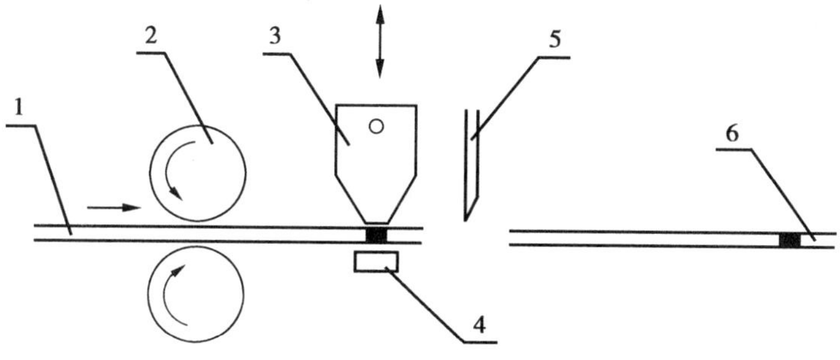

1. 管坯料　2. 牵引辊　3. 热封杆　4. 热封底座　5. 切刀　6. 袋裙

图 5-40　底封合工艺

双封合方法使用双面封合机构。这种机构带有加热或不加热的分切刀，定位在两密封头之间，如图 5-41 所示。其唯一特征是在每一热封周期将热量供给原料的上面和下面，并形成两个完全分离和独立的封合线。

双封合技术能在给定密封周期内供给大量可控制的热量，适用于较厚的薄膜，能生产两侧面带有密封线的零售袋。

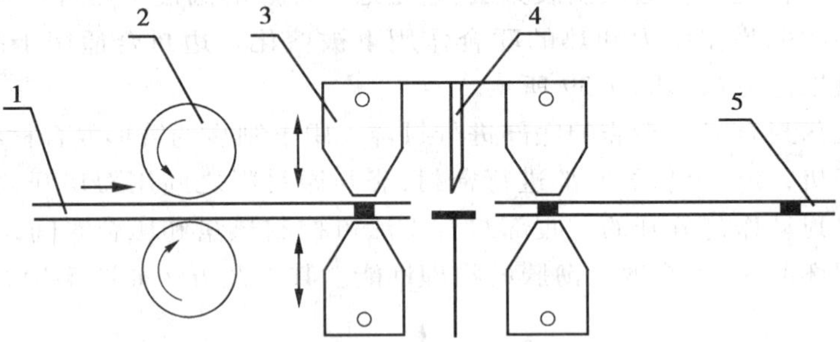

1. 管坯料　2. 牵引辊　3. 热封杆　4. 切刀　5. 袋裙

图 5-41　双封合工艺(仅上端加热)

6

第六章 现代数字印刷技术

传统的印刷工艺由于存在过多的交接环节，而致使投入设备过多，产品质量下降，管理成本提高及生产周期过长。数字印刷工艺的出现使印刷过程简化为电脑制作、印刷、分发三个步骤，制作成品的周期仅以小时为单位计算。全数字化的工艺流程、快速的生产周期、简捷自动的操作环节、与Internet的直接连接、产品质量的大幅提高、管理成本的降低等，均可赋予数字印刷更多的增值空间，从而避免传统印刷仅靠价格竞争的市场模式。

同欧美、日本等经济发达的国家相比，我国的印刷业整体仍处于较落后的状况，而与印刷密切相关的电脑、扫描仪、数字相机、Internet的使用却以日新月异的步伐紧随世界潮流。国际、国内的信息数据载体越来越多地通过磁卡、光盘及网络来实现。数字印刷的适时出现将印刷完全带入高科技领域。互联网及数字印刷，将是投资专家非常看好的概念。

数字印刷所面对的正是最具活力的商业短版印刷市场。根据美国权威统计机构统计，这一市场容量每年大约有150亿美元，并正以每年21%的增长速度递增。而传统印刷在同一时间的市场增长率只有4.5%。就印刷市场来讲，这一数字反映了市场的实际增长情况。

虽说数字印刷是在最近几年进入市场的，但在今后几年中，数字印刷技术将会出现飞速发展。今天的数字印刷在短版印刷方面具有它的优势。

对于读者来说，数字印刷与传统印刷是等同的。数字印刷品也是油墨印在纸张上形成的，肉眼看起来完全是同一种效果。二者最大的不同在于印刷品的生产方式。对于传统的印刷，印刷需要通过印版来完成，印刷中的每一印品完全相同，而数字印刷中，每一张印品都可以不同，因为印刷滚筒上的信息可以随时改变。数字印刷机由计算机编程并控制，其工作量较大，还要向印刷机传送数据，因此数字印刷机比传统的印刷机的运转速度要慢。数字印刷品的优势在于可以实现按需印刷，浪费较少。

所谓的数字印刷就是指输入到数字化图文处理系统的是图文的数字化流，通过图文处理系统的处理之后，输出的仍然是图文的数字流，并直接成像于承印材料上的一种技术。这种印刷方式非常适合于短版印刷、个性化印刷和按需印刷。所谓个性化印刷指所印刷的图像或文字可以按需求使印品的内容及版式不断变化，每一张印刷品都具有不同的图像和文字，可以针对特定的对象设计及印刷。据国外统计资料显示，个性化印刷发展速度很快，由于客户越来越多地强调个性，对印品的质量要求日益提高，因此它的市场空间很大。

目前，许多世界著名的印前公司都在致力于数字印刷技术和数码印刷设备的研制。它将成为继传统凸版印刷、平版印刷、凹版印刷、孔版印刷四大印刷方式之外的第五大印刷方式。

满足个性化印刷需要的数字印刷机能够实现连续印刷时每一页的内容均不相同，每一页的颜色也均不相同，即完全的可变数据印刷。这就要求数字印刷机的图像载体必须在每个印张之后都能重新成像，或者采用无版方式直接在承印物上成像。

目前，可以实现可变数据印刷的数字印刷方式主要有以下三种类型，它们各自的工作原理不同，但在实现完全可变数据印刷方面却是一致的。一类是以喷墨方式为主的数字印刷输出设备，如爱普生公司、惠普公司等生产的输出设备，我们称这种数字印刷的方式为喷墨数字印刷。喷墨输出设备如图6-1所示。另一类是以静电照相的方式为主的数字输出设

图6-1　喷墨方式的输出设备

图6-2　静电方式的输出设备

备,如施乐公司、Indigo 公司、惠普公司等生产的输出设备,我们称这种数字印刷的方式为静电照相数字印刷。静电输出设备如图 6-2 所示。还有一类是模拟胶印模式的数字印刷设备,如海德堡公司的 DI-46 数字印刷机,我们称这种数字印刷的方式为数字胶印技术。严格意义上讲,这类印刷模式不属于数字印刷,这类印刷设备的定位是介于一定数量要求的传统印刷设备与完全可变数据印刷设备之间的一种印刷技术。

第一节

静电照相印刷技术

一、静电照相印刷原理

静电照相技术的可变数据印刷机有两种基本模式,一种是采用湿式色粉显影的高分辨率系统,即 800dpi 的成像系统,主要是 HP-Indigo 公司的产品;另一种是采用干式色粉显影的低分辨率系统,即 600dpi 的成像系统,主要有 Xeikon、Xerox、Canon 和 IBM 等公司的产品。这些都是在数字印刷领域中大家比较熟悉的厂家,最近一些超级印刷机制造商也开始进军这个领域,如海德堡公司和曼罗兰公司,它们推出的系统都采用干式色粉成像的静电照相技术。

静电照相技术的可变数据印刷机主要是由激光扫描系统、电子照相系统和控制系统三大部分组成。其中激光扫描系统包括激光器、偏转调制器、扫描器和光路系统。它的作用是利用由计算机输出的信息经过调制后,激光束扫描形成静电潜像。静电照相系统由光导鼓、高压发生器、显影定影装置和输纸机构组成,其作用是将静电潜像变成可见的输出。

静电照相成像的基本原理是用激光扫描的方法在光导体上形成静电潜影,再利用带电色粉(符号与静电潜影正好相反)与静电潜影之间的库仑作用力实现潜影的可视化(显影),最后将色粉影像转移到承印物上,即可完成印刷。

二、静电印刷过程

静电印刷过程主要需要经过充电、曝光、显影、定影、清洁等几个步骤，静电照相印刷过程如图 6-3 所示。

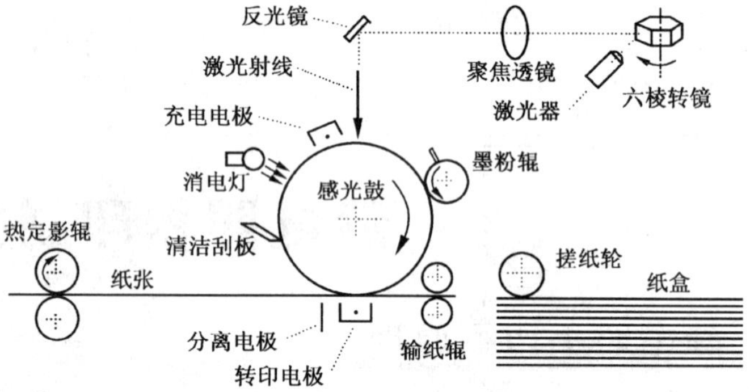

图 6-3　静电照相印刷原理

1. 充电

感光鼓在每次曝光之前都要经过清洗和高压预充电，充电使涂布 OPC 的感光鼓表面形成负电场。

2. 记录图像

在充电过程中，感光鼓表面带上均匀的负电荷。系统内的发光二极管(LED)阵列完成成像过程，从而使负电荷变成复制的数字图像。

光线透过感光鼓表面，在感光鼓表面记录图像信息。LED 阵列作为产生图像的光源安装在与感光鼓轴平行的位置。于是随着感光鼓的旋转，就可以达到逐行记录图像的目的。感光鼓曝光区域，有机光导体因放电而电荷消失，从而形成势阱，势阱的深度与 LED 的光强无关。

3. 显影

在曝光过程中，对应于数字图像区域的感光鼓表面因放电而电荷消失，结果形成被称做潜影的不可见的复制的数字图像。

显影过程的目的就是利用最终转移到纸上的物质使潜影形成可见图像，人们把形成可见图像的物质称为色粉。磁刷的作用是使色粉粒子吸附在具有少量电荷的感光区域，并且用于防止色粉吸附在电荷多的感光鼓区域。通过显影，在感光表面就可形成可见的色粉图像。

显影槽中装有色粉颗粒和磁性载体粒子的混合物，此混合物称为显影剂。用带电荷的充电辊与混合物搅拌，这样就使色粉粒子带上负电荷而载体粒子带上正电荷，色粉和载体之间形成库仑力，从而使色粉粒子吸附在载体上。

显影过程中一般都是通过形成“磁性毛刷”来转移色粉，用一根具有永久磁性的辊子使显影剂转移到感光鼓上。在显影剂机组中，磁性辊子将会达到－590V的高压，磁性辊子的载体由于静电感应而带有磁性，从而磁性辊子能吸附更多的载体粒子，结果导致载体粒子相互吸附在一起形成“毛刷”状，磁性辊子产生的力足已使显影剂吸附在辊子上，从而把色粉搬运到感光鼓表面的潜影区域。电荷越少的区域，从载体上转移到感光鼓上的色粉就越多；电荷越多的区域，从载体上转移到感光鼓上的色粉就越少。

4. 色粉转移

印刷机把纸张带入与感光鼓相接触的状态，以便把显影图像转移到纸张上。当纸张经过感光鼓时，在感光鼓上的显影图像（由色粉粒子构成）在电压的作用下则被转移到纸上。经过转移后，感光鼓表面或多或少的留有潜影。

5. 清洗感光鼓

清洗就是去除所有残留在感光鼓上的色粉，为感光鼓的再次充电作准备。清洗的过程就是用相反的电荷注入感光鼓表面，可以很容易地清除掉所有残余的色粉。

6. 感光鼓的预充电

当色粉转移到纸上后，仍有部分色粉残留在感光鼓上，在新的印刷循环开始之前，色粉必须清除。在清洗机组之前，感光鼓首先经过预充电电晕放电装置。预充电可中和潜影图像，预充电的感光鼓电压可达－500V，这样便可使清洗工作简单和再次充电简便。

7. 清洗

保留在感光鼓上的色粉粒子具有－500V的电位，通过清洗单元很容易清除，清洗单元把色粉粒子直接送到废料盒中。当纸张通过清洗之后，正电荷和负电荷沉积的色粉就从纸张上被去除，从而避免了色粉在下一次的印刷过程中被转移。

8. 定影

定影的作用就是加热使之融化并附着在纸张表面，形成永久图像。

三、彩色静电数字印刷

彩色静电数字印刷的原理与黑白静电印刷原理一样，只不过采用了黄、品、青、墨 4 种色粉完成印刷品色彩的合成，印刷机的内部多了 3 个曝光装置而已。著名的彩色静电数字印刷设备生产商有 HP-Indigo 公司和施乐公司。

Indigo 静电照相技术是采用单一光导鼓实现多色印刷的。不同颜色的液体“电子墨”吸附到光导材料滚筒上后，逐色转移到转印滚筒上；4 色油墨逐次合成图像后，再一次性转印到承印物上。Indigo 数字印刷机的印刷原理如图 6-4 所示。

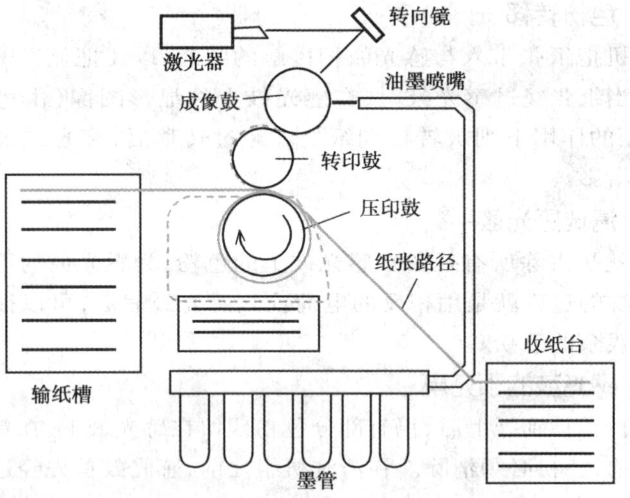

图 6-4　Indigo 数字印刷机的印刷原理

施乐公司采用静电照相技术原理的数字印刷机具有 4 个成像核心，均带有相应的曝光、显影和清洗系统。在印刷时，各色图像逐一转移到转移带上，形成套印的 4 色图像后，再通过加压和静电作用，将图像转移到承印物上。

第二节

喷墨印刷技术

一、喷墨打印原理

喷墨方式印刷已从简单的字符打印、号码打印等上升为高质量的彩色打印。这种非接触式印刷实现了在承印物上的直接成像。

喷墨打印机的喷墨打印技术主要分为连续式和间歇式两大类。连续式喷墨技术由于耗墨且结构复杂、花费高昂，现在已经很少采用。目前流行的是间歇式打印技术，它又分为“热泡式”和“压电式”两种。间歇式“热泡式”打印原理如图 6-5 所示；间歇式“压电式”打印原理如图 6-6 所示。惠普、佳能公司均采用热泡式结构，基本原理都是利用电阻迅速加热喷墨头，使喷墨头内的墨水汽化产生气泡，气泡膨胀将墨水喷出喷嘴，墨滴将以每秒3 000点至6 200点的速度喷射在纸上，当喷头与纸的距离很少时，便可很精确地表现在纸上，形成所需要的图案。而爱普生使用的是另外一种技术，称之为“压电式”，这是采用多层压电结构的技术，在存储

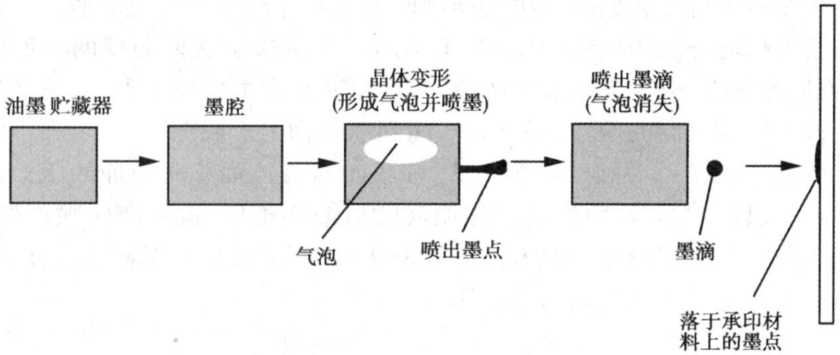

图 6-5　间歇式“热泡式”打印原理

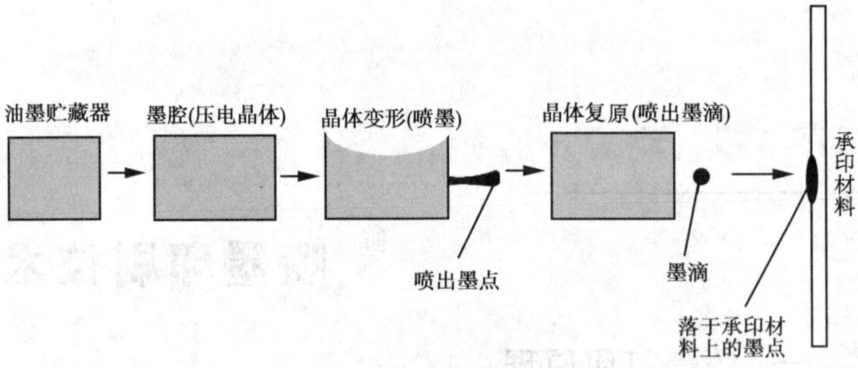

图6-6　间歇式"压电式"打印原理

及激发墨水喷出的气室结构及电流脉冲电阻高温引发墨水变化方面取得了很大的成功,使喷力更大,喷速更快,打印的图像更为精细,即使放大数倍仍然非常紧密而且规则,由于喷头的特殊性使得喷头的使用寿命长,可做成永久性喷头,当墨水用完后,只需要换墨水盒即可。爱普生也承认,加热方式在黑白打印时代还可以,到了彩色打印的时候就成问题了,因为黑水在温度变化的时候化学特性会发生变化,所以色彩稳定性差,而多层压电打印就没有这个问题,喷嘴可以做得很小,而且墨水喷射的速度更快,提高了打印速度和打印精度。由于喷嘴的精密,在使用过程中要注意好好维护,免得堵塞了喷嘴。

根据喷墨的原理不同,喷墨方式的可变数据印刷机有连续喷墨和按需喷墨两类。

连续喷墨可变数据印刷机的印刷原理是液体油墨在压力下通过一排小喷嘴被高速分割为连续的墨滴,墨滴的尺寸取决于液体油墨的表面张力、施加的压力、分割频率和喷嘴直径等,墨滴在充电电场充电后,再通过图文数据信号控制的偏转板的引导,滴到承印物上形成图像。

按需喷墨是一种间歇喷墨方式,喷墨时对液体油墨所施加的压力是不连续的,只有在印刷数据信号作用时才对液墨施压,进而产生喷射墨,滴到承印物上形成图像。此方法无需偏转板、油墨收集和循环装置,因而使得此种数字印刷机更加简单实用。

二、喷墨成像数字印刷

采用喷墨成像的数字印刷系统并不是很多，主要有 Scitex 和 Aprion 两家。喷墨成像原理是将油墨以一定的速度从微细的喷嘴（一般直径在 30um ~ 50um）喷射到承印物上，最后通过油墨与承印物的相互作用实现油墨影像的再现。一般要求油墨中的溶剂水能够快速渗透，进入承印物，以保证足够的干燥速度；要求油墨中的呈色剂（一般多为染料）能够尽可能固着在承印物的表面，以保证足够高的印刷密度和分辨力。因此，所使用的油墨必须与承印物匹配，以保证良好的印刷质量。这也是为什么一般的喷墨系统都必须使用专用配套的油墨和承印材料（纸张）的原因，这是喷墨成像系统的一个弱点。

从原理上讲，喷墨打印属于高速成像体系，根据喷射方式的不同，墨滴的产生速度可以在每秒钟数千滴到数十万滴的范围内变化。但是喷墨打印的高速性还取决于具体的扫描机构，采用线阵列多嘴喷头的体系具有非常高的成像速度，也是数字印刷系统通常采用的方法；采用独立喷头往返运动的成像方式速度就比较低，但容易实现大幅面成像，是大幅面彩色喷绘（包括彩色数字打样）通常采用的方式。目前采用超细颜料的喷墨系统已经开始出现，这就使喷墨影像的耐候性得到大幅度提高，而且普通纸喷墨技术也逐步成熟，喷墨系统面临的上述技术困难也许会在不远的将来得到比较好的解决，喷墨打印技术在速度上的优势以及非接触成像的特点会得到进一步的体现。

三、喷墨数字印刷的特点

一般来讲，采用喷墨打印技术的数字印刷机系统有以下一些特点。

① 需要采用专用承印材料，呈色剂多数为染料，但目前正在向颜料和普通纸方向发展。

② 阶调数可实现多值（但范围有限）。

③ 综合质量目前只能达到低档的胶印水平。但需要说明的一点是低质量并不是喷墨成像技术的本质，而只是在目前技术条件下质量、速度和价格三个因素之间折中的结果。实际上，喷墨成像体系可以实现极高的质量，目前很多成功的直接数字式彩色打样系统都采用喷墨成像方式，

质量都很高，其分辨率可达到1 440dpi，目前已完全可以用做合同样张。

④ 速度很高，每分钟可达数百张乃至数千张，目前已经可以实现2 000张/分钟。

⑤ 价格低廉。

第三节 数字胶印技术

一、数字胶印原理

数字胶印印刷的基本原理实际就是平版胶印印刷原理，也采用印版或采用其他固定的图像载体来进行印刷。采用有压印刷是数字胶印技术的特点。这种印刷方式是在平版胶印印刷的基础上发展起来的，它既可以采用有水胶印方式，也可以采用无水胶印模式，无论数字胶印方式如何变化，它们都有一个共同的特点，都是将数字化印前图文处理系统处理好的数字图文信息直接成像于已安装在印刷机上的图文信息载体（比如印版）上，即计算机在机制版技术（Computer to Press，简称为 CTPress），通常人们也称这种制版方式为直接成像（Drict Image，英文缩写为 DI）印刷机。数字胶印设备印刷原理，如图 6-7 所示。

目前 DI 数字印刷机主要应用于短版印刷，因为这种类型的数字印刷机仍然需要使用印版或相当于印版的图像载体，此特点必然要求完成一定份数的印刷品，以平衡印版成本、换品种时间及印刷数量之间的关系。因此，这种印刷技术是利用其具有的快速印刷准备与转换、数字直接制版、平版胶印成熟技术等优势，在短版印刷领域实现高质量的快速按需印刷。

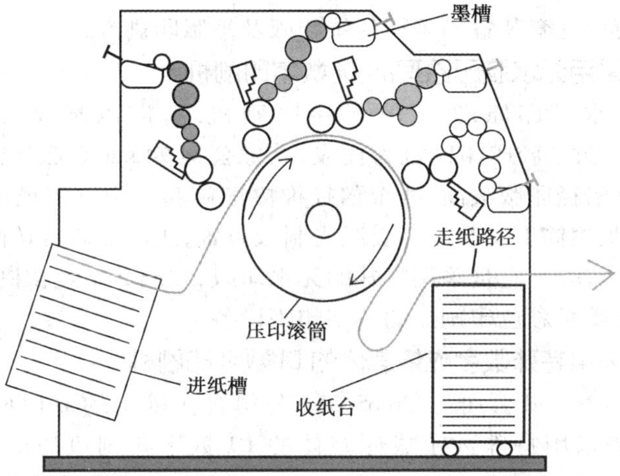

图 6-7　数字胶印设备印刷原理

二、数字胶印印刷机的类型

数字胶印印刷设备按照图像载体类型的不同,可以分成印版类型的DI印刷机和成像滚筒类型的DI印刷机;按照是否使用润版液,可以分为有水DI印刷与无水DI印刷;按照开发平台不同,分为新开发DI印刷机和以传统平版印刷机为平台开发的DI印刷机;按机组排列方式不同,又分为机组式DI印刷机和卫星式DI印刷机。例如,海德堡公司的SpeedMaster DI-74既是数字有水胶印印刷机,又是以传统平版印刷机为平台开发的DI印刷机,同时又是机组式DI印刷机;而海德堡公司的SpeedMaster DI-46则是数字无水胶印印刷机,同时它又是卫星式DI印刷机。

1. 采用有水印刷的DI数字印刷机

采用有水印刷的DI数字印刷机,可以以海德堡公司推出的SpeedMaster DI-74数字印刷机为代表。海德堡公司的SpeedMaster DI-74数字印刷机,是在传统平版印刷设备基础上开发出来的。它的最大特点是使那些希望实现数字印刷的平版印刷老客户可以不用投资一台全新的数字印刷机,只需要在传统平版印刷机上进行改造,就可进行数字印刷。或者已经习惯了传统水墨印刷工艺的老客户可以向数字印刷方式转变。因此这种类型的印刷机既可以使用在机制版 DI 装置进行数字化制版与印刷，也可以不使用这套装置而采用传统印版及平版印刷方式。

2. 采用无水胶印原理的 DI 数字印刷机

采用无水胶印原理的 DI 数字印刷机，可以以高宝公司推出的 74Karat 无水数字胶印印刷机为代表，高宝公司 74Karat 无水数字胶印印刷机由两个倍径印版滚筒、两个倍径橡皮滚筒和一个三倍径压印滚筒组成，每个印版滚筒上安装有一套激光制版装置，压印滚筒每转两周完成一张印刷品的印刷。它是采用特殊的无水印版，利用数字化在机制版方式，快速完成高质量彩色印刷品的数字印刷设备。

3. 采用特殊数字成像载体的 DI 数字印刷机

由 Man Roland 公司与 CreoScitex 公司合作推出的 DICOweb 数字胶印印刷机是采用特殊数字成像载体的 DI 数字印刷机的最典型例子。DICOweb数字胶印印刷机的在机直接制版系统采用热蜡转移成像技术，制版时，一条带有碳黑热敏涂层（热可塑性树脂）的色带（大约为 7μm 厚）与胶印机印版滚筒接触，碳黑涂层在红外激光热能的作用下转移到印版滚筒上形成亲油图像区域，同时亲油图像区域经短时间高温处理（大约在 160℃左右）之后，图像的亲油部分会在滚筒表面固化，而且具备了足够的耐印强度；而非图文区域的滚筒表面经短时间亲水处理后具备适当的亲水性，从而使印版表面形成了类似于传统胶印的亲墨、亲水性版，进而完成有水印刷过程。印刷完毕后，印版滚筒表面的油墨以及热蜡转移层可以采用特制的清洗溶液，在清洗带的作用下去掉。该系统最大的特点是不再使用传统形态的印版，无需更换印版。因此，印版滚筒和橡皮布滚筒都可以设计成无缝滚筒，这对降低印刷噪声，减少机械运动的不稳定性，提高印刷有效面积和质量都非常有利。

这种数字胶印印刷机非常适合印数太大而不适于采用单张纸印刷机印刷或者由于印数太小又不适于在普通卷筒纸胶印机印刷的活件。

第四节

其他成像方式的数字印刷机

近年来,仍在开发的可变数据数字印刷机有应用电凝聚成像技术、磁粉成像技术和电子束成像技术的数字印刷机,它们各有特长,优缺点都较为明显,还未能与电子照相和喷墨技术的可变数字印刷机形成竞争。目前我国引进的可变数据数字印刷机集中在电子照相技术和喷墨印刷技术的数字印刷机。

一、电凝聚成像体系

这是一种新的成像方法,通过电极之间的电化学反应导致油墨发生凝聚(金属离子诱导凝聚),从而使油墨固着在成像滚筒表面形成油墨影像(图文区域);没有发生电化学反应(非图文区域)的油墨依然是液体状态,可以通过一个刮板的机械作用被去掉。最后,通过压力的作用将固着在成像滚筒上的油墨转移到承印物上,即可完成印刷过程。据报道,这种成像方式可以按照 15 纳秒(10^{-9}秒)的步长改变脉冲宽度(最高到 4 微秒),从而在成像滚筒上得到不同面积和厚度的固着油墨,实现像素的多阶调调制。这种成像方式对承印物没有特殊要求,固着的油墨可以转移到普通的承印物上。电凝聚成像体系具有以下的明显特点:

① 可以在普通纸上成像,使用颜料与传统的胶印相似;

② 阶调数可以实现多值,且范围很宽;

③ 综合质量可达到中档胶印水平;

④ 速度可达到每分钟数百张;

⑤ 价格介于喷墨成像与静电照相系统之间。

二、磁记录成像

这种成像技术与磁带的记录技术采用相同的记录原理，即依靠磁性材料的磁子在外磁场的作用下定向排列，形成磁性潜影，然后再利用磁性色粉与磁性潜影之间的磁场力的相互作用，完成潜影的可视化（即显影），最后将磁性色粉转移到承印物上，即可完成印刷。由于磁性色粉采用的磁性材料本身颜色的限制，这种成像体系一般只适合制作黑白影像，不容易实现彩色影像。目前，推出磁记录成像技术的数字印刷机系统并不是很多，具有代表性的有 Xeikon 公司与 Nispon 合作推出的磁记录成像体系，分辨率达到 480dpi。Nispon 公司是最早推出磁记录体系数字印刷系统的公司。磁记录体系有以下几方面的典型特点：

① 可以在普通承印物上成像，采用的颜料多为黑白色；

② 阶调数可实现多值，但范围较窄；

③ 综合质量只相当于低档胶印的水平，适合于黑白文字和线条印刷；

④ 速度为每分钟数百张；

⑤ 价格低廉。

参考文献

1. 王强. 印前图文处理. 中国轻工业出版社,2001

2. 金银河. 印刷工艺. 中国轻工业出版社,2001

3. 张逸新. 分色制版新技术. 中国轻工业出版社,2000

4. 冯瑞乾. 印刷概论. 石油工业出版社,1998

5. 中国印刷及设备器材工业协会. 印刷科技实用手册(上). 印刷工业出版社,1992

6. 魏瑞玲. 印后原理与工艺. 印刷工业出版社,1999

7. 冯瑞乾. 印刷概论. 印刷工业出版社,2001

8. 金银河. 柔性版印刷. 化学工业出版社,2001

9. 金银河. 包装印刷. 化学工业出版社,2003

10. 邓普君. 平版胶印. 化学工业出版社,2002

11. 楠天键. 电子排版技术. 清华大学出版社,1995

12. 万晓霞,邹毓俊. 印刷概论. 化学工业出版社,2001

13. 印刷工业出版社编辑部. 实用出版与印刷工作手册(第二版). 印刷工业出版社,1998

14. 俞慧芳,张燕飞. 平版胶印工艺. 印刷工业出版社,1999

附录

印刷业管理条例

中华人民共和国国务院令第315号
2001年8月2日公布

第一章 总 则

第一条 为了加强印刷业管理,维护印刷业经营者的合法权益和社会公共利益,促进社会主义精神文明和物质文明建设,制定本条例。

第二条 本条例适用于出版物、包装装潢印刷品和其他印刷品的印刷经营活动。

本条例所称出版物,包括报纸、期刊、书籍、地图、年画、图片、挂历、画册及音像制品、电子出版物的装帧封面等。

本条例所称包装装潢印刷品,包括商标标识、广告宣传品及作为产品包装装潢的纸、金属、塑料等的印刷品。

本条例所称其他印刷品,包括文件、资料、图表、票证、证件、名片等。

本条例所称印刷经营活动,包括经营性的排版、制版、印刷、装订、复印、影印、打印等活动。

第三条 印刷业经营者必须遵守有关法律、法规和规章,讲求社会效益。

禁止印刷含有反动、淫秽、迷信内容和国家明令禁止印刷的其他内容的出版物、包装装潢印刷品和其他印刷品。

第四条 国务院出版行政部门主管全国的印刷业监督管理工作。县级以上地方各级人民政府负责出版管理的行政部门(以下简称出版行政部门)负责本行政区域内的印刷业监督管理工作。

县级以上各级人民政府公安部门、工商行政管理部门及其他有关部门在各自的职责范围内,负责有关的印刷业监督管理工作。

第五条 印刷业经营者应当建立、健全承印验证制度、承印登记制度、印刷品保管制度、印刷品交付制度、印刷活动残次品销毁制度等。具体办法由国务院出版行政部门会同国务院公安部门制定。

印刷业经营者在印刷经营活动中发现违法犯罪行为，应当及时向公安部门或者出版行政部门报告。

第六条 印刷行业的社会团体按照其章程，在出版行政部门的指导下，实行自律管理。

第二章 印刷企业的设立

第七条 国家实行印刷经营许可制度。未依照本条例规定取得印刷经营许可证的，任何单位和个人不得从事印刷经营活动。

第八条 设立印刷企业，应当具备下列条件：

（一）有企业的名称、章程；

（二）有确定的业务范围；

（三）有适应业务范围需要的生产经营场所和必要的资金、设备等生产经营条件；

（四）有适应业务范围需要的组织机构和人员；

（五）有关法律、行政法规规定的其他条件。

审批设立印刷企业，除依照前款规定外，还应当符合国家有关印刷企业总量、结构和布局的规划。

第九条 设立从事出版物、包装装潢印刷品和其他印刷品印刷经营活动的企业，应当向所在地省、自治区、直辖市人民政府出版行政部门提出申请；其中，设立专门从事名片印刷的企业，应当向所在地县级人民政府出版行政部门提出申请。申请人经审核批准的，取得印刷经营许可证；并按照国家有关规定持印刷经营许可证向公安部门提出申请，经核准，取得特种行业许可证后，持印刷经营许可证、特种行业许可证向工商行政管理部门申请登记注册，取得营业执照。

个人不得从事出版物、包装装潢印刷品印刷经营活动；个人从事其他印刷品印刷经营活动的，依照前款的规定办理审批手续。

第十条 出版行政部门受理设立从事印刷经营活动的企业申请，应当自收到申请之日起60日内作出批准或者不批准的决定。批准设立申请的，应当发给印刷经营许可证；不批准设立申请的，应当通知申请人并说明理由。

印刷经营许可证应当注明印刷企业所从事的印刷经营活动的种类。

印刷经营许可证不得出售、出租、出借或者以其他形式转让。

第十一条 印刷业经营者申请兼营或者变更从事出版物、包装装潢印刷品或者其他印刷品印刷经营活动，或者兼并其他印刷业经营者，或者因合并、分立而设立新的印刷业经营者，应当依照本条例第九条的规定办理手续。

印刷业经营者变更名称、法定代表人或者负责人、住所或者经营场所等主要登记事项，或者终止印刷经营活动，应当向原办理登记的公安部门、工商行政管理部门办理变更登记、注销登记，并报原批准设立的出版行政部门备案。

第十二条 国家允许设立中外合资经营印刷企业、中外合作经营印刷企业，允许设立从事包装装潢印刷品印刷经营活动的外资企业。具体办法由国务院出版行政部门会同国务院对外经济贸易主管部门制定。

第十三条 单位内部设立印刷厂（所），必须向所在地县级以上地方人民政府出版行政部门办理登记手续，并按照国家有关规定向公安部门备案；单位内部设立的印刷厂（所）印刷涉及国家秘密的印件的，还应当向保密工作部门办理登记手续。

单位内部设立的印刷厂（所）不得从事印刷经营活动；从事印刷经营活动的，必须依照本章的规定办理手续。

第三章　出版物的印刷

第十四条 国家鼓励从事出版物印刷经营活动的企业及时印刷体现国内外新的优秀文化成果的出版物，重视印刷传统文化精品和有价值的学术著作。

第十五条 从事出版物印刷经营活动的企业不得印刷国家明令禁止出版的出版物和非出版单位出版的出版物。

第十六条 印刷出版物的，委托印刷单位和印刷企业应当按照国家有关规定签订印刷合同。

第十七条 印刷企业接受出版单位委托印刷图书、期刊的，必须验证并收存出版单位盖章的印刷委托书，并在印刷前报出版单位所在地省、自治区、直辖市人民政府出版行政部门备案；印刷企业接受所在地省、自治区、直辖市以外的出版单位的委托印刷图书、期刊的，印刷委托书还必须事先报印刷企业所在地省、自治区、直辖市人民政府出版行政部门备案。

印刷委托书由国务院出版行政部门规定统一格式，由省、自治区、直辖市人民政府出版行政部门统一印制。

印刷企业接受出版单位委托印刷报纸的，必须验证报纸出版许可证；接受出版单位的委托印刷报纸、期刊的增版、增刊的，还必须验证主管的出版行政部门批准出版增版、增刊的文件。

第十八条 印刷企业接受委托印刷内部资料性出版物的，必须验证县级以上地方人民政府出版行政部门核发的准印证。

印刷企业接受委托印刷宗教内容的内部资料性出版物的，必须验证省、自治区、直辖市人民政府宗教事务管理部门的批准文件和省、自治区、直辖市人民政府出版行政部门核发的准印证。

出版行政部门应当自收到印刷内部资料性出版物或者印刷宗教内容的内部资料性出版物的申请之日起 30 日内作出是否核发准印证的决定，并通知申请人；逾期不作出决定的，视为同意印刷。

第十九条 印刷企业接受委托印刷境外的出版物的，必须持有关著作权的合法证明文件，经省、自治区、直辖市人民政府出版行政部门批准；印刷的境外出版物必须全部运输出境，不得在境内发行、散发。

第二十条 委托印刷单位必须按照国家有关规定在委托印刷的出版物上刊载出版单位的名称、地址，书号、刊号或者版号，出版日期或者刊期，接受委托印刷出版物的企业的真实名称和地址，以及其他有关事项。

印刷企业应当自完成出版物的印刷之日起 2 年内，留存一份接受委托印刷的出版物样本备查。

第二十一条 印刷企业不得盗印出版物，不得销售、擅自加印或者接受第三人委托加印受委托印刷的出版物，不得将接受委托印刷的出版物纸型及印刷底片等出售、出租、出借或者以其他形式转让给其他单位或者个人。

第二十二条 印刷企业不得征订、销售出版物，不得假冒或者盗用他人名义印刷、销售出版物。

第四章 包装装潢印刷品的印刷

第二十三条 从事包装装潢印刷品印刷的企业不得印刷假冒、伪造的注册商标标识，不得印刷容易对消费者产生误导的广告宣传品和作为产品包装装潢的印刷品。

第二十四条 印刷企业接受委托印刷注册商标标识的，应当验证商标注册人所在地县级工商行政管理部门签章的《商标注册证》复印件，并核查委托人提供的注册商标图样；接受注册商标被许可使用人委托，印刷注册商标标识的，印刷企业还应当验证注册商标使用许可合同。印刷企业应当保存其验证、核查的工商行政管理部门签章的《商标注册证》复印件、注册商标图样、注册商标使用许可合同复印件2年，以备查验。

国家对注册商标标识的印刷另有规定的，印刷企业还应当遵守其规定。

第二十五条 印刷企业接受委托印刷广告宣传品、作为产品包装装潢的印刷品的，应当验证委托印刷单位的营业执照或者个人的居民身份证；接受广告经营者的委托印刷广告宣传品的，还应当验证广告经营资格证明。

第二十六条 印刷企业接受委托印刷包装装潢印刷品的，应当将印刷品的成品、半成品、废品和印板、纸型、底片、原稿等全部交付委托印刷单位或者个人，不得擅自留存。

第二十七条 印刷企业接受委托印刷境外包装装潢印刷品的，必须事先向所在地省、自治区、直辖市人民政府出版行政部门备案；印刷的包装装潢印刷品必须全部运输出境，不得在境内销售。

第五章 其他印刷品的印刷

第二十八条 印刷标有密级的文件、资料、图表等，按照国家有关法律、法规或者规章的规定办理。

第二十九条 印刷布告、通告、重大活动工作证、通行证、在社会上流通使用的票证的，委托印刷单位必须出具主管部门的证明，并按照国家有关规定向印刷企业所在地公安部门办理准印手续，在公安部门指定的印刷企业印刷。公安部门指定的印刷企业必须验证主管部门的证明和公安部门的准印证明，并保存主管部门的证明副本和公安部门的准印证明副本2年，以备查验；并且不得再委托他人印刷上述印刷品。

印刷机关、团体、部队、企业事业单位内部使用的有价票证或者无价票证，或者印刷有单位名称的介绍信、工作证、会员证、出入证、学位证书、学历证书或者其他学业证书等专用证件的，委托印刷单位必须出具委托印刷证明。印刷企业必须验证委托印刷证明。

印刷企业对前两款印件不得保留样本、样张；确因业务参考需要保留样本、样张的，应当征得委托印刷单位同意，在所保留印件上加盖“样本”、“样张”戳记，并妥善保管，不得丢失。

第三十条 印刷企业接受委托印刷宗教用品的，必须验证省、自治区、直辖市人民政府宗教事务管理部门的批准文件和省、自治区、直辖市人民政府出版行政部门核发的准印证；省、自治区、直辖市人民政府出版行政部门应当自收到印刷宗教用品的申请之日起10日内作出是否核发准印证的决定，并通知申请人；逾期不作出决定的，视为同意印刷。

第三十一条 从事其他印刷品印刷经营活动的个人不得印刷标有密级的文件、资料、图表等，不得印刷布告、通告、重大活动工作证、通行证、在社会上流通使用的票证，不得印刷机关、团体、部队、企业事业单位内部使用的有价或者无价票证，不得印刷有单位名称的介绍信、工作证、会员证、出入证、学位证书、学历证书或者其他学业证书等专用证件，不得印刷宗教用品。

第三十二条 接受委托印刷境外其他印刷品的，必须事先向所在地省、自治区、直辖市人民政府出版行政部门备案；印刷的其他印刷品必须全部运输出境，不得在境内销售。

第三十三条 印刷企业和从事其他印刷品印刷经营活动的个人不得盗印他人的其他印刷品，不得销售、擅自加印或者接受第三人委托加印委托印刷的其他印刷品，不得将委托印刷的其他印刷品的纸型及印刷底片等出售、出租、出借或者以其他形式转让给其他单位或者个人。

第六章 罚　　则

第三十四条 违反本条例规定，擅自设立印刷企业或者擅自从事印刷经营活动的，由公安部门、工商行政管理部门依据法定职权予以取缔，没收印刷品和违法所得以及进行违法活动的专用工具、设备，违法经营额1万元以上的，并处违法经营额5倍以上10倍以下的罚款；违法经营额不足1万元的，并处1万元以上5万元以下的罚款；构成犯罪的，依法追究刑事责任。

单位内部设立的印刷厂（所）未依照本条例第二章的规定办理手续，从事印刷经营活动的，依照前款的规定处罚。

第三十五条 印刷业经营者违反本条例规定，有下列行为之一的，由县级以上地方人民政府出版行政部门责令停止违法行为，责令停业整顿，没收印刷品和违法所得，违法经营额1万元以上的，并处违法经营额5倍以上10倍以下的罚款；违法经营额不足1万元的，并处1万元以上5万元以下的罚款；情节严重的，由原发证机关吊销许可证；构成犯罪的，依法追究刑事责任：

（一）未取得出版行政部门的许可，擅自兼营或者变更从事出版物、包装装潢印刷品或者其他印刷品印刷经营活动，或者擅自兼并其他印刷业经营者的；

（二）因合并、分立而设立新的印刷业经营者，未依照本条例的规定办理手续的；

（三）出售、出租、出借或者以其他形式转让印刷经营许可证的。

第三十六条　印刷业经营者印刷明知或者应知含有本条例第三条规定禁止印刷内容的出版物、包装装潢印刷品或者其他印刷品的，或者印刷国家明令禁止出版的出版物或者非出版单位出版的出版物的，由县级以上地方人民政府出版行政部门、公安部门依据法定职权责令停业整顿，没收印刷品和违法所得，违法经营额1万元以上的，并处违法经营额5倍以上10倍以下的罚款；违法经营额不足1万元的，并处1万元以上5万元以下的罚款；情节严重的，由原发证机关吊销许可证；构成犯罪的，依法追究刑事责任。

第三十七条　印刷业经营者有下列行为之一的，由县级以上地方人民政府出版行政部门、公安部门依据法定职权责令改正，给予警告；情节严重的，责令停业整顿或者由原发证机关吊销许可证：

（一）没有建立承印验证制度、承印登记制度、印刷品保管制度、印刷品交付制度、印刷活动残次品销毁制度等的；

（二）在印刷经营活动中发现违法犯罪行为没有及时向公安部门或者出版行政部门报告的；

（三）变更名称、法定代表人或者负责人、住所或者经营场所等主要登记事项，或者终止印刷经营活动，不向原批准设立的出版行政部门备案的；

（四）未依照本条例的规定留存备查的材料的。

单位内部设立印刷厂（所）违反本条例的规定，没有向所在地县级以上地方人民政府出版行政部门、保密工作部门办理登记手续，并按照国家有关规定向公安部门备案的，由县级以上地方人民政府出版行政部门、保密工作部门、公安部门依据法定职权责令改正，给予警告；情节严重的，责令停业整顿。

第三十八条 从事出版物印刷经营活动的企业有下列行为之一的，由县级以上地方人民政府出版行政部门给予警告，没收违法所得，违法经营额1万元以上的，并处违法经营额5倍以上10倍以下的罚款；违法经营额不足1万元的，并处1万元以上5万元以下的罚款；情节严重的，责令停业整顿或者由原发证机关吊销许可证；构成犯罪的，依法追究刑事责任：

（一）接受他人委托印刷出版物，未依照本条例的规定验证印刷委托书、有关证明或者准印证，或者未将印刷委托书报出版行政部门备案的；

（二）假冒或者盗用他人名义，印刷出版物的；

（三）盗印他人出版物的；

（四）非法加印或者销售受委托印刷的出版物的；

（五）征订、销售出版物的；

（六）擅自将出版单位委托印刷的出版物纸型及印刷底片等出售、出租、出借或者以其他形式转让的；

（七）未经批准，接受委托印刷境外出版物的，或者未将印刷的境外出版物全部运输出境的。

第三十九条 从事包装装潢印刷品印刷经营活动的企业有下列行为之一的，由县级以上地方人民政府出版行政部门给予警告，没收违法所得，违法经营额1万元以上的，并处违法经营额5倍以上10倍以下的罚款；违法经营额不足1万元的，并处1万元以上5万元以下的罚款；情节严重的，责令停业整顿或者由原发证机关吊销许可证；构成犯罪的，依法追究刑事责任：

（一）接受委托印刷注册商标标识，未依照本条例的规定验证、核查工商行政管理部门签章的《商标注册证》复印件、注册商标图样或者注册商标使用许可合同复印件的；

（二）接受委托印刷广告宣传品、作为产品包装装潢的印刷品，未依照本条例的规定验证委托印刷单位的营业执照或者个人的居民身份证的，或者接受广告经营者的委托印刷广告宣传品，未验证广告经营资格证明的；

（三）盗印他人包装装潢印刷品的；

（四）接受委托印刷境外包装装潢印刷品未依照本条例的规定向出版行政部门备案的，或者未将印刷的境外包装装潢印刷品全部运输出境的。

印刷企业接受委托印刷注册商标标识、广告宣传品，违反国家有关注册商标、广告印刷管理规定的，由工商行政管理部门给予警告，没收印刷品和违法所得，违法经营额1万元以上的，并处违法经营额5倍以上10倍以下的罚款；违法经营额不足1万元的，并处1万元以上5万元以下的罚款。

第四十条 从事其他印刷品印刷经营活动的企业和个人有下列行为之一的，由县级以上地方人民政府出版行政部门给予警告，没收印刷品和违法所得，违法经营额1万元以上的，并处违法经营额5倍以上10倍以下的罚款；违法经营额不足1万元的，并处1万元以上5万元以下的罚款；情节严重的，责令停业整顿或者由原发证机关吊销许可证；构成犯罪的，依法追究刑事责任：

（一）接受委托印刷其他印刷品，未依照本条例的规定验证有关证明的；

（二）擅自将接受委托印刷的其他印刷品再委托他人印刷的；

（三）将委托印刷的其他印刷品的纸型及印刷底片出售、出租、出借或者以其他形式转让的；

（四）伪造、变造学位证书、学历证书等国家机关公文、证件或者企业事业单位、人民团体公文、证件的，或者盗印他人的其他印刷品的；

（五）非法加印或者销售委托印刷的其他印刷品的；

（六）接受委托印刷境外其他印刷品未依照本条例的规定向出版行政部门备案的，或者未将印刷的境外其他印刷品全部运输出境的；

（七）从事其他印刷品印刷经营活动的个人超范围经营的。

第四十一条 有下列行为之一的，由公安部门给予警告，没收印刷品和违法所得，违法经营额1万元以上的，并处违法经营额5倍以上10倍以下的罚款；违法经营额不足1万元的，并处1万元以上5万元以下的罚款；情节严重的，责令停业整顿或者吊销特种行业许可证：

（一）印刷布告、通告、重大活动工作证、通行证、在社会上流通使用的票证，印刷企业没有验证主管部门的证明和公安部门的准印证明的，或者再委托他人印刷上述印刷品的；

（二）不是公安部门指定的印刷企业，擅自印刷布告、通告、重大活动工作证、通行证、在社会上流通使用的票证的；

（三）印刷业经营者伪造、变造学位证书、学历证书等国家机关公文、证件或者企业事业单位、人民团体公文、证件的。

印刷布告、通告、重大活动工作证、通行证、在社会上流通使用的票证，委托印刷单位没有取得主管部门证明的，或者没有按照国家有关规定向印刷企业所在地公安部门办理准印手续的，或者未在公安部门指定的印刷企业印刷的，由县级以上人民政府公安部门处以500元以上5 000元以下的罚款。

第四十二条 印刷业经营者违反本条例规定，有下列行为之一的，由县级以上地方人民政府出版行政部门责令改正，给予警告；情节严重的，责令停业整顿或者由原发证机关吊销许可证：

（一）从事包装装潢印刷品印刷经营活动的企业擅自留存委托印刷的包装装潢印刷品的成品、半成品、废品和印版、纸型、印刷底片、原稿等的；

（二）从事其他印刷品印刷经营活动的企业和个人擅自保留其他印刷品的样本、样张的，或者在所保留的样本、样张上未加盖“样本”、“样张”戳记的。

第四十三条 印刷业经营者被处以吊销许可证行政处罚的，应当按照国家有关规定到工商行政管理部门办理变更登记或者注销登记；逾期未办理的，由工商行政管理部门吊销营业执照。

第四十四条 印刷企业被处以吊销许可证行政处罚的，其法定代表人或者负责人自许可证被吊销之日起10年内不得担任印刷企业的法定代表人或者负责人。

从事其他印刷品印刷经营活动的个人被处以吊销许可证行政处罚的，自许可证被吊销之日起10年内不得从事印刷经营活动。

第四十五条 依照本条例的规定实施罚款的行政处罚，应当依照有关法律、行政法规的规定，实行罚款决定与罚款收缴分离；收缴的罚款必须全部上缴国库。

第四十六条 出版行政部门、公安部门、工商行政管理部门或者其他有关部门违反本条例规定，擅自批准不符合设立条件的印刷企业，或者不履行监督职责，或者发现违法行为不予查处，造成严重后果的，对负责的主管人员和其他直接责任人员给予降级或者撤职的行政处分;构成犯罪的,依法追究刑事责任。

第七章　附　　则

第四十七条　本条例施行前已经依法设立的印刷企业,应当自本条例施行之日起180日内,到出版行政部门换领《印刷经营许可证》。

依据本条例发放许可证,除按照法定标准收取成本费外,不得收取其他任何费用。

第四十八条　本条例自公布之日起施行。1997年3月8日国务院发布的《印刷业管理条例》同时废止。

后 记

《现代印刷技术概论》一书主要介绍了目前印刷行业在制版、印刷、印后加工等方面采用的新技术、新工艺和新设备，同时本书也对现代印刷行业常用的四大印刷方式的印刷原理、印刷工艺作了简要的介绍。

《现代印刷技术概论》一书主要是针对图书出版等非印刷业相关人员了解印刷技术而编写的，旨在通过本书的介绍，使人们对现代印刷技术有一个基本的了解和认识。另外，在书中提到的有关印刷质量要求的相关标准、数据大多参照了国家或行业的印刷质量标准，有一些数据和质量标准是实际生产经验的总结。

杨永刚、王国庆两位同志也参与了本书的编写工作。其中，杨永刚同志承担了大约 6 万字的编写工作，王国庆同志承担了大约 4 万字的编写工作。

由于水平所限，书中难免有不足之处，敬请读者批评指正。

邓普君

2003 年 12 月 25 日